武汉纺织大学学术著作出版基金资助出版

纺织服装传统文化与技艺丛书

问语寻裳

成语中的服饰艺术与文化研究

李　斌　张玉琳　刘安定◎著
陈晓宇　李京平　绘图

中国纺织出版社有限公司

内 容 提 要

中国素有“衣冠之国”的美誉，在中华五千年的文明史中，服饰承载着厚重的历史文化底蕴。中国的成语，简炼精深，蕴含着古代人民的智慧。文载华服，从成语中可窥见我国古代的服饰艺术与文化内涵，通过成语的“蛛丝马迹”，可跨越时空，与古人进行思想交流，感悟华夏文化的博大精深，有助于从多角度看待成语中的服饰艺术文化。

本书结合中国古代礼制精神，从成语中的服饰纹样、服饰色彩、服饰面料、服饰形制、服饰工艺等多个方面，探寻其渗透的思想情感、社会风俗、审美情趣、道德风尚与礼制精神，体会成语在服饰艺术与文化中的存在价值，以及对现代服饰的借鉴意义。

图书在版编目（CIP）数据

问语寻裳：成语中的服饰艺术与文化研究 / 李斌，张玉琳，刘安定著 .-- 北京：中国纺织出版社有限公司，2024.1

（纺织服装传统文化与技艺丛书）

ISBN 978-7-5229-1208-0

Ⅰ. ①问… Ⅱ. ①李… ②张… ③刘… Ⅲ. ①服装艺术－研究－中国②服饰文化－研究－中国③汉语－成语－研究 Ⅳ. ①TS941.12 ② H136.31

中国国家版本馆 CIP 数据核字（2023）第 213926 号

责任编辑：宗　静　　特约编辑：王其强
责任校对：高　涵　　责任印制：王艳丽

中国纺织出版社有限公司出版发行
地址：北京市朝阳区百子湾东里 A407 号楼　邮政编码：100124
销售电话：010—67004422　传真：010—87155801
http://www.c-textilep.com
中国纺织出版社天猫旗舰店
官方微博 http://weibo.com/2119887771
北京华联印刷有限公司印刷　各地新华书店经销
2024 年 1 月第 1 版第 1 次印刷
开本：787 × 1092　1/16　印张：15.75
字数：265 千字　定价：138.00 元

感谢下列项目和组织的大力资助：

武汉纺织大学学术著作出版基金

湖北省非物质文化遗产研究中心（武汉纺织大学）

湖北省服饰艺术与文化研究中心（武汉纺织大学）

江西服装学院

湖北省科普作家协会

湖北省科学技术史学会

前言

成语是汉语的一大特色，有固定的结构形式和固定的说法，表示一定的意义。成语背后一般有一个典故，它用最精炼的语言表达一个主题，以其生动有趣的故事阐发其思想。毫无疑问，成语是中国古人在生产生活中凝练出来的语言精华，集中体现了古人的智慧与思想。成语的形式以四字居多，也有一些三字、五字、六字甚至十三字的成语，一般四字组成的成语为人喜闻乐见，同时成语也是人们在生活中使用频率较高的一种词语。

众所周知，中国古代服饰史几乎是一部历代王朝帝王、士族及官员的服饰史。从历代史书中《舆服志》即可看出，中国古代关注的是统治阶级的服饰，对帝王、士族以及官员的服饰均有详细的规定与描述，充分反映了传说中黄帝开创的“垂衣裳而天下治”的思想理念，即用服饰的形制、色彩、款式来定身份与地位，使人各安本分，不可僭越，达到天下大治。归根结底，服饰成为阶级统治的一种工具与手段，备受历代统治阶级的重视。中国历史上几乎每个王朝在开创之初，均会颁布服制的法令，充分反映了统治阶级的这一治国理念。然而，《舆服志》中对于平民服装的描述却过于简略，与统治阶级对自己的关注形成鲜明的对比。诚然，这种状况是由其自身的阶级性所决定的。

成语作为中国古代语言中的精华，它并不是统治阶级发明创造出来的，而是全体华夏儿女共同创造出来的。成语中不仅有皇帝、贵族、官员等统治阶级服装具体形象的描绘，同时也有大量平民百姓的服饰描写。因此，基于成语中的服饰艺术与文化研究能够生动地反映不同历史阶段上位者与下位者的着装与装饰，使我们能够做到对古代平民百姓服饰的必要关照。本质上，成语中的服饰艺术与文化研究是古人对自己服装的口述史的研究。通过成语背后的典故与故事能深刻理解中国传统服饰文化，弘扬民族精神。

本书共分为三篇，分别为形象篇、友情篇、现象篇，共介绍48个成语，力图在成语故事的场域下，复原中国古人服饰艺术与文化的本原，追寻古人的“衣”生活艺术与文化。我们希望在中国成语与中国传统服饰之间搭起一座桥梁，传播中国古代优秀传统文化。

李斌

2023年3月

形象篇

友情篇

现象篇

形象篇

中国古人素来以“宽衣博带、褒衣危冠”的儒雅形象示人，这种形象是中国古代统治阶级的标准形象。事实上，中国古代社会的阶层依据职业的不同，可分为“士、农、工、商”四大阶层。“士”为统治阶层，其他均为被统治阶层。除此之外，还存在着“佛”“道”游离于世俗的边缘，其形象也是丰富多彩的。即使在士的阶层也存在着入世的“士”与出世的“士”，其形象也是有所不同的。然而，中国二十四史中几乎均有《舆服志》这一篇章，它非常详细地记载了各朝各代从皇室（皇帝、皇后、皇子、太后、嫔妃）到各级文武官员等的车马服饰制度，却很少见到关于平民百姓服饰的记载。不难看出，中国古代正史可以说是一部王朝史、皇室史、官员史以及英雄史，其服饰史也必然缺少对平民阶层的关照。而集中体现中国人智慧的“成语”却为我们展示了中国古人各行各业从业人员的生动形象，填补了正史服饰记录的缺憾。成语中的服饰不仅生动形象，而且站在文化与人文的视角，关照了社会各个阶层。成语中集中体现中国古人形象的有“茹毛饮血”“天衣无缝”“正襟危坐”“泣下沾襟”“褒衣危冠”“素丝羔羊”“椎髻布衣”“鹑衣百结”“舞衫歌扇”“拖天扫地”“披裘负薪”“还我初衣”“衣衫褴褛”“曳裾王门”“菲食薄衣”“衣单食薄”“狐裘羔袖”“汗流浃背”等，我们从中能够窥见中国古人服饰形象的本原。

1. 茹毛饮血、天衣无缝

“茹毛饮血”普遍被认为是人类最为原始的一种生存状态，而“天衣无缝”则被认为是神仙所穿着的“天衣”，其制作异常精美，没有缝迹。然而，笔者对于这两个成语却有着不同的见解，它们似乎真实地反映了原始人类最早期服装面料的处理方式“茹毛饮血”，以及最初态的服装形制“天衣无缝”。

（1）茹毛饮血

“茹毛饮血”语出《礼记·礼运》：“昔者先王未有宫室，冬则居营窟，夏则居橧巢。未有火化，食草木之实，鸟兽之肉，饮其血，茹其毛。未有麻丝，衣其羽皮。”[1]事实上，茹毛饮血涉及服装起源的问题。

服装起源是服装史学界无法回避的问题，学术界从其面料来源与动机两方面形成了众多学说。从服装面料来源角度看，有卉服说与皮服说之争[2]；从服装起源的动机角度看，主要又可分为两类：第一，由实用功能的需要所引发的服装起源学说，如护体说、保暖说等；第二，由心理需求所引发的服装起源学说，如巫术说、审美说、性吸引说、遮羞说、标识说等[3]。很显然，这些学说均是不同学科学者站在各自的知识背景下，提出的有关服装起源的学说，具有某些合理性。然而，站在科技哲学的角度上看，服装是人类进化过程中非常关键的科技因素之一，它是原始人类从文化向文明跃迁的积极促进力量。

① 古汉字中皮革处理的相关信息解析

从甲骨文中蕴含的大量与皮毛处理相关的工艺信息，能了解到上古时期祖先加工皮毛的情形。笔者认为，甲骨文皮革处理相关的文字（表1-1）均与“（克）”有着一定的联系，首先，甲骨文“（克）”字形上有两种解释：身体蜷缩的人“”张着大口惨叫“”，表达了人因遭受剐肉剥皮的酷刑而惨叫；表达剥取兽皮时，先在兽腿部割开一道口子“”，然后从开口处吹气，使得皮肉分离“”，再用刀划开。笔者倾向于第二种解释，理由有二：一方面，吹气剥皮法目前还可能在农村以及一些少数民族地区见到，事实上，笔者童年时在湖北农村也曾见到过当地人用这种方法，也就是将屠宰后的猪剥皮；另一方面，这种剥皮的方法在清初蒲松龄（1640—1715年）写的《狼三则·其三》的故事中也曾出现过，屠夫暮行遇狼躲入田间休息处，“狼自苫中探爪入……惟有小刀不盈寸，遂割破狼爪下皮，以吹豕之法吹之。”[4]由此可见，“吹豕之法”就是吹气剥皮法，同时它也是汉族传统的剥皮手法，最后蒲氏还发出“非屠，乌能作此谋也”的感慨。其次，从字形上看，“（皮）”按左右结构展开非常像左“（克）”右“（抓住）”，即将屠宰吹气后的兽类皮肉分离，即剥皮。事实上，《说文解字》中对皮的解释为“皮，剥取兽革者谓之皮。”[5]似乎也能辅证这一点。再次，金文“（革）”字表达了用“（双手）”去除兽类皮上的毛。最后，从人类技术发展史的角度看，与“皮”的相关处理应当最先施加在动物身上，而非人类自身，施加在人类身上要等到阶级社会才有可能被大规模使用。因此，远古时期皮革相关的处理均是在动物身上进行的。

表1-1　甲骨文中与皮革处理有关的文字字源学分析表

现代汉字	字源	字形分解	造字本义
克	（甲骨文）	①（张着大口惨叫）+（“人”的变形，指身体蜷缩的人）； ②（兽腿割开的口子）+（长撇代表兽皮，小圈即吹气时兽皮鼓起的形状）	①古人杀人剔肉祭天，祈求消除天灾； ②兽腿处开口吹气剥皮的方法
皮	（甲骨文）	①（抓住）+（蜷曲着的人）+（惨叫）； ②（“克”字的变形）+（使皮肉分离）	①受刑者遭受活剥的酷刑； ②将吹气后的兽类皮肉分离
革	（金文）	（“克”字的变形）+（双手）	手持工具除去兽皮上的兽毛

事实上，考古学界的发现也证明了人类早在上万年前，就开始了对皮毛的使用。例如，在法国南岸的阿玛他地遗址中发现了一把40万年前的骨锥，服装史学界普遍认为，它是原始人类进行兽皮拼接的最早工具。又如，在12万年前的尼安德特人❶与距今3.5万年的克罗马农人❷的活动遗迹中，均发现过石质刮刀[6]。刮刀的出现说明原始人类已经具有刮取皮毛和骨头上的碎肉与脂肪的工具，且在皮毛加工技术上有了一定的发展。此外，中国北京周口店山顶洞人与山西峙峪人遗址中发现了骨针。骨针的发现反映原始人类开始使用纤维进行纺纱线，用于缝辍皮料。通过对山顶洞人骨针直径的测量可知，最粗部分的直径为3.1～3.3mm。毫无疑问，山顶洞人的石刀无法切割出直径小于3.1～3.3mm的皮带，而动物的毛与植物纤维的直径远远低于

❶ 尼安德特人（Homo neanderthalensis），简称尼人，也被译为尼安德塔人，常作为人类进化史中间阶段的代表性居群的通称。因其化石发现于德国尼安德特山谷而得名。尼安德特人是现代欧洲人祖先的近亲，从12万年前开始，他们统治着整个欧洲、亚洲西部以及非洲北部，但在两万四千年前，这些古人类却消失了。

❷ 远在距今3万年前，欧洲大陆上出现了一种寿命不长（平均寿命不超过40岁），智慧较高的早期人类，叫作克罗马农人，属于晚期智人，和欧洲人不是一个种群。

3.1～3.3mm，它们基本都是微米级[7]。由此可知，早在40万年前人类就已经开始了对皮毛的使用，通过骨锥与皮条有了简单的皮革连缀工艺，在纺织品还未出现的时代，原始人已经开始通过骨针和纤维纱线进行毛皮服饰的缝制。

此外，成语“茹毛饮血”验证了原始社会口鞣皮革方式的存在。由“茹毛饮血”最早的出处可知，“茹毛饮血”本初应该为“饮血茹毛”。笔者对此句话一直疑惑不解，既然原始人吃着野兽的肉，喝着它的血，为什么还要用口含着野兽的皮毛？笔者认为，“茹毛”本质是原始人对毛皮加工处理的一种方法，它其实是用物理的和化学的方法对皮毛进行柔化处理的过程。一方面，原始人通过物理的方法对皮毛进行揉、捏、搓等步骤改善其柔软度，与此同时，他们在物理方法的基础上加上了一些不知其本质的化学方法，如因纽特妇女通过牙齿啃咬的办法使得毛皮更柔软[8]。事实上，用牙齿咬嚼皮板，使其变软的过程中，人体唾液与皮质必然会发生一定的化学反应，正常人体唾液的pH酸碱度为6.6～7.1，还含有唾液淀粉酶、黏多糖、黏蛋白、溶菌酶、钠、钾、钙等。无论唾液的pH酸碱度呈弱酸性或弱碱性，均能对皮革产生类似酸鞣或硝鞣的效果。毫无疑问，口温、唾液、咬嚼形成了复杂的物理化学作用，使得动物的毛皮达到一定的软化效果。另一方面，中国古籍中也有原始人用口来处理皮毛的记载，如宋代（960—1279年）学者罗泌（1131—1189年）《路史》中言：“古初之人，卉服蔽体。次民氏没，辰放氏作，时多阴风，乃教民搴木茹皮以御风霜。”[9]虽然《路史》中持服装起源于卉服的观点，但却提及“茹皮”之事。辰放氏是中国古代传说中的人物，其所处的年代是中国的原始社会时期。“搴木茹皮”中搴木即拔取树枝，先将生皮支撑张开，再进行阴干从而形成干皮，最后用牙齿对干皮进行啃咬，达到柔化干皮以便使用的目的。又如《玉篇》：“茹，柔也。”[10]充分印证了“茹毛饮血”“搴木茹皮”本质是对皮毛柔化处理的事实。

② 古汉字中原始服装皮革化的解析

古汉字中存在一些原始服装皮革化文字信息，主要可以从甲骨文“衣”与“裘”的字形做比较、篆体“褐”（表1–2）的会意构字规律中窥见一二。

一方面，从甲骨文“衣”与“裘”的字形比较可以看出，“裘（𧘝）”是“衣（𧘇）”表面有毛（彡）的服装，那么在原始社会古人还没有织造类似毛皮的起绒织物技术前提下，有毛的衣是裘，那么衣必然是革，即皮质的。事实上，中国古文献中也有大量关于服装最初材质的记载，均指向皮毛。如《礼记・礼运》中古人“饮血茹毛”的记录[1]，又如《韩非子・五蠹》：“古者丈夫不耕，草木之实足食也；妇人不织，禽兽之皮，足衣也。”[11]等等。

表1-2 "衣""裘""褐"的古汉字字源分析表

现代汉字	字源	字形分解	造字本义
衣	𠆢（甲骨文）	⋀+ㄚ（两片弯折的片状物）	装东西的器皿
裘	[illegible]（甲骨文）	𧘇（衣）+[illegible]（毛）	毛皮大衣
褐	[illegible]（篆文）	[illegible]（衣，衣服）+[illegible]（曷，即"葛"，葛藤）	葛布制作的衣服

另一方面，从甲骨文"衣（[illegible]）"与篆体"褐（[illegible]）"构字方式的比较来看，甲骨文"衣（[illegible]）"是象形文字，篆体"褐（[illegible]）"则是会意字，反映了"褐（[illegible]）"的出现要远远晚于"衣（[illegible]）"。否则"褐（[illegible]）"字的结构就不会用会意的方式来指称这种类型的衣物，即用"藤（[illegible]）"为原料制成的"褐衣（[illegible]）"。通过对甲骨文"衣""裘"以及篆体"褐"的比较分析，深刻反映了衣最初的面料必然是以皮毛为主，否则"褐（[illegible]）"字不可能采用会意的构字方法来表达。因此，通过甲骨文"衣"与"裘"字形比较、篆体"褐"的会意构字规律分析至少在理论上验证了衣最初的皮毛属性。

（2）天衣无缝

成语"天衣无缝"语出北宋（960～1127年）《太平广记》卷六十八郭翰条目，对织女所穿的天衣进行如下描述："徐视其衣，并无缝。翰问之，谓翰曰：'天衣本非针线为也。'每去，辄以衣服自随。"[12]事实上，原始皮质腰带是服装起源的原点，它曾充当过携带工具，促进了人类的进步与发展[3]；原始皮服的形制可以从甲骨文"[illegible]（带）"字的结构窥见其发端，其真正的形制可以从成语"天衣无缝"中得到启示。

① 原始皮质腰带是皮服的起源

在人类的进化过程中，皮革曾经起到过重要的推动作用。而原始皮质腰带的出现，则是人类从蒙昧跃迁到文明的起点。众所周知，制造工具是人类脱离灵长类动物的重要标志，随着人类工具的增多，有效的携带成为当时人类最大的技术困境。当原始人类开始有意识地用石刀将动物的皮革切割成带状，人类文明的进程又加快了一步。皮质腰带的出现就能解决携带工具的需要，通过串联或包裹的方式可以将小件的石器、木器或骨器有效地携带。因此，原始皮质腰带的本质就是一种携带工具的工具，它是服装产生的原点，也是服装起源劳动说的基准点。篆文"裹"与金文"佩""挂"（表1-3）则反映了这一种遗存，由表1-3可知，原始的“衣（衣）”最初是一种包裹工具，并不是特指人身上所穿的衣，包裹人或物的都可能被称为“衣”；佩是将“巾（巾）”悬挂于人的腰间，作为动词而存在；“挂（挂）”则是将石制的工具系挂起来。毫无疑问，在包裹、系挂时必须要用到带，而原始人最初使用的带为皮质的可能性极大。简言之，衣最初是包裹之物，而皮质腰带则是人所特有之物，只是在服装发展融合过程中，原本核心的部件逐渐退居于次要位置。

表1-3　古汉字中反映佩挂、包裹相关的文字字源学分析表

现代汉字	字源	字形分解	造字本义
裹	裹（篆体）	衣（衣）+果（果）	古人用衣服包野果
佩	佩（金文）	亻（反写的“人”）+丮（“丮”的变形，执持）+巾（巾，遮羞）	佩戴遮羞巾
挂	挂（金文）	厂（厂，即“石”）+圭（圭，玉串）+又（又，用手抓）	将石制的串联工具，系挂起来

②“天衣无缝”式结构启示了原始皮服的形制

作为远古人类携带工具的原始皮质腰带曾经是服装起源的原点。“带（带）”字的甲骨文由“巾（前巾）”与“巾（后巾）”加上“X（前巾和后巾之间有扣结的皮条）”组成，反映了原始皮质腰带加上前后巾构成服装原始实际的形制，其作用是为了有效安全地携带尖锐的工具[3]。但是那时还没有出现衣或服装的称谓，算不上成形的原始皮服形制。笔者认为，“天衣无缝”式的服装形制可能是真正意义上原始皮服的形制。事实上，“天衣无缝”揭示了原始皮质服装形制上是无须缝制的。

首先，纺织面料最原始服装的形制是“天衣无缝”式。毫无疑问，织女的形象必定是出现在纺织技术发明之后，否则“织女”的称谓就不合理。最原始的纺织面料服装形制是贯头衣或披挂服，据辛店彩陶上见到的剪影式人物形象（图1-1）推测，当时的古人织出两个身长的布料，相叠后在叠痕中间挖一个圆洞，穿时可将头从中伸出，前后两片，以带束之成贯口衫[13]。因此，原始社会时期的纺织面料服装符合“天衣无缝”的形制。此外，披挂式也能实现“天衣无缝”，虽然早在山顶洞人时期就已经出现骨针，但只能说明人们已经知道运用缝制的手段来拼接面料或缝补衣物，并不能肯定原始人已经掌握了模块化的制衣手法。古罗马服装中的托加就是一种典型的披挂式服装，充分说明技术与运用之间存在着巨大的代沟。

图 1-1　穿贯口衫的原始人（甘肃辛店彩陶纹饰）❶

其次，纺织面料最原始的服装形制为贯头式或披挂式，充分说明了比纺织面料出现更早的原始皮质服装，在其制作上也无须缝制。根据马家窑文化遗址中出土的舞蹈纹彩陶盆以及舞者服饰（图 1-2）可知，它们的时间次序为：流失在日本的史前舞蹈纹彩陶盆——青海大通县上孙家寨遗址出土的舞蹈纹彩陶盆（马家窑文化马家窑类型）——甘肃省会宁县头寨子镇牛门洞村遗址出土的舞蹈纹彩陶盆与甘肃省武威市新华乡磨咀子遗址出土的舞蹈纹彩陶盆（马家窑类型和半山类型之间）——青海省同德县宗日遗址出土的舞蹈纹彩陶盆（半山与马厂类型之间）[14]很明显，流失在日本的舞蹈纹彩陶盆与青海上孙家寨出土的舞蹈纹彩陶盆中舞者形象似发辫样式，尾饰为腿旁翘起的尖状物。舞蹈史学界一般认为，头饰与尾饰为鸟羽所为。需要注意的是，头饰采用鸟羽容易理解，将其插入发髻上就能轻易做到，而尾饰采用鸟羽既麻烦又很难达到舞者尾饰方向一致的情况，因此，笔者倾向于纺织史学界田自秉对舞蹈者的发式和服饰的看法："头上有辫发……值得注意的是在每一个人物的体侧都有一尾状物，大约是模拟动物的一种装饰。"[15]笔者认为，流失在日本的舞蹈纹彩陶盆与青海上孙家寨出土的舞蹈纹彩陶盆中，舞者身着皮服的可能性最大。首先，模拟动物的装饰直接运用动物的皮毛最容易办到，直接将整块动物的皮革或皮毛（包括尾部）通过捆扎与披挂的方式就能做到；其次，马家窑文化遗址出土的各

（a）流失在日本　（b）青海上孙家寨　（c）甘肃牛门洞　（d）甘肃磨咀子　（e）青海宗日

图 1-2　马家窑文化遗址出土的各种类型舞蹈纹彩陶盆中的舞者形象❷

---

❶ 图片来源：李京平绘制。

❷ 图片来源：李京平绘制。

种类型舞蹈纹彩陶盆中的舞者衣着形象的嬗变，反映了远古衣着面料从皮毛到纺织面料的转型。据考证，随着马家窑文化中农业定居生活的提高，纺织业已经得到长足的进步，纺轮与骨针等纺织生产工具在马家窑遗址中被发现，有的遗址出土的数量相当可观，充分证明了这一情景[16]，并逐渐摆脱了以动物皮毛为主要服装面料的现状，甘肃牛门洞、磨咀子、青海宗日出土的舞蹈纹彩陶盆就已经没有了尾饰，舞者的人数也增加到9～13位，这充分说明了纺织技术的提高促进了衣料的转型和人口的增加。

通过对成语“茹毛饮血”与“天衣无缝”的深度解析，我们不难发现“茹毛饮血”本质是原始人类对皮毛进行服用化的一种最原始的处理方式，“茹毛”本质就是利用人体的口温与唾液对皮毛进行柔化处理的过程。至今，北极的因纽特人还保留着这一皮毛处理技术。而成语“天衣无缝”，拨开神话的迷雾，证明原始人类的初始服装在本质上就是无缝的皮质贯头衣。

2. 正襟危坐、泣下沾襟

成语“正襟危坐”出自汉代（前202～220年）司马迁（前145或前135年～？）《史记·日者列传》：“宋忠、贾谊瞿然而悟，猎缨正襟危坐。”[17]其中“襟”即衣襟；“危”即高耸，引申为端正，“危坐”被解释为端正地坐着。成语的寓意为整好衣襟，端端正正地坐着，形容严肃、恭敬或拘谨的样子。而成语“泣下沾襟”则语出《尸子》卷下：“曾子每读丧礼，泣下沾襟。”[18]意指当曾子（前505～前435年）读《丧礼》时，想起自己的父母，泪水滚滚而下，沾湿衣服前襟，形容哭得非常悲伤。成语“正襟危坐”“泣下沾襟”中都涉及“衣襟”的内容，笔者主要从其形制变迁以及文化的视角对其进行解读。

（1）衣襟的形制变迁

衣襟的形制，服装史学界有两种解释：解释一，衣襟即为衣服，据《尔雅·释器》所言：“衣皆谓之襟。”[19]；解释二，衣襟为衣服的部件，汉代刘熙（生卒年不详）《释名·释衣服》中指出：“襟，禁也，交于前。”[20]《尔雅·释器》认为衣襟是整个衣服，显然不是合理的解释，《释名·释衣服》中又指出衣襟为衣服的开启交合处，也即是衣服的交领处，杜钰洲、缪良云在《中国衣襟》[21]中将衣襟定义为人体胸腹前的纵向位置。笔者更赞同杜钰洲、缪良云的说法，但还有更加具体的解释。笔者认为，衣服的领围与前衣身处于同一个平面内，因此，衣襟可以是整个衣服的前片，包括前领围的范围。从古代的衣襟形制变迁图（表1–4）来看，古代衣襟经历了从简到繁的流变，特别是唐代（618～907年）以后，根据前开线的不同，传统的衣襟结构发生了较为明显的异化，打破了固有的对襟和大襟样式，在前开型的基础上衍发出了一字襟、琵琶襟等样式。近代衣襟形制的变化是在基础衣襟结构规制下，做了局部细节的变化，将衣襟的开合处运用到肩部、袖窿等部位，这是由于满汉二式的存在，以及受西方文化的冲击，使衣襟突破了传统固有的形态范围，产生多样化的发展趋势，这种变化也象征着民族开化和思想解放时代的到来，见表1–5。

表1–4　中国古代衣襟变迁图[1]

时代	战国	汉			魏晋	南北朝	隋唐
图例	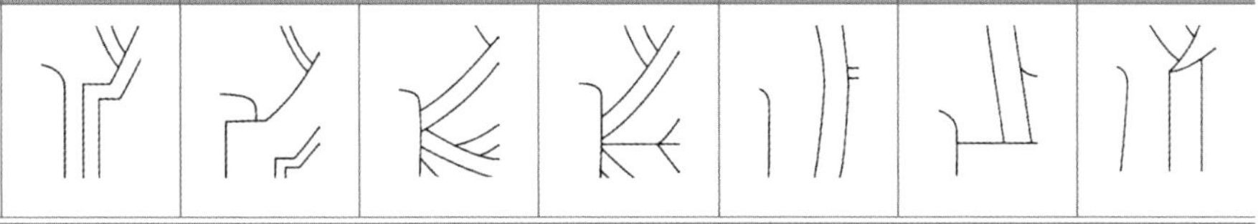						
时代	唐	宋	元	明	清		近代
图例	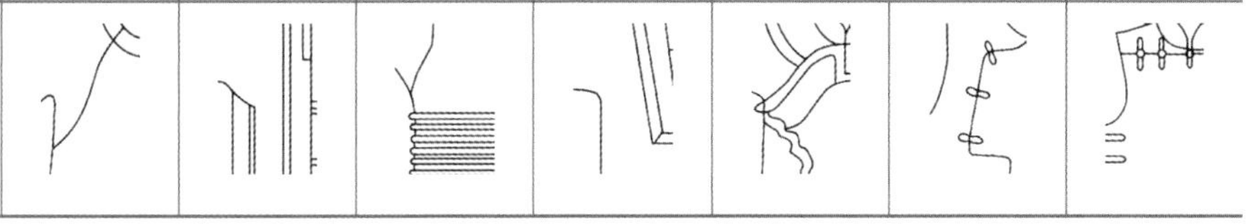						

表1–5　近代衣襟形制图[2]

名称	大襟右衽	大襟左衽	对襟	琵琶襟
图例	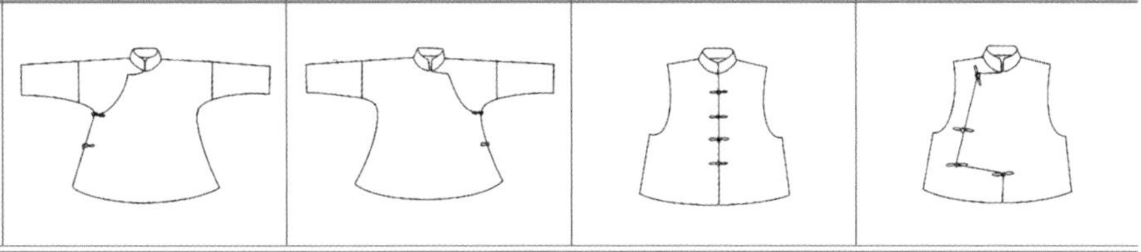			
名称	偏襟	一字襟	弧线一字襟	肩开襟
图例	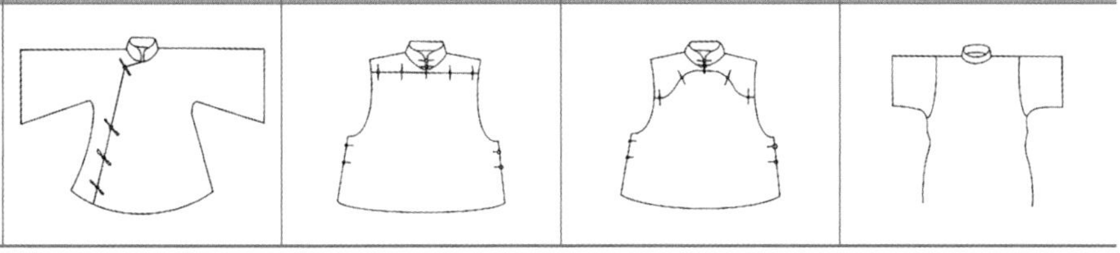			

[1] 表格来源：张玉琳绘制。

[2] 表格来源：张玉琳绘制。

（2）“正襟危坐”中衣襟的体现

体现“正襟危坐”这种端正姿态的衣襟形制并不多见，笔者着重于对襟和大襟的部分样式进行论述。“襟”样式的服装通常为左右两片的对称式样，如有纽扣则位于胸前正中。这种形制的衣襟最早出现于何时已不可完全考证，就从考古发掘的实物中发现，安阳[1]出土的玉雕人（图1-3）对襟服装样式为中国目前发现的最早着对襟样式服装的人物形象，随后是江陵马山楚墓[2]出土的对襟半袖衣（图1-4）。商代（约前1600～约前1046年）是一个王权和神权并存的朝代，奴隶制度在当时也极为盛行，随着桑蚕业的发展，丝织水平迅速提高，安阳出土的玉雕人即是商代服装手工织造业的见证，玉雕人穿着的服装种类繁多，其中对襟样式的服装发现于安阳四磐磨村出土的白石玉雕人形象，这个玉雕人为坐姿之态，双手撑之于后，高昂头部，表情严肃，胸前衣襟为对襟敞开式样，且服装上的纹饰较多。笔者猜测此玉雕人是有身份地位之人的形象化身，尽管为中国最早发现的对襟服制，但此种高傲之态形象实则与“正襟危坐”的端正姿态不符。江陵马山楚墓中发现的对襟半袖衣，领袖都有锦缎缘饰，敞开无系带，面料为红棕色绢质，且附有多种精美花纹，因其出土时放置于一个竹筒之中，无法推测早期的穿着者形象，但从其面料纹样的精细程度可推测这种对襟服制在当时已日臻成熟。此外，对襟样式的服装在唐宋时期（618～1279年）较为常见（表1-6），多见于女装，如唐代的大袖衫、坦领衫、半臂，宋代（960～1279年）的褙子，但是需要

---

[1] 商代后期都城遗址。在今河南安阳小屯村及其周围。商代从盘庚到帝辛（纣），在此建都达273年，是中国历史上可以肯定确切位置的最早的都城。1899年，在此发现占卜用的甲骨刻辞。从1928年10月13日考古发掘至今，先后发现宫殿、作坊、陵墓等遗迹及大量生产工具、生活用具、礼乐器和甲骨等遗物，总面积24平方公里以上。殷墟是中国商代晚期的都城遗址，横跨安阳洹河南北两岸，现存有宫殿宗庙区、王陵区和众多族邑聚落遗址、家族墓地群、甲骨窖穴、铸铜遗址、制玉作坊、制骨作坊等众多遗迹，是中国历史上第一个有文献可考、并为甲骨文和考古发掘所证实的古代都城遗址，距今已有3300年的历史。

[2] 1982年1月上旬，湖北省荆州地区博物馆在江陵县马山公社砖瓦厂的取土场发现了古墓葬，随即派人进行清理，1月16日发掘工作结束。经过整理，获取了一批珍贵的丝织品和其他重要文物。参加发掘和室内清理的单位有湖北省博物馆、湖北省荆州地区博物馆、江陵县文物组，另外还有文化部文物局文物保护科学技术研究所、中国历史博物馆、文物出版社、中国社会科学院考古研究所、历史研究所等单位。马山公社砖瓦厂内的这座小型土坑竖穴墓编为马山一号楚墓，位于江陵西北的马山公社沙塚大队境内，东南距江陵县城约16公里，距楚故都纪南城约8公里。马山一带系丘陵地区，在大大小小的土丘上分布着密集的古墓。马山一号墓系古墓群中的一座小墓。过去已发掘的望山一号、藤店一号、沙塚一、二号等大中型墓葬离这里都很近。

注意表1-6中的宋代武士所穿的褙子较为罕见，为半袖式，袖口及领口有深色宽边，前后中还镶嵌有宽缘，根据此服制的穿着者形象，可想象出武士处于坐姿时的正气凛然之气魄。

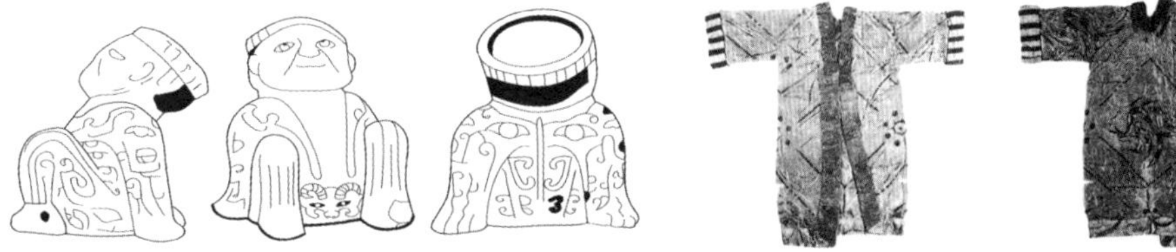

图1-3　白玉雕人（安阳四磐磨村出土）❶

图1-4　对襟半袖衣（江陵马山楚墓出土）❷

表1-6　唐宋时期的对襟服制图

朝代	形制		
唐代	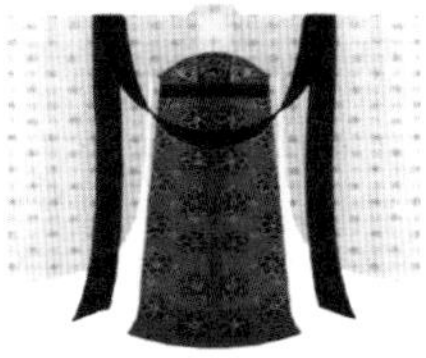 大袖衫❸	 坦领衫❹	 半臂❺
宋代	 褙子❻	 武士所穿的褙子❼	

❶ 图片来源：陆嘉馨绘制。

❷ 图片来源：佚名.凤鸟践蛇纹绣秋衣[EB/OL].百度.

❸ 图片来源：佚名.中国古代各时期审美标准各不同，你在哪朝是美女[EB/OL].百度.

❹ 图片来源：陈晓宇绘制。

❺ 图片来源：翟佳骏.是汉服，不是韩服[EB/OL].搜狐网.

❻ 图片来源：佚名.美了5000年的汉服，竟被错认成日本和服，国人：想复兴它真的好难![EB/OL].搜狐网.

❼ 图片来源：李京平绘制。

大襟样式是中国古代最常见的服装形制，交领大襟式样即“正襟危坐”的形象反映（表1-7），早在商代就已出现交领大襟，《商书·太甲》中就已有记载：“伊尹以冕服奉嗣王归于亳。”[22]说明殷商时期就已有冕服制度，也即出现此种形制的衣物。商代玉人出土于安阳小屯（表1-7①），衣襟规整，交领于胸，跪坐于地，整体形象端庄，尽显正襟危坐之风范。周代（前1046～前256年）江陵马山楚墓出土的锦衣（表1-7②）为右衽大襟样式，此款交领大襟的止点较高，与右腋点几乎持平，说明此款服装在穿着时不易露出内衣，封闭性较好，无论是站姿还是坐姿，着此服时对人的行为可起到一定的约束作用。周代的深衣（表1-7③）为大襟服制，具有浓郁的楚国文化特质，规整的方形领口象征品行端正，着此服时，人的举手投足都会受到约束，是严肃端庄的形象反映。秦代（前221～前207年）将士的袍服（表1-7④）为交领大襟形制，内着战袍，外套铠甲，单膝跪地，此种服制显示出秦兵将士正气凛然的气概和不畏困难的精神。汉承秦制，也为交领大襟之制，表1-7⑤所示的陶俑穿着一件曲裾深衣，开襟从领部斜至腋下，双膝跪地，双手作拥状，头微向下，尽显恭敬之态。表1-7⑥所示东汉（25～220年）抚琴陶俑为交领大襟形制，跽坐，将琴置于双腿，正襟危坐之状，反映出在汉代政权稳固和经济繁荣的态势下，人们乐观的心境与舒适的生活，其生动形象的微笑神态凸显出抚琴者轻松愉悦的心境。

表1-7　交领大襟服制图

朝代	形制种类	朝代	形制种类
商代	①商代玉人形象（安阳小屯M5出土）❶	周代	②锦衣（江陵马山楚墓出土）❷

❶ 图片来源：佚名.至今仍困扰考古界的谜题——妇好墓跪姿玉人[EB/OL].

❷ 图片来源：张卫平，金陵.荆楚往事，荆州马山一号楚墓里，竟藏着这样的惊天秘密[EB/OL].

续表

朝代	形制种类	朝代	形制种类
周代	③深衣❶	汉代	⑤汉代陶俑（陕西咸阳出土）❸
秦代	④秦兵俑将士❷		⑥东汉抚琴陶俑（宜宾市博物馆藏）❹

（3）掩襟文化之辨

衣襟本是服装构成上的一个部件，但作为中国汉族传统服装的标志，充分展现了传统的掩襟文化和审美观念。有学者认为，古代的衣襟形制中，以右衽衣襟居多，这是受到中国古代汉族根深蒂固的尊卑观念影响，即以右为尊贵、左为卑微。历史上衣襟向右边贴掩的右衽和向左贴掩的左衽形制，无疑都是沿袭社会早期的左、右方位以及以右为尊、以左为卑的观念影响[23]。因此，将左襟掩盖右襟，即左襟置于右襟之上，此时衣襟的开口朝向右侧，那么尊者（右襟）就被保护其中。笔者对右衽、左衽衣襟体现的尊卑观念不能苟同，原因如下：第一，中国古代华夏族以“左”为尊，古籍中经常出现“虚左”现象，本

❶ 图片来源：佚名.中国历代男装变装图[EB/OL].

❷ 图片来源：李京平绘制。

❸ 图片来源：佚名.中国服饰之——秦汉的服饰（二）[EB/OL].新浪网.

❹ 图片来源：宜宾市博物院.东汉抚琴俑[EB/OL].中国美网.

质上是让出“左”边的位置给重要的人物，从称谓上认为左衽为卑贱的观点显然不合适。事实上，右衽服装是左襟压在右襟上明显是以左为尊的体现。第二，从族群特征上看，汉族人习惯于使用右手，左衽服装的解系对于着装者来说着实不太方便，因此，习惯上逐渐形成了右衽结构服装。第三，从纺织服饰考古的角度看，左右衽结构的服装形制自先秦至汉代均有大量发现，似乎印证了身体美学与文化理论之间的冲突。第四，从古汉字字源学视域看，“衣”字字形左衽（“[illegible]”“[illegible]”“[illegible]”“[illegible]”）与右衽（“[illegible]”“[illegible]”“[illegible]”）都曾出现过，并且左衽结构的字形种类更多一些，似乎佐证了左右衽服装所体现的观念只是一种文化的建构。第五，古代汉族的丧服为左衽结构，与日常生活中的右衽是相对的，恰恰反映了汉族崇拜祖先的风俗观念。因此，当少数民族穿着左衽结构的服装时，被视为不合“礼”的行为，被认为是“蛮夷”。综上所述，左右衽服装观念本质是儒家文化理论上建构的具体体现，左右衽服装本质没有什么优劣之分，只不过在传统文化的流变中才产生了现在的思想观念。

此外，中国古代还有阴阳之说，天为阳、地为阴，外为阳、内为阴，右衽衣襟这种服制将左襟（右衽）置于外侧，即是对公正、道义观念的诠释，无论是站立姿态还是危坐之状，人的一举一动、一颦一笑，在某种程度上都可以对穿着者个人的体态进行约束，对道德行为予以警醒。左衽一般为少数民族的装束，即右襟掩向左襟之状，右襟在外、左襟于内，如唐代自觉接纳异族服饰，清代（1636～1912年）存在满汉服装二式。因此，穿左衽衣襟的服制不足为奇，但在中国古代，仍以传统的右衽衣襟为主流，被认为是顺应当时的历史潮流且符合大众审美的服装，也是遵从古制、敬仰传统礼制的体现。衣襟这种设计实则是一种整体美与形式美相统一的表征，衣襟展现的整体风貌与结构细节设计都恰到好处，其衣襟上的纹样同分割线的造型变化而加以改变，共同构成了中国传统衣襟文化的精妙之处。

简言之，对成语“正襟危坐”“泣下沾襟”的解析不仅要从物质层面去探究其结构特点，还要上升到精神层面去理解博大精深的华夏文化对传统服饰带来的影响。毕竟，传统服装是传统文化最生动、具体的体现，它承载着人们的思想与观念。

3.褒衣危冠、素丝羔羊

成语“褒衣危冠”“素丝羔羊”反映了中国古代统治阶级的着装形象，“褒衣危冠”是统治阶级着装的整体形象，也是中国古代上层社会着装的基本风貌，体现了儒家的思想观。而“素丝羔羊”则是统治阶级冬季的着装形象，为裘皮与丝绸的完美结合，展现了硬朗与柔顺之美。

（1）褒衣危冠

成语“褒衣危冠”出自唐代韩愈（768～824年）《上巳日燕太学听弹琴诗序》❶：“献酬有容，歌风雅之古辞，斥夷狄之新声。褒衣危冠，兴兴如此。”其含义为身穿宽大的衣服，头戴高冠的儒者形象。褒衣在魏晋时期（220～420年）成为儒生的装束。高冠则是在小冠之后兴起，且与宽衣大袖相配的儒生首服。

① 褒衣的含义

褒衣即宽大的长衣。穿宽大长衣者，一般多配以广博的衣带[24]。南朝（420～589年）的衣式，大抵趋尚于博大。《晋书·五行志》云：“晋末皆冠小而衣裳博大，风流相放，舆台成俗。”[25]。褒衣最早出现于“褒衣博带”成语中，主要指宽大的衣服，在魏晋时期最流行的款式就是褒衣博带式，在这一时期，士人学子都喜欢穿着宽松大袖衫，来展现自己洒脱的态度。

② 各个朝代宽衣

自古以来，中国服装的主要款式就是宽衣，以上衣下裳制和连属制为主，服装多为平面裁剪，款式虽变化较多，但大多都以宽松离体、腰间系带的样式为主，具有代表性的宽衣形制见表1-8。

---

❶《上巳日燕太学听弹琴诗序》：“与众乐之之谓乐，乐而不失其正，又乐之尤也。四方无斗争金革之声，京师之人，既庶且丰，天子念致理之艰难，乐居安之闲暇，肇置三令节，诏公卿群有司，至于其日，率厥官属，饮酒以乐，所以同其休、宣其和、感其心、成其文者也。三月初吉，实惟其时，司业武公于是总太学儒官三十有六人，列燕于祭酒之堂。樽俎既陈，肴羞惟时，盏斝序行，献酬有容。歌风雅之古辞，斥夷狄之新声，褒衣危冠，与与如也。有一儒生，魁然其形，抱琴而来，历阶以升，坐于樽俎之南，鼓有虞氏之《南风》，赓之以文王宣父之操，优游夷愉，广厚高明，追三代之遗音，想舞雩之咏叹，及暮而退，皆充然若有得也。武公于是作歌诗以美之，命属官咸作之，命四门博士昌黎韩愈序之。”

表1-8　代表性的宽衣形制[1]

朝代	形制	特点	形制图
春秋战国	深衣	不开衩、衣襟加长、使之呈三角形状，将长出的部分绕到后面，下裳宽广、腰间系带	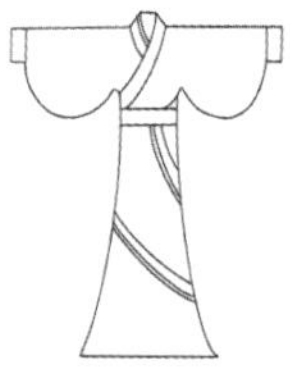
秦汉	袍	种类多样，多为曲裾，下摆变化丰富、袖子宽大且袖口收紧	
魏晋	宽袍	宽衣、大袖口、长袍、衣领可敞开	
隋唐	圆领袍衫	圆领，衣长至脚踝或膝盖，窄袖，领口有缘边	
宋代	襕衫	圆领或交领、大袖宽口、腰间系带、下摆一横竖	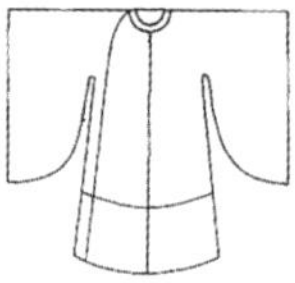
元代	袍	左衽，衣身宽大，袖口收紧，衣长拖地	
明代	盘领衣	多宽袖或大袖，圆领，缺胯，有插摆	

[1] 图片来源：陆嘉馨、孙婉莹绘制。

续表

朝代	形制	特点	形制图
清代	马褂	左右侧缝、后中开衩，立领，平袖口，衣襟变化丰富	

由表1-8可知，中国古代宽衣的变化过程与历史朝代、社会思想和审美变迁有着密不可分的联系。首先，在春秋战国时期（前770～前221年）确立了宽衣的形制为上衣下裳和连属制，并且春秋时期（前770～前476年）儒学的思想是“文质彬彬，衣如其人”，强调规矩的重要性，儒家思想确立正统地位，学子们穿着的宽衣也受到国君的大肆推崇，自此之后宽衣的形制都是在此基础上进行变化的。其次，魏晋时期袖口发生比较大的改变，主要原因是魏晋时期玄学和道家盛行，他们强调释放儒学的禁锢，并在服装上做出变化来表明自己的立场，因此魏晋时期的服装极为宽松、袖口非常大。再次，隋唐时期（581～907年），经济繁荣，文化交流频繁，此时的宽衣受到少数民族影响，为了方便活动将袖口收紧，将服装呈现宽松状态。最后，清代的统治者上位后，要求汉族剃发易服，改着满服，满服的特点为马蹄袖、开衩，虽然在这一时期宽衣在形制发生了很大的改变，但是袍、衫还是比较宽大的，受到西方影响后才变成短身窄袖的样式。

③ 危冠的含义

“危冠”即高顶之冠，冠顶之形状如雄鸡，取威武之意。据《庄子·盗跖》所言：“使子路去危冠，解其长剑，而受教于子。”[26]，唐代陆德明（约550～630年）释文：“危，高也。子路好勇，冠似雄鸡形。”，清代郭庆藩（1844～1896年）集释：“高危之冠，长大之剑，勇者之服也。”[27]由此可见，该形制属于唐代的鹖冠（图1-5），也为隐士之冠，以鸟或鹛羽为饰，属于武官之冠。唐代鹖冠制作精美，冠体由高大的包叶耳衬构成，鹖冠顶部以鹖鸟为装饰，造型具有张力，线条流畅、制作华丽，然而，随着时代的演进，危冠逐渐演变为高冠的代名词。

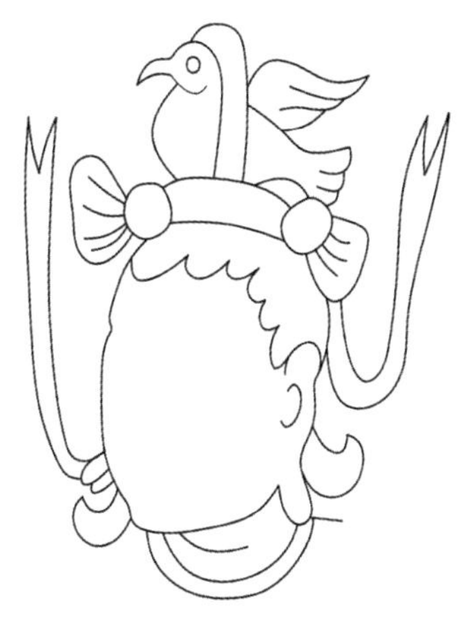

图1-5 鹖冠❶

❶ 图片来源：陆嘉馨绘制。

④ 高冠的演变过程

首服包括冠、帽、巾三种，自汉代开始各个朝代关于“冠”有了明确的等级制度。据《礼记·曲礼上》所言：“男子二十，冠而字。”[28]即贵族男子到二十岁要行冠礼[29]。汉代以前高冠是诸侯王所佩戴的，汉代最高等级的冠是“通天冠”，冠高九寸，皇帝经常佩戴这种冠，而汉代儒生常戴的冠是“进贤冠”，冠高七寸。到了魏晋时期，由于道家与玄学的盛行，所以魏晋时期冠的种类相对较少，士人阶级流行“小冠”，其形制与汉代的“通天冠”相类似。到了隋唐时期，固冠的方法发生了改变，人们开始用笄固定皮弁冠，这种方法增加了冠的稳定性，并对冠的等级制度进行了简化，从原来的二十多种减到十种。在唐代中晚期，由于幞头的广泛流行，对冠的使用逐渐减少。隋唐时期的进贤冠也比较有自己的特色，其冠耳逐渐扩大，并由尖角形变成圆弧形，展侧逐渐降低缩小，由卷棚形最终演变成球形冠顶。至宋代，通天冠则更为繁复。据《宋史·舆服志》记载：“通天冠二十四梁，为乘舆服，以应冕旒前后之数。”[30]在宋代，通天冠也被称为卷云冠，为舞乐者所戴的彩冠。宋代的进贤冠式样与唐代相比变化较大，其冠体的前屋造型趋于饱满，且附梁于其上，后衬一横向山墙，从后面向前包，与汉代纳言式样成反例，在其额前，又衬有额花装饰。自宋以来，进贤冠外面还罩有笼巾。此外，文人士大夫便冠之中，道冠居多。自明代（1368～1644年）起，士子庶人戴四方平定巾，古代读书人戴儒巾等，因此明代巾的种类繁多[31]。进贤冠的演变主要原因有四：首先，魏晋时期思想的改变促进了巾和小冠的流行，从而导致冠的发展历程受到阻碍；其次，隋唐时期进贤冠的简化是由于唐代服色等级制度的确立，冠的等级作用遭到削减；再次，在宋代，由于理学“存天理、灭人欲”思想的流行导致冠的外观变得拘谨、保守，进贤冠的形制进而发生了较大的改变；最后，明代经济发达，开始出现了资本主义萌芽，这些特点都表明明代首服丰富多彩。

笔者认为，“褒衣”狭义是指魏晋时期宽袍大袖的服装款式，褒衣出现在魏晋时期并广泛传播，在道教和玄学的作用下，隋唐时期仍有大量的儒生穿宽大的衣服，宽衣则成为中国历史服装中的普遍特点，根据词语含义，“褒衣危冠”中“褒衣”指魏晋时期流行的宽袍大袖，其“危冠”要表达的则是高冠而不是鹖冠，因为鹖冠自魏晋时期就只有武官才能佩戴，而高冠虽然没有固定的形制，但从古代冠的类别和用途描述可知，适用对象为士人儒生，因此高冠的含义有很大可能指代的是进贤冠。

（2）素丝羔羊

成语“素丝羔羊”表面描写的是士大夫用羔羊皮制作衣服，用白丝作为装饰。

该词出自《诗经·召南·羔羊》:“羔羊之皮，素丝五紽。退食自公，委蛇委蛇。羔羊之革，素丝五緎。委蛇委蛇，自公退食。羔羊之缝，素丝五总。委蛇委蛇，退食自公。”以此来称赞正直廉洁的官员[32]。中国使用裘皮制作服装的历史可以追溯到1.8万年前左右，周口店山顶洞人使用骨针缝合兽皮。原始人最先获取到的服装面料就是动物的皮毛，穿着动物皮毛制作的服装不仅可以起到保护身体的作用，也可以展现自己打猎的能力，彰显其在族群中的地位。而素丝则是淡色的蚕丝，提到蚕丝就不得不提到丝绸，丝绸是中国向世界文明宝库贡献的杰出文化遗产之一。

① 中国古代丝织品与裘皮服装的发展

中国古代服饰面料中的丝织材质与裘皮材质可体现两种不同的风格，裘皮表现出一种粗犷与阳刚之美，而丝织物则具有一种精致与阴柔之美，但两者均有悠久的历史。

丝织品和裘皮服装同样具有分尊卑、别贵贱的作用，丝织品服装多为官员、贵族穿着。最早的蚕茧发现于仰韶文化遗址，最早的丝织物出现于仰韶文化中期[33]，可见中国丝织品历史的悠久。中国古代丝织技术的发展相当成熟，丝绸的生产工序复杂，主要方法有缫丝、炼丝、穿筘、穿综、装造和结花本[34]。商周时期（约前1600～前256年），丝绸出现了罗、绮、锦、绣等品种；秦汉时期（前221～221年），丝绸生产已经形成了完整体系，从马王堆出土的素纱禅衣就可看出丝织工艺之高超，如图1-6所示，素纱禅衣由精缫的蚕丝织造，以单经单纬丝交织的方孔平纹而成，丝缕极细，轻盈精湛，孔眼均匀清晰，通身重量仅49克，可谓轻若烟雾，薄如蝉翼。魏晋南北朝时期（221～589年），因受战乱影响，丝绸中心开始从黄河流域转移到长江流域；到了唐代，丝绸的生产已达到顶峰；宋代，江南成为丝织品的重要产地；元代（1271～1368年），棉纺织业迅速崛起，特别是江南丝织业稳步上升；明清时期（1368～1911年），江南已经成为专业的丝绸产地。

图1-6 素纱禅衣❶

❶ 图片来源：佚名.素纱禅衣[EB/OL].360百科.

中国古代的裘皮服装有裘、袍、褂、袄、裤、裙、护膝、背心等，饰品有靴、帽、围脖、披领等，主要用于领、袖、襟、摆和靴口帽檐的缘饰[35]。裘又可以分为大裘、良裘、功裘和亵裘四种。在正式场合，裘作内衣使用，外面需穿一件丝绸织造的裼衣，色彩质地要与裘的色泽相配。裘可反穿，也即是将裘皮带毛的部分放于衣内，即为反裘，反裘主要是为了保暖，其款式形似袄袍，因此又称作皮袄、披褂或皮袍。为了活动方便和适体，另用丝绸、棉花等材质制作袖部，并缝制其上。汉代以后，裘皮在章服中的比重降低，由于汉族人将裘服视作戎狄之服，并对少数民族带有一定的偏见，导致裘服在中原地区较为少见。随着汉代礼制的健全、裘服等级制度的明确，裘的种类、位置、数量以及搭配的丝织品在种类、色彩和纹样上都有具体的规定，以区分皇帝、名公、侯伯等不同的身份等级，从实用性向等级功能性转变。此外，因中原地区气候温暖，人们的生存生活方式也有所不同，使得棉麻丝绸等纺织品服饰更受人们喜爱，再加上裘皮材质难以获得，故而使得裘皮服饰在中原地区发展迟缓，气候严寒的北方少数民族则因为气候原因对此服装需求较大。因此，中原地区的贵族穿着精致细腻的丝绸服装来彰显地位与财富，而少数民族贵族则以珍贵的裘皮展现尊贵的身份。

② 现代少数民族服装中的羊皮衣

在裘皮服装种类中，羊皮最易获得，也是少数民族普遍使用的服装材质，见表1-9。至今仍有较多少数民族穿着用羊皮制成的服装，主要分布于中国北部山高谷深的山区，由于江河纵横、海拔高度差较大，气候寒冷，因此需用羊皮服装保暖。此外，这些地区以游牧为主要生活方式，适合饲养各种羊类动物，除了将其作肉类食物外，最重要的就是剪羊毛、取羊皮来制成服装。

表1-9　中国少数民族羊皮衣简表❶❷

民族	居住地区	图片	特点
纳西族	主要聚居在云南省丽江市的古城区和玉龙县，散居于永胜、宁蒗、维西、鹤庆、香格里拉等县		七星羊皮披肩是梯形的，装饰彩色圆盘，下摆为垂花式或大括号形。披肩使用末端呈三角形并绣花的白色宽带绕系在胸前。羊皮披肩的装饰有肩挑日月、背负繁星的意思，用于赞扬纳西族妇女的勤劳。穿着方式受天气影响，根据天气变化来选择不同的穿着方式，天气寒冷则羊毛在里面，天气温暖则皮面在里、毛面在外

❶ 资料来源：周映河.纳西族传统服饰——羊皮披肩初探[J].今日民族，2009（4）：20-22.

❷ 资料来源：王清华.彝族典型服饰羊皮褂的社会文化价值[J].思想战线，2005（6）：75-78.

续表

民族	居住地区	图片	特点
彝族	大多居住在云贵高原、青藏高原边缘的横断山区和四川盆地的西南边缘		彝族羊皮褂分为绵羊皮和山羊皮两种。款式为对襟、无袖、无扣，衣长在臀围线以下到小腿肚，老年人会使用有袖的羊皮大衣保暖。一件羊皮褂需两张羊皮制成，裁剪简单，浪费极少，保存完整，以黑色长毛羊皮最为珍贵
藏族	青藏高原		西藏盛产羊皮，牧人喜好穿宽大、肥腰、长袖、大襟、右衽、厚重的羊皮袍。盛装用毛料或缎子做面料，领口、袖口和下摆镶水獭皮或豹皮
蒙古族	主要分布在我国东北，在新疆、河北、青海、甘肃，其余散布于河南、四川、贵州、北京和云南等地		蒙古族羊皮袍款式众多，冬季多穿色彩鲜艳的老羊皮袍，长袍，两侧开衩，大襟右边系扣。还有羊毛朝外的“答忽”皮袍和烟熏制成的毛朝里的皮袍，烟熏皮袍不怕潮湿、不易变形
鄂温克族	内蒙古自治区		在皮制的衣着中以羊皮为最多，有长衣和短衣两种，皮板朝外，毛朝里，侧方开襟，穿时束长腰带。还有一种称为“胡儒木”的皮上衣，在结婚办喜事时作礼服穿用，而“浩布策苏翁”的羔皮袄是做客会亲友和过节时穿的服装

裘皮服装在中国历史悠久，由于中原地区对裘皮服装的偏见，再加上其原料不易获取，因此，中原地区的裘皮服饰逐渐式微。北方少数民族地区以游牧为生，皮料容易获取，再加上天气严寒，多穿用裘皮服装进行保暖。在裘皮服装中，羊皮最易获取，早期的羊皮服装在日常生活中最为常见，但在现代服饰中羊皮服装逐渐减少，其原因有二：其一是因为羽绒服、羊绒服装的使用满足了保暖性功能，且比羊皮服装更轻便、更易于保存、更时尚化，也可减少对动物的伤害；其二是由于羊皮较为细腻薄软，在摩擦和拉扯的过程中，都会对皮料表面有

所损害，易破坏羊皮的完整性和美观。因此，在现代生活中，对羊皮服装的使用和购买量逐渐减少。

用素丝装饰的羔羊裘叫作“英裘”，汉代桓宽（生卒年不详）的《盐铁论·取下》中记载：“衣轻暖、被英裘、处温室、载安车者，不知乘边城、飘胡代、乡清风者之危寒也。”[36]可见“英裘”是贵族阶层穿着的华服。为何用素丝来装饰羔羊皮？笔者认为：第一，素丝的色彩与羔羊皮色接近，且素丝较细腻，以素丝装饰羔羊皮不会破坏羊皮的整体美观性。第二，穿着珍贵的丝织物与羔羊皮制成的服饰可彰显服用者极为尊贵的身份。第三，从少数民族羊皮袄的制作工艺来看，使用素丝织成的丝绸面料作为内衬，可保证内衬颜色与羊皮颜色相一致，满足服装两面穿的实用性、美观性与彰显性需求。

成语“褒衣危冠”和“素丝羔羊”都反映了中国古代高贵身份之人的衣冠形象。“褒衣危冠”为身穿宽大袍服、头戴高冠的样式，以彰显贵族阶层的地位和威严。“素丝羔羊”则为统治阶级冬季的着装形象，将裘皮与丝绸完美结合，以突显服装的刚柔并济之美，对于继承与发展中华传统服饰具有重要意义。

4. 椎髻布衣、鹑衣百结

成语“椎髻布衣”与“鹑衣百结”均是中国古代平民百姓的着装形象，“椎髻布衣”是一种概括式、抽象式的形象，从发髻与衣料方面对平民百姓的形象进行概括，而“鹑衣百结”则是平民百姓中极度贫困的一种衣着形象，非常生动与具体。

（1）椎髻布衣

成语“椎髻布衣”语出《后汉书·梁鸿传》：“（孟光）乃更为椎髻，著布衣，操作而前。鸿大喜曰：‘此真梁鸿妻也’”[37]椎髻是形如椎的发髻，布衣则是布制的衣服[38]。那么，“椎髻布衣”体现的是什么样的人物形象呢？

① 髻的概念

髻，即挽束头发，一般是将其盘结于头颅后或头顶上。事实上，“髻”早在原始社会就已出现，原始社会的遗址中就发掘出“笄”，而“笄”就是挽髻的工具。笔者认为，原始人类需要作髻以避免头发过长而影响到生活劳作。然而，关于髻的历史记载只能上溯至商周时期（约前1600～前256年），到了战国时期（约前475～前221年）则日益普及。起初男女都有挽髻习俗，随着周代礼制的完善，贵族男子加冠、

女子插笄遂成为礼仪。根据河南省光山宝相寺春秋孟姬墓❶中出土的木质发笄以及头骨上残存的发型，我们可复原当时妇女挽髻插笄的情景（图1–7）。

图1–7 孟姬的发髻复原图❷

其实，古文献中也有大量关于髻的记载。据《仪礼・士冠礼》记载："将冠者，采衣，紒。"[39]采衣为童子未冠之常服，故将冠时服此以待也。而"紒"据汉代郑玄（127～200年）解释："紒，结发，古文紒为结。"说明挽髻是古代成人礼的重要程序。又如战国时期宋玉（前298～前222年）《招魂》中："激楚之结，独秀先些。"[40]汉代王逸（生卒年不详）注："结，头髻也。"可见当时楚国挽髻的形式最为时尚。当然，还有一些史书也有具体人物挽髻的形象，如《汉书・李广传》中李陵❸（？～前74年）与卫律❹（生卒年不详）："两人皆胡服椎结。"[41]《资治通鉴・汉章帝建初二年》：

❶ 在该墓出土的青铜器中铸有"黄君孟""黄子作黄夫人孟姬"等铭文。考古工作者推断该墓为黄国国君孟及其夫人的合葬墓。黄国为周代的底姓小国，故城在今河南省潢川县西北淮河南岸的隆古乡，据该墓近20公里。公元前648年黄国被楚国灭亡。

❷ 图片来源：李京平绘制。

❸ 李陵（？～前74年），西汉陇西成纪（今甘肃秦安北）人，字少卿。李广之孙。武帝时，为侍中建章监，善骑射，拜骑都尉，教射酒泉、张掖将士，防备匈奴侵扰。天汉二年（前99年）贰师将军李广利出击匈奴时，自请率步卒五千出居延（今内蒙古额济纳旗东南）。至浚稽山，为单于所率八万余骑包围。虽率军力战，终因粮尽矢绝，救援不继而投降。单于以女妻之，立为右校王，尊贵用事。后武帝听信谣传，以为李陵教匈奴为兵，遂族灭其家。汉昭帝立，霍光遣使招之归汉，不还。居匈奴二十余年。病卒。

❹ 卫律（生卒年不详），约生活在汉武帝、汉昭帝时期。卫律的父亲原本是长水的胡人，卫律汉化颇深，与协律都尉李延年关系亲密，受到李延年举荐出使匈奴，等到使团返回的时候却恰逢汉朝诛灭李延年家族。卫律害怕受到牵连一并伏诛，便逃出汉朝投降了匈奴。匈奴喜爱他，常在单于左右。后来李陵投降匈奴，单于认为李陵壮勇，把女儿嫁给李陵为妻，立李陵为右校王，卫律为丁灵王，都受到尊崇而重用。但李陵居于外庭，有大事，才入内议事。

“长安语曰：‘城中好高结，四方高一尺。’”[42]《后汉书·马韩传》：“大率皆魁头露紒，布袍草履。”[43]

② 椎髻的形制

椎髻，亦作“椎结”“魋结”“魋髻”，秦汉时期一种比较流行的发式，因其造型与椎十分相似，故将发髻称为“椎髻”。据《汉书·西南夷传》记载：“此皆椎结，耕田，有邑聚。”[44]充分说明，早在战国时期，西南少数民族地区的妇女，已有梳椎髻的习俗。又如《后汉书·度尚传》：“初试守宜城长，悉移深林远薮椎髻鸟语之人置于县下，由是境内尤复盗贼。”[45]反映了椎髻极有可能是少数民族地区传入中原的一种发式。

事实上，秦汉时期的椎髻存在男女发式两个系统：

一方面，男性椎髻，以秦兵马俑最为典型，如兵马俑坑出土的人物俑，从其头部的发髻可知，挽髻的方法是将聚拢于头顶右侧的头发用发带从根部束扎后，向后曲成高10.8厘米的纽环。再将余发绕环右旋一周后，曲成双股横贯环内。一端横于髻右，发尾垂于髻左，长18厘米，形如贯笄［图1-8（a）~图1-8（c）］；另外标本T19G11：2［图1-8（d）~图1-8（f）］、T1G3：20［图1-8（g）］、T19G8：5［图1-8（h）］、T19G11：18［图1-8（i）］等陶俑也属此类发式[46]。

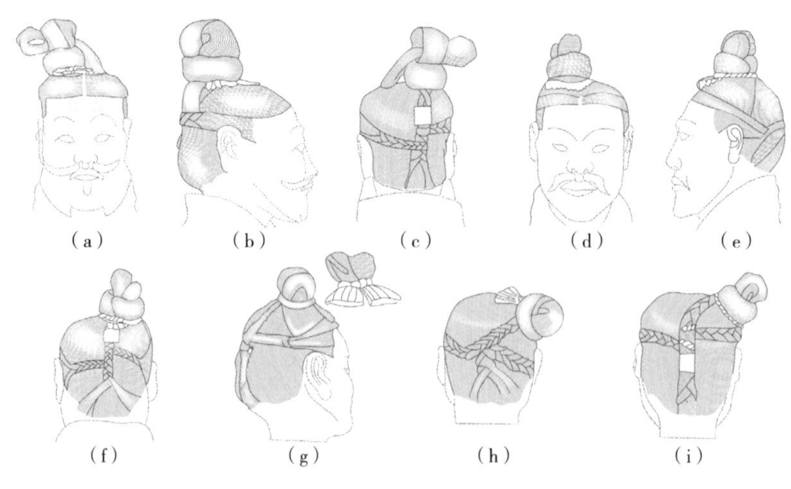

图1-8　兵马俑椎髻❶

另一方面，女子椎髻，除了如图1-9所示晋宁石寨山青铜器中为汪宁生所明确认定的女椎髻（也为孙机先生作为椎髻标准样式）外，较早的例子见于陕西蓝田支

❶ 图片来源：陆嘉馨绘制。

家沟汉墓❶，其出土椎髻女俑发式的特点是将全部头发向后梳理拢于脑后，在发梢处绾结下垂，如标本WK3：18，因其形状与木椎相似故称为椎髻。发掘者认为，它是秦汉时期妇女最常见的发式之一［图1–10（a）］。其实，与这种发式近似的样式在楚墓中亦有所见。黄凤春认为，长沙马王堆一号汉墓所出舞俑［图1–10（c）］、女侍俑［图1–10（b）］，以及徐州北洞山西汉楚王墓❷所出女俑［图1–10（d）］，都是这种发式。他明确指出这种发式应当称为垂髻，而江陵雨台山354号楚墓出土的一件木俑，俑头作长假发并编为一束，在发束的下端作挽结，正是垂髻散开的模样［图1–10（e）］[46]。

（a）纺织场面中女奴主和近侍（石M1）

（b）放牧图中的牧奴（石M12：1）

（c）献粮图中接粮入仓者（石M12：1）

（d）献粮图中顶粮来献者（石M12:1）

（e）执伞女俑（石M20:2，后视）

图1–9　晋宁石寨山出土青铜器上椎髻民族图像❸

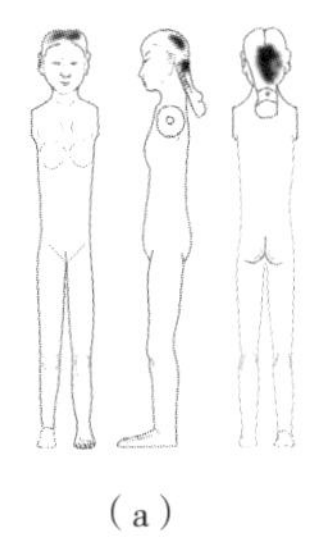
（a）

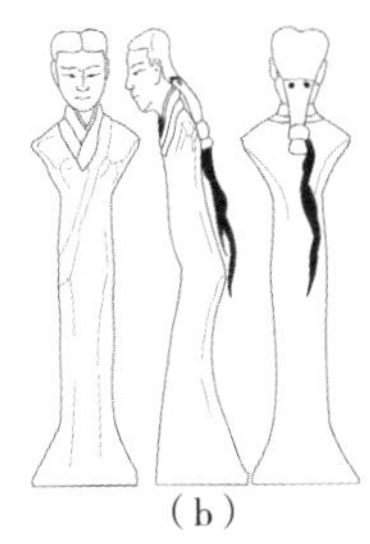
（b）

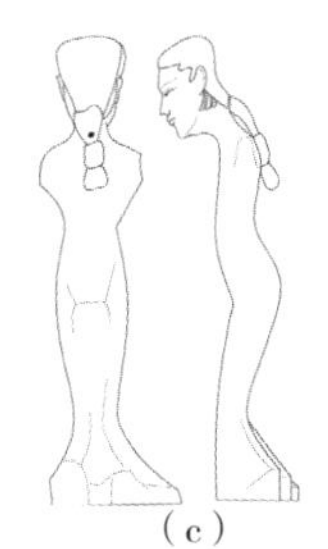
（c）

（d）

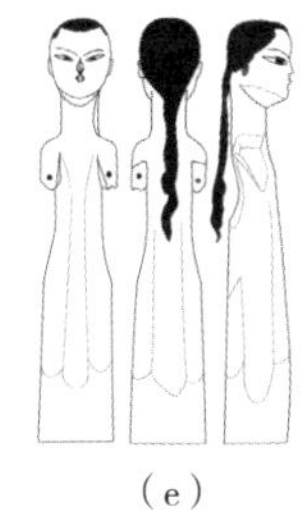
（e）

图1–10　汉椎髻女俑❹

关于椎髻束结方式的描述，男女发式也大同小异。均将发叠成一髻，髻根束带，然后在髻中间再自上而下以带束之，女子之髻垂于脑后。我们可从大量的文献记载

❶ 支家沟汉墓系一座西汉时期大型的高等级贵族墓，其墓葬形制以长斜坡墓道，前后室，多壁龛为其主要特征，出土器物以陶器为主。此外，还有不少车马器。支家沟汉墓的发掘为陕西乃至全国的高等级大型汉墓研究提供了新的资料。

❷ 徐州北洞山汉墓位于江苏省徐州市北郊。根据墓葬规模和大量出土遗物，可以判定此墓应是西汉初所封的某代楚王（前175～前118年）之墓。

❸ 图片来源：李京平绘制。

❹ 图片来源：陆嘉馨绘制。

中见到具体的描述，如《旧唐书·南蛮西南蛮传》，东谢蛮，“男女椎髻，以绯束之，后垂向下”。又如《新唐书》亦云：“有东谢蛮，居黔州三百里……俗椎髻，韬以绛，垂于后。”[47]再如《旧唐书·高丽乐》：“舞者四人，椎髻于后，以绛抹额，饰以金珰。”[48]等等。充分说明唐代中原周边的少数民族均存在椎髻的记载，而以上几则材料描述的发式，都是以女子椎髻的具体结发方式为主[49]。

③ 布衣与椎髻

“布衣”的本质是平民、平常人的代称，“椎髻”也常为平民所使用，“布衣”与“椎髻”相组合，必然也是为了表达平民的形象。

首先，关于布衣的本质。关于“布衣”的解释，学术界有四种。解释一：“布衣”的面料是麻、葛、棉等织物；解释二：“布衣”是素朴的家居之服；解释三：布衣是庶民之服；解释四：“布衣”是以细麻细葛制成的丧服，有别于粗麻之服[50]。笔者认为，在不同的语境下，这四种解释均能成立。一方面，以上四种关于“布衣”的观点分别是从布衣采用的原料、使用场合、着装阶层以及礼仪象征而作出的解释。如《汉书·王吉传》：“去位家居，亦布衣疏食。”[51]说明了不同的阶层均会使用“布衣”，即使身居高位者，在家居时也会穿着“布衣”，可见其为布衣场合的合理解释。又如三国时期（220～280年）诸葛亮（181～234年）的《隆中对》中：“臣本布衣……”[52]可知“布衣”引申为平民的代称，明显是布衣阶层的解释。再如《隋书·礼仪志三》中：“安成王慈太妃丧……周舍牒：‘嗣子著细布衣、绢领带、单衣用十五升葛。凡有事及岁时节朔望，并于灵所朝夕哭。’”[53]则是对布衣礼仪象征的解释，等等；另一方面，根据对成语“椎髻布衣”所处语境的分析，“布衣”无疑是表达平民阶层的意思。

其次，关于“椎髻”与“布衣”的关系。通过以上对“椎髻”和“布衣”的解释，笔者认为，“椎髻”不论男女均多用于平民，而布衣则主要为庶民之服，这是因为“椎髻”简单易扎且利于生产生活，因此，绝大多数平民在生活中的发式为“椎髻”；平民因用不起绫罗绸缎，并且麻、葛材质面料的衣服更利于生产生活，不易磨损。因此，“布衣”与“椎髻”的搭配也就成为平民的常见搭配。如图1-11《雍正行乐图》中所示，农夫的衣着即为“布衣”。上古的布为葛织品或麻织品，而非棉织品，因中原地区还未有植棉、轧棉、纺棉、织棉工艺，直到宋末元初之际，随着黄道婆将海南黎族棉纺织技艺传播至上海乌泥泾地区之后，中原地区才逐渐将棉布作为主要衣料。明清时期，平民劳动时多穿着以麻、葛、棉等织物制成的短褐，又叫“筒袖襦”，其材质基本为粗麻布。

图1-11 《雍正行乐图》中的短褐❶

成语“椎髻布衣”生动地反映了中国古代平民的着装形象。中原地区的椎髻样式源于少数民族地区，可将椎髻分为两类，一类是男式椎髻，它们挽于头顶，另一类是女式椎髻，则挽于脑后。椎髻由于挽扎的简便性而深受平民百姓喜爱，当然不排除在某些特定时期成为一种时尚。而“布衣”则完全是中国古代平民阶层的主要衣物，它们是以麻、葛等植纤维为原料，直至明代以后才逐渐被新兴的棉布所取代。

（2）鹑衣百结（悬鹑百结）

成语“鹑衣百结”出自《荀子·大略》:“子夏贫，衣若县（悬）鹑”[54]，成语“悬鹑百结”出自北周（557～581年）庾信（513～581年）的《拟连珠》诗：“盖闻悬鹑百结，知命不忧。”[55]“鹌鹑”又称为“秃尾巴鸟”，以“鹑衣百结”和“悬鹑百结”来形容有补丁、破旧不堪的衣服[56]，由此联想到贫苦百姓所穿的服装以及劳动者辛勤劳作的佝偻之态。

① 鹑衣的面料

毫无疑问，“鹑衣”为贫民（平民中最贫穷的阶层）所穿的服装。而中国古代平民所穿常服为“褐”，它是毛布，指黄黑色无光泽的衣服，古时贫者为低贱，所着之衣为“褐”[57]。短褐为古代人们用兽毛或粗麻编织而成的短衣，或称“袄”，因制作较为粗劣简单，所以一般为社会下层或穷苦人所穿。按面料可分为：其一，布褐粗劣之服，多为贫者所服。据汉代桓宽（生卒年不详）《盐铁论·通有》所言：“古者

❶ 图片来源：佚名.古人穿着率最高的汉服，鲜少人问津[EB/OL].

采橡不斫，茅茨不翦，衣布褐，饭土硎。”[58]又如宋代苏轼（1037～1101年）《东坡志林·异事下》所载：“时从人乞予之钱，不受。冬夏一布褐，三十年不易，然近之不觉有垢秽气。”[59]再如清代唐甄（1630～1704年）《潜书·尚治》：“縠帛，衣之贵者也；布褐衣之贱者也。”[60]其二，兔褐，兔毛之服。《宋史·舆服志五》：“庆历八年，诏禁士庶效契丹服及乘骑鞍辔、妇人衣铜绿兔褐之类。”[61]其三，苫褐，粗劣之服，以茅草编成。《魏书·侯渊传》：“侯渊，神武尖山人也。机警有胆略。肃宗末年，六镇饥乱……路中遇寇，身披苫褐，荣赐其衣帽，厚待之，以渊为中军副都督。”[62]其四，羖褐，粗劣之服。明代（1368～1644年）方以智（1611～1671年）《通雅》卷三十六：“复陶，羖褐也……《说文》曰：‘褐，编枲韈也。或曰短衣。’师古始解为织毛布。”[63]后世短褐质地多为粗布，名称也逐渐被“袄”所取代，但“短褐”一词却成为普通民众的代名词，如成语“鹑衣短褐”就是形容人的衣服短小、破烂，并进而体现此人的地位卑微[64]。由此可知，“鹑衣”的面料最初为粗制的毛、麻等面料，最后则演绎为粗布面料的统称。

② 鹑衣的色彩与纹样

鹑衣又称“鹑服”，指破旧的衣服，泛指贫者之服。鹑，鸟名，即鹌鹑。其身无纹，尾秃。形容衣衫褴褛。如唐代杜甫（712～770年）《风疾舟中伏枕书怀三十六韵奉呈湖南亲友》❶中指出：“乌几重重缚，鹑衣寸寸针。”不难看出，鹑衣的特征是补丁很多。又如齐己（863～937年）《荆门疾中喜谢尊师自南岳来、相里秀才自京至》❷中云：“鹤氅人从衡岳至，鹑衣客自洛阳来。”骆宾王

---

❶《风疾舟中伏枕书怀三十六韵奉呈湖南亲友》：“轩辕休制律，虞舜罢弹琴。尚错雄鸣管，犹伤半死心。圣贤名古邈，羁旅病年侵。舟泊常依震，湖平早见参。如闻马融笛，若倚仲宣襟。故国悲寒望，群云惨岁阴。水乡霾白屋，枫岸叠青岑。郁郁冬炎瘴，濛濛雨滞淫。鼓迎非祭鬼，弹落似鸮禽。兴尽才无闷，愁来遽不禁。生涯相汩没，时物自萧森。疑惑尊中弩，淹留冠上簪。牵裾惊魏帝，投阁为刘歆。狂走终奚适，微才谢所钦。吾安藜不糁，汝贵玉为琛。乌几重重缚，鹑衣寸寸针。哀伤同庾信，述作异陈琳。十暑岷山葛，三霜楚户砧。叨陪锦帐座，久放白头吟。反朴时难遇，忘机陆易沈。应过数粒食，得近四知金。春草封归恨，源花费独寻。转蓬忧悄悄，行药病涔涔。瘗夭追潘岳，持危觅邓林。蹉跎翻学步，感激在知音。却假苏张舌，高夸周宋镡。纳流迷浩汗，峻址得嵚崟。城府开清旭，松筠起碧浔。披颜争倩倩，逸足竞骎骎。朗鉴存愚直，皇天实照临。公孙仍恃险，侯景未生擒。书信中原阔，干戈北斗深。畏人千里井，问俗九州箴。战血流依旧，军声动至今。葛洪尸定解，许靖力还任。家事丹砂诀，无成涕作霖。”

❷《荆门疾中喜谢尊师自南岳来、相里秀才自京至》：“闲堂昼卧眼初开，强起徐行绕砌苔。鹤氅人从衡岳至，鹑衣客自洛阳来。坐闻邻树栖幽鸟，吟觉江云发早雷。西笑东游此相别，两途消息待谁回。”

（626？—687年？）《寒夜独坐游子多怀简知己》❶中诗："鹑服长悲碎，蜗庐未卜安。"清代张德坚（生卒年不详）《贼情汇纂·伪服饰》："贼由粤西至长沙，尚皆布衣褴褛，缝数寸黄布于衣襟，以为记号，囚首垢面，鹑衣百结者，比比皆是。"[65]均可反映身着"鹑衣"之人的具体身份，要么为逃难之人，要么为叛贼。总之，着"鹑衣"者均为生活贫苦之人，其服装色彩与纹样也有一定的显性特征。

"鹑衣"就鹌鹑羽毛的花纹而言，鹌鹑周身的白色羽干纹，极为醒目，是一种显著特征。颈至尾的白色羽干纹，如用许多布条拼成的衣服纵缝；羽干纹之间布满淡黄色横斑，宛如一个又一个补丁；加上它的短尾，这就自然使人联想到古代劳动者穿着补丁累累的短褐了。若"鹑鸟尾秃，像补绽百结"，或"鹌鹑的尾巴秃，像补丁一样"，就使人误认为是尾巴秃得像补丁了。为了对"鹑衣"有个更形象的认识，我们不妨拿僧人的袈裟作些对比。袈裟是用九至二十五块布片缝制成的，这些呈长方形的布片连缀而成之后，很像一块块稻田，因此又名为"水田衣"（图1–12），这一块块的"水田"，看上去也就是一个个补丁样式，"鹑衣"即是取鹌鹑的白色羽干纹与浅黄色的横斑所组成的补丁形状。"鹑衣"本就是指补丁累累的衣服，但为了强调它的破烂和补丁之多，便又加了"百结"二字。一般只知鹌鹑秃尾，而很少了解它的羽毛花纹，于是便把"百结"和"尾秃"连在一起了[66]。

图1–12 水田衣❷

③ 鹑衣的形制

事实上，褐有长短之分。短褐是一种又短、布又粗陋的粗糙之衣，为一般贫苦的民众所穿。因其衣窄、袖小，所以又称为箭袖襦（图1–13），正如贾谊（前200～前168年）《过秦论》中记载了秦二世胡亥时，天下"夫寒者利短褐，而饥者甘糟糠"[67]的情形，充分说明短褐是贫贱之人所穿的服饰。

---

❶《寒夜独坐游子多怀简知己》："故乡眇千里，离忧积万端。鹑服长悲碎，蜗庐未卜安。富钓徒有想，贫铗为谁弹。柳秋风叶脆，荷晓露文团。晚金丛岸菊，馀佩下幽兰。伐木伤心易，维桑归去难。独有孤明月，时照客庭寒。"

❷ 图片来源：佚名.妙玉是尼姑还是道姑？[EB/OL].网易网.

而长褐衣与短褐衣有着本质的区别，这种褐衣虽不属于绫罗锦类衣料，也有用麻或毛织品制成的，其形制也不像短褐那样短且窄，是一种宽博之衣，不仅为道家所服用，当时的文人隐士也大多着此类服饰[68]。大概是"被褐怀玉"展现出的人生观与服装观在文人中的体现。因此，长褐衣并非为平民百姓所独有，它还具有一定的象征意味，甚至统治阶级也会穿着。

图1-13　短褐❶

根据民俗学的研究，惠安的汉族保留了古代服饰的特点。在诗歌《惠安女》中："惠安女子承古风，短褐纱巾大裤筒。盖住肚脐护财富，掀开斗笠笑融融。"[69]可知惠安女也穿着短褐，其形并不能完全掩盖上身，正如《淮南子・齐俗训》中所言："（贫人）冬则毛袭解札，短褐不掩形。"[70]其短褐的形制如图1-14所示，服装整体形制偏短小，衣长仅到腰围线附近，斜襟，色彩以蓝色为主，胸围宽松，衣服下摆呈弧形外展。

图1-14　惠安女上身所着短褐❷

综上所述，成语"鹑衣百结""悬鹑百结"用夸张的手法来表现贫苦之人的着装形象。从色彩纹样上看，"鹑衣"的纹样可能与"水田衣"类似，由一块块碎布组成，形成不规则的色块。其色彩则不太可能像水田衣一样明艳，毕竟"水田衣"在明代是一种女性的时尚服装，应该是一种本色或偏蓝的色彩，因而比较符合平民所常用

❶ 图片来源：张书光.中国历代服装资料[M].合肥：安徽美术出版社，1990：56.

❷ 图片来源：佚名.福建泉州崇武古城，最靓丽的"惠安女"，她们还是边防卫士[EB/OL].

的色彩；从形制结构上看，“鹑衣”应与惠安女所穿的短褐类似，它与史籍记载相吻合。从“鹑衣”的面料上看，它起初应为毛布，随着宋末棉布在汉族地区的流行，褐衣的原材料逐渐摆脱毛布的范畴，只保留其形制特征。

成语“椎髻布衣”与“鹑衣百结”（“悬鹑百结”）都为我国古代庶民的发式及着装样式，其中，“椎髻”的发饰、“布衣”和“鹑衣”的服饰穿戴，足以展现普通百姓辛苦劳作的形象特点，服饰发挥着重要的实用功能，“椎髻”的发式简单易扎且利于生产劳动，麻、葛以及碎布面料成为百姓生活中常见且耐用的服装材质，反映百姓生活的困苦与节俭，同时还反映了人们对于美好生活的向往和追求，以双手劳作即可创造出幸福的生活，古人的这种精神品质也一直延续至今，成为当今社会人们生活的动力与智慧。

5.舞衫歌扇、拖天扫地

成语“舞衫歌扇”与“拖天扫地”的形象不适合劳作，并不是劳动人民日常所穿着的服装。显而易见，“舞衫歌扇”所指的是舞者、歌者的形象，也即是长袖善舞与执扇优雅的具体表现。而成语“拖天扫地”并不好把握其形象特点，根据服装的形制，可猜测其服制有礼服与舞服两种可能，再依据该成语的语境，笔者认为，“拖天扫地”形制的服装为舞服的可能性较大。

（1）舞衫歌扇

成语“舞衫歌扇”出自南朝陈（557～589年）徐陵（507～583年）《杂曲》❶：“舞衫回袖胜春风，歌扇当窗似秋月也。”[71]“舞衫”是跳舞的人所穿的衣服，“歌扇”则是唱歌的人所拿的扇子，即进行歌舞表演的装束与用具[72]，后来引申为能歌善舞的人。那么，“舞衫歌扇”中的“舞衫”与“歌扇”到底是什么样的形制?

①舞者的长袖善舞

一般情况，舞者之服在款式、色彩、纹样、装饰等方面与日常生活服饰有着较

❶《杂曲·倾城得意已无俦》：“倾城得意已无俦。洞房连阁未消愁。宫中本造鸳鸯殿。为谁新起凤凰楼。绿黛红颜两相发。千娇百念情无歇。舞衫回袖胜春风。歌扇当窗似秋月。碧玉宫妓自翩妍。绛树新声最可怜。张星旧在天河上。从来张姓本连天。二八年时不忧度。旁边得宠谁相妬。立春历日自当新。正月春幡底须故。流苏锦帐挂香囊。织成罗幌隐灯光。只应私将琥珀枕。暝暝来上珊瑚床。”

大差异，通常舞衫较日常生活服饰鲜艳、华美，以便适合表演的需要。舞者的服饰大多是在生活中原有服饰的基础上加以装饰，使之更为美化，如加以绣纹、长袖、飘带等饰样或饰物[73]。

笔者认为，舞者的整体形象应该为“长袖善舞”。舞衫在形制上一般为长袖、长裾，用于表现舞者的轻盈。早在汉代就有这样的观点，如汉代傅武仲（？~90年）的《舞赋》中就有：“罗衣从风，长袖交横罗衣从风，长袖交横……体如游龙，袖如素蜺。”[74]这都是对舞者着长袖舞衣在表演时的风姿描写，由此可见，汉时特意将舞者的衣袖加长[75]。长沙马王堆一号汉墓出土的着衣歌舞俑（图1-15），着短褂、长袍、梳垂髻，歌俑梳盘髻，穿菱纹罗绮长袍[76]。尽管这尊舞俑双臂部分已经缺失，但我们从舞衫长裾的形象中，可推测其舞袖必定为长袖。事实上，战国时期的（前280~前233年）《韩非子·五蠹》中记载：“鄙谚曰：‘长袖善舞，多钱善贾。’”[77]成语“长袖善舞”也充分说明早在战国时期舞服长袖已成习俗。

1964年，河南南阳新野县后岗村出土的七盘舞画像方砖就形象反映“长袖善舞”的形象，其拓片如图1-16所示，其主题内容为七盘舞。左边一女子头梳高髻，身着长袖大衣，双臂上举翩翩起舞，一足踏在盘上，另一足向上抬起，踏一鼓。右边一

图1-15　汉代歌舞俑❶

图1-16　汉代七盘舞画像方砖拓片❷

❶ 图片来源：王卉.着衣歌俑[EB/OL].秦汉文化网.

❷ 图片来源：佚名.考古探秘之南阳汉代画像石（砖）墓[EB/OL].

男子身着短衣，右膝跪地，左腿前弓，双臂一屈一伸，与左边舞者配合做戏。该砖画像为汉代著名的宫廷舞蹈七盘舞，舞者造型生动、逼真，具体展示了“长袖善舞”形象。

笔者通过梳理中国历代舞服资料（表1-10），得出如下结论：首先，舞服的变化基本遵循“长袖善舞”形象。而外族入主中原时期，舞服可能会带有统治民族的特征，如元代的舞服，就明显带有蒙古族的特征，与汉族舞服相比有明显差异，这一情况充分说明汉文化并没有完全被上层蒙古贵族所接纳。相反，清代的舞服，则完全为汉族舞服式样，从侧面也说明了清代满族接受汉文化的程度要远远高于元代蒙古族。其次，舞服的款式都会受到所处时代服饰的影响，如战国时期深衣袍服的款式为舞服样式，而唐代则以儒裙样式为主，充分反映了艺术创造源于生活这一观点。最后，对外交流也会促进舞服的变革，如在魏晋南北朝、隋唐这些对外文化交流频繁的时期范围内，舞服的样式与种类也会随之增多。

表1-10　中国历代舞服简表❶-❺

朝代	名称	图片	相关描述
战国	长袖曲裾衣舞女玉雕（洛阳金村出土）		舞女衣着袖长而小，袖头另附装饰，如后世戏衣的水袖。领、袖、下脚均有宽沿，斜裙绕襟，裙而不裳，用大带束腰，和楚俑相近
秦代	舞者服饰（湖北省出土）		曲裾深衣，长袖宽裾

❶ 图片来源：陆嘉馨、李京平绘制。

❷ 资料来源：沈从文.中国古代服饰研究[M].上海：上海书店出版社，2002：68，164，254，533.

❸ 资料来源：周锡保.中国古代服饰史[M].北京：中国戏剧出版社，1984：118，203，209.

❹ 资料来源：袁杰英.中国历代服饰史[M].北京：高等教育出版社，1994：40，38，104，108，125，136，184，204.

❺ 资料来源：臧迎春.中国传统服饰[M].北京：五洲传播出版社，2003：82.

续表

朝代	名称	图片	相关描述
汉代	陶女舞俑（徐州铜山区出土）		近代戏曲中的水袖可能是源于此，所谓水袖就是大袖口里折叠得整整齐齐，可伸缩自如
	东汉“丸剑舞”画像砖		双鬟小女，手执轻雾纱绢之长带而舞。观察此像，手持短竿而系长带，今世舞蹈中有以长绸而舞，由此形象发展而来
	戴花冠、长袖衣舞女彩绘陶俑（广州东汉墓出土）		舞女，衣汉式袍服，举手作舞容。惟在特高大髻花冠上满插珠翠花朵，衣左衽，大袖长袍，在两汉出土绘制的陶俑中少见
	长袖衣、细绸裙舞女（浙江绍兴出土铜镜纹饰）		袖口宽博，随即骤然缩小，大袖口里折叠得整整齐齐，可伸缩自如之“水袖”，并另附一近于飘带式样的巾子
	长袖衣、细绸裙舞女（浙江绍兴出土铜镜纹饰）		衣着汉代式样，长袖为时代特征，舞容尽显活泼利落
魏晋南北朝	敦煌舞人裙		典型的西域风格舞服
隋代	小袖、长裙舞女青釉陶俑（故宫博物院藏）		俑多小袖长裙，系裙到胸部以上，发式也比较简单，上平而较阔，额部鬓发均剃齐，具有北周以来“开额”的旧制

续表

朝代	名称	图片	相关描述
隋代	舞俑（故宫博物院）		上着窄袖襦制，下系长裙
唐代	乐舞俑		左——缦衫或名笼衫（郑仁泰墓出土）；右——似半袖襦裙（西安小土门村唐墓出土）
	陕西西安唐墓出土的陶俑		着披肩的唐代舞姬
	西安唐墓壁画中的高髻舞女		受外来影响，袒胸裸臂、长裙曳地
	窄袖襦衫、长裙、帔帛舞衣		舞服反映了当时的流行服饰，窄袖短襦、长裙、帔帛，腰带线位于乳上

续表

朝代	名称	图片	相关描述
五代	顾闳中《韩熙载夜宴图》中的舞者		窄袖、缺裤衫、对领、束带裙
	圆领窄长袖缺袴舞者		舞服以唐代圆领缺袴袍为原型，进行了改造，将袖子加长
宋代	舞女服饰		上身长袖襦裙，下着肥大袴褶，类似于现代的裤裙
元代	舞童服饰（水乐宫壁画）		舞童服饰款式具有民族特色，亦为长袖，系有飘带
	二奏乐蒙古族青年（河南焦作金墓出土）		头上尖顶笠子帽，身穿小袖短袍
清代	着纽扣衣的舞女		舞衣明显的不同在于出现了纽扣

② 歌者执扇优雅

“歌扇”是歌唱者表演时手持的道具，中国最古老的扇子是一种装饰器具，而不是用来纳凉。据晋代（266～420年）崔豹（生卒年不详）的《古今注》记载，最早的扇子是殷代用雉尾制作的长柄扇，但并不是用来拂凉的，而是一种仪仗饰物，由持者高擎着，为帝王障尘蔽日[78]。至于什么时候开始将扇子当作唱歌时的道具，已不可考证了，但在成语“舞衫歌扇”中至少能够说明在南朝时期这种习俗就已广为流传。1957年12月出土的邓州许庄南朝画像砖中就有团扇的形象。此块墓砖画名为“贵妇出游”（图1–17），此砖从原墓封门砖中揭出，已无色彩。此图中有4人，前2人身材高大，着短衫长裙，帛绕肩束腰外飘，著云头高髻，是当时流行的“飞天髻”。其中一人手执团扇，尽显当时的贵妇形象。

图1–17　南朝墓砖画中的歌女形象❶

事实上，笔者更倾向于执扇者为“歌者”的观点。一方面，执扇者的服装款式与身旁着丫髻侍女的服装并没有根本区别，只有发髻不同，似乎不能完全断定执扇者为贵族身份；另一方面，在同一墓中发现了另一块墓砖画“西曲倚歌”（图1–18）。据目前学术界对此砖画的评述，此画像砖中共有6人，画面右侧为2名女舞者，相对视做起舞状，头束双髻，身着宽袖舞衣，腰束带，脚穿尖履。其后有4名乐手，头戴高冠，着长裤，分别执鼗鼓、腰鼓、铜钹、长笙演奏，为两舞者伴奏。既然墓砖画中有舞者画，那么相应也该有歌者画，事实上，60余幅邓州许庄南朝画像砖中包括社会生活类、宗教神话类、历史故事类、植物类等砖画，其

图1–18　墓砖画“西曲倚歌”❷

❶ 图片来源：佚名.南朝影像——邓州南朝彩色画像砖[EB/OL].砖瓦工业烧结技术信息中心.

❷ 图片来源：佚名.南朝影像：邓州许庄南朝彩色画像砖[EB/OL].腾讯网.

中生活类砖画基本上都是平民，如侍从、歌手、乐手、武士、运粮人等人物。作为墓砖画中的人物基本都是为墓主死后服务的，因此，笔者认为“贵妇出游”中手执团扇的“贵妇”并非真正的贵妇，极有可能为“歌者”。

此外，随着时代的变迁，“歌扇”的大小、形制也会相应发生变化。如唐代绘画作品《宫乐图》中就有“执扇者”的形象，作品描绘的是后宫嫔妃10人，围坐于一张巨型的方桌四周，有的品茗，有的弹奏乐器。其中有2名执扇贵妇的形象（图1–19、图1–20）能引起笔者的注意，她们身着华丽，手持小团扇，其中执扇贵妇之一神情专注，似是清唱。笔者认为她们为“歌者”的原因有二：一方面，既然是《宫乐图》，10位嫔妃中虽有品茗者，但绝大部分都是持有乐器演奏，因此，这种演奏活动应该是集体表演，每个人都应参与，而品茗者或许是还没有轮到自己表演而悠然处之；另一方面，从“执扇者”的角度看，图1–19中的贵妇显然也是参与其中，朱唇微张、神情专注，而图1–20中的另一“执扇者”则只有背面，可以明显感知其神情放松，似是休息，还未轮到她表演。综合以上分析，笔者认为执小扇贵妇应该作为“歌者”，参与唱曲的表演中。

图1-19 《宫乐图》中执扇贵妇之一❶

图1-20 《宫乐图》中执扇贵妇之二❷

当然，到了明清时期，“歌者”所使用的扇子在形制上发生了变化，主要由团扇

❶ 图片来源：佚名.从古代画作中，揭秘唐代宫女们的意趣生活之美[EB/OL].搜狐网.

❷ 图片来源：佚名.从古代画作中，揭秘唐代宫女们的意趣生活之美[EB/OL].搜狐网.

向折扇转变。如图1–21所示，为清代披云肩持折扇的演员形象，当然清代的演员一般称为戏曲演员，也会唱歌唱曲。笔者认为，从团扇向折扇的转变有以下两点原因：首先，在明清时期，来自高丽的折扇开始在中国广泛流行[79]，这促进了折扇在中国的发展，是歌扇从团扇向折扇转换的客观基础；其次，折扇与团扇相比较，它更加便于携带，适合作为表演的道具，这是歌扇从团扇向折扇转换的主观基础。

图1–21　清代披云肩持折扇的演员❶

（2）拖天扫地

“拖天扫地”出自元代李文蔚（生卒年不详）的戏剧《燕青博鱼》三折：“穿的那衣服，拖天扫地的，上脚踹着，不险些儿绊倒了。”用来形容衣服过长[80]，不适合劳作。笔者认为，“拖天”形容衣袖宽大、冗长，“扫地”形容衣服下摆过长而扫到地上，“拖天扫地”不仅出现在戏曲服饰之中，事实上，它还常见于舞女的形象之中。

①“拖天”在衣袖上的体现

“拖天”在衣袖上的表现之一是长袂（图1–22），即长袖，通常是指舞衣上的白色接袖。中国史籍中有大量关于长袂的描写，如先秦时期（旧石器时代～前221年）《楚辞·大招》❷中：“粉白黛黑，施芳泽只。长袂拂面，善留客只。”[81]给人很大的想象空间，一位妆容甚好的女子，皮肤白皙，眉线已画，长袖遮面，羞答答的情景，给人留下深刻的印象。又如《史记·货殖传》中所载：“今夫赵女郑姬，设形容，揳鸣琴，揄长袂，蹑利屣。”[82]，可见郑姬善长于歌舞。再如西晋（265～317年）文学家潘尼（约250～约311年）《皇太子集应令诗》❸：“长袂生回飙，曲裾扬轻尘。”能够形象地表达这种“拖天”的感觉。

---

❶ 图片来源：李京平绘制。

❷《大招》：“易中利心，以动作只。粉白黛黑，施芳泽只。长袂拂面，善留客只。魂乎归来！以娱昔只。”

❸《皇太子集应令诗》：“圣朝命方岳，爪牙司北邻。皇储延笃爱，设饯送远宾。谁应今日宴，具惟廊庙臣。置酒宣猷庭，击鼓灵沼滨。沾恩洽明两，遭德会阳春。羽觞飞醽醁，芳馔备奇珍。巴渝二八奏，妙舞鼓铎振。长袂生回飙，曲裾扬轻尘。”

图1-22 长袂（四川汉墓出土画像砖）❶

“拖天”在衣袖上的表现之二是广袖（图1-23）与大袖，广袖通常指宽大的衣袖，如《旧唐书》所言：“褒衣博带，革履高冠，本非马上所施，自是车中衣服，……且长裙广袖，襜如翼如，鸣佩纡组，锵锵奕奕。”[83]充分反映了广袖乃是中原传统的袖形。又如《太平广记》中记载：“梦一美人，自西楹来，环步从容，执卷且吟，为古妆，而高鬟长眉，衣方领，绣带，被广袖之襦。”[84]说明广袖也是一种时尚，既高贵又古典。大袖（图1-24）同广袖，一般特指宽大的衫子，中国及其周边国家均有此类服装。如《文献通考·选举七》：“武士舍弃弓矢，更习程文，褒衣大袖，专效举子。”[85]由此可知，大袖起初为举子（知识分子）所穿着，后来还被武士所效仿。事实上，高丽人也穿着大袖衫，如《隋书·东夷·高丽传》所载：“人皆皮冠，使人加插鸟羽。贵者冠用紫罗，饰以金银，服大袖衫，大口袴，素皮革，黄革屦。”[86]

图1-23 [唐]阎立本《历代帝王图》局部❷

图1-24 [唐]周昉《簪花仕女图》局部❸

❶ 图片来源：李京平绘制。

❷ 图片来源：佚名.细处见功力，气质各不同——古代名画赏（三）：阎立本《历代帝王图》[EB/OL].搜狐网.

❸ 图片来源：佚名.唐代女性翩跹起舞的桂叶眉[EB/OL].搜狐网.

笔者认为，衣袖不仅具有实用功能，而且还有美饰功能。实用功能在于衣袖可作为囊袋使用，古人通常未在服装上设置口袋，一般是另缀在腰部的囊袋，而宽博的衣袖可充当口袋的功能，也可起到隐藏物品的作用。《晏子春秋》就有记载："晏子对曰：'临淄三百闾，张袂成阴，挥汗成雨，比肩继踵而在，何为无人？'"[87]这里的"张袂成阴"本意指张开袖子来遮掩天日，也就好比衣袖的"拖天"之状，只有衣袖足够宽大时才可作为遮挡之物，"张袂成阴"也可作为衣袖之大的引喻，再次强调衣袖的实用功能。而美饰功能就更显而易见了，美饰功能主要体现于袖子的大小款式以及装饰纹样上，图案花纹也会根据不同人的等级身份加以设定，这也是衣袖附加价值的体现。衣袖作为服装中极为重要的组成部分，与中国的儒家思想密切相关，"拖天"这种形制的衣袖虽宽博，但绝不会显露肌肤，追求儒家礼教中的"含蓄"之美。

图1-25 [晋]顾恺之《女史箴图卷》局部❶

②"扫地"在服装样式中的表现

"扫地"在服装上的表现之一是"褒衣"与"宽衫"。"褒衣"就是宽大的衣服，据唐代颜师古指出："褒，大裾也。言着褒大之衣，广博之带也。"古代多为文吏儒生所穿用，与此同时，它也是魏晋南北朝时期一种非常流行的装束风格，分为人物和佛像两种装束类型，以佛像中的记载较多，其特点都为长襟大袖，腰束宽带，下摆长至地面。画像女史箴图中的样式为衣袖宽大，下摆拖至地面，腰间系长带，整个装束尽显宽大飘逸之状（图1-25）；佛像中的衣着内层为僧祇衣（图1-26），外层为长大的袈裟样式，由于衣襟过于宽大，右襟还会搭于左袖上，衣襟的下摆处重叠多层，画像中的形象虽为坐

图1-26 麦积山石窟第147窟主佛❷

❶ 图片来源：美国波士顿美术馆。

❷ 图片来源：佚名.我们怎样来欣赏一尊佛造像？[EB/OL].搜狐网.

姿之势，但可以明显看出此服装可长达地面，根据古代行不露足的传统礼制，也可进一步推断此种样式能盖住足部，甚至拖至地面。

“宽衫”多为宽松肥大的衣衫，长可曳地，多出现于魏晋时期，女子的宽衫（图1–27）与舞女大袖衫的样式极其相似，男子的宽衫（图1–28）同样也十分宽大，衣领敞开，袒胸露腹。从“褒衣”和“宽衫”中可看出服装与人体的重组关系，服制虽然宽松，却达到了一种人体与衣服之间整体和谐的视觉美感。

图1–27　女子宽衫样式❶

图1–28　男子宽衫样式❷

“扫地”在服装上的表现之二是“长裙”与“湘裙”。汉代多为深衣制，衣襟长至拖地或足上，也可形成“扫地”形象。实际上，长裙也是一种“扫地”的形象，特别是汉代女子服装，上身通常为短襦，下身为长裙（图1–29），女子衣服甚至愈加宽大。《后汉书》中有指明东汉女子多服曳地长裙，到中唐晚期仍然盛行（图1–30），尽管唐文宗（809～840年，826～840年在位）曾下令禁止长裙超过三寸[88]，但这种长裙直至宋明时期仍然存在。湘裙为长裙中一种，也可曳地，以六幅布帛缝制而成，其称谓源自唐代李群玉（808～862年）《同郑相并歌姬小饮戏赠》❸诗中有“裙拖六幅湘江水，鬓耸巫山一段云”之句，以湘水形容其长，后即称妇女长裙为“湘裙”。由

❶ 图片来源：陆嘉馨绘制。

❷ 图片来源：佚名.我还是那个搬砖的青年[EB/OL].百度.

❸《同郑相并歌姬小饮戏赠》：“裙拖六幅湘江水，鬓耸巫山一段云。风格只应天上有，歌声岂合世间闻。胸前瑞雪灯斜照，眼底桃花酒半醺。不是相如怜赋客，争教容易见文君。”

此看出，曳地长裙很受女子喜爱，同时也反映了当时的生活状态，汉代服饰基本形制是在继承秦代服装的基础上发展而来的，并盛行至明代，形成了从紧窄到宽衣形制的发展变化，服装作为汉代文化中的重要组成部分，与中原汉文化形成的过程是一脉相承的。此外，由于儒家思想对服饰审美意识的“引导”作用，使汉代的恢宏在服装上得以显现。

图1-29　汉代打虎亭汉墓中的壁画[1]

图1-30　[唐]周昉《簪花仕女图》局部[2]

综上所述，对成语“舞衫歌扇”中“舞衫”“歌扇”的解析，它们都是中国古代一种歌舞表演的重要道具。“舞衫”一般以长袖、长裾的形式出现，用于表现舞者的轻盈，以“长袖善舞”的形象示人；“歌扇”则从最初的“团扇”向“折扇”转换，其中“团扇”也是由大向小转变，而“折扇”出现在“歌者”手中则是基于“折扇”在中国的广泛流行，以及“折扇”适合表演的特征，创造出持扇优雅的形象。而成语“拖天扫地”形容衣服过长只是浅层含义，而更为深刻的含义是儒家美学思想与传统审美意识的体现，将儒家思想的含蓄之美、中庸文化以及“天人合一”的精髓展现得淋漓尽致，“天”是指自然，“人”是指人文，无论是衣袖还是衣裙都肯定了人与自然、天与地的统一性和交融性。从紧裹的窄衣形制变为宽松的样式这一发展过程，服装强调的是人体与衣服的自然状态，有一个相对的服装空间，“拖天扫地”这种宽大的样式反映了人体与衣服的空间性，即是儒家思想中所强调的人的情感与思想道德相呼应的属性，无论服装的制作者还是服装的使用者，都可将中庸思想作为一种准则，使服装与人体之间保持一定的和谐空间，从而顺应当时的礼制与审美。

[1] 图片来源：佚名.河南新密，汉代打虎亭汉墓主人张伯雅[EB/OL].网易.

[2] 图片来源：佚名.中国古代女子内衣，欲遮还羞！[EB/OL].搜狐网.

6. 披裘负薪、还我初衣

成语“披裘负薪”与“还我初衣”体现了两种类型的理想形象。“披裘负薪”主要是指高洁的隐士形象，他们返璞归真，追求精神境界；“还我初衣”则是入世做官前的形象，怀有为国为民的初心，未受宦海污染的形象。这两种形象形成了鲜明的对比，深刻反映了中国古代士人心中“出世”与“入世”的两种理想状态，具有典型的中国传统哲学思想。

（1）披裘负薪

成语“披裘负薪”语出东汉王充（27～约97年）《论衡·书虚》：“延陵季子出游，见路有遗金。当夏五月，有披裘而薪者，季子呼薪者曰：‘取彼地金来！’薪者投镰于地，瞋目拂手而言曰：‘何子居之高，视之下，仪貌之壮，语言之野也？吾当夏五月，披裘而薪，岂取金者哉？’季之谢之，请问姓字。薪者曰：‘子皮相之士也，何足于姓字？’遂去不顾。”[89]“裘”是皮毛衣服，本为价值高贵的衣物，但此处的“裘”却应是“裘褐”，一般是身份低贱之人所穿的冬季衣物。“负薪”是指背着柴薪，指明其砍柴者的身份。“当夏五月，有披裘而薪者”深刻反映了薪者家贫，无钱换夏装，还身穿冬天的裘褐，背着柴薪，但“薪者”的言行却让季子无地自容，认为其为高洁之士，后世用“披裘负薪”指孤高清廉、隐逸贫居的人。事实上，这则成语中的“裘”是中国古代重要的服装面料，它不仅有为皇室贵族所使用的高贵裘皮，同时还有为贫民所使用的裘褐之服。

① 裘的分类

凡取兽皮制服，统名曰裘。根据甲骨文中的字形，即取像于毛锋朝外的皮衣。商周时期，根据地位高低而选取的不同皮料及装饰有明确的规定。如天子用狐白裘，诸侯用狐黄裘，卿大夫用狐青裘，士人用羔裘，庶人用犬羊之裘等。又如明代宋应星（1587～？）《天工开物》中所言：“贵至貂、狐，贱至羊、麂，值分百等。貂产辽东外徼建州地及朝鲜国，其鼠好食松子，夷人夜伺树下，屏息悄声而射取之，一貂之皮方不盈尺，积六十余貂仅成一裘。服貂裘者立风雪中，更暖于宇下。眯入目中，拭之即出，所以贵也。”[90]不难看出，根据取裘的动物种类分，貂裘、狐裘都为上品，羊、麂则次之。事实上，裘还可依据颜色进行细分，《天工开物》中指出：“色有三种，一白者曰银貂，一纯黑，一黯黄（黑而长毛者，近值一帽套已五十金）。凡狐、貉亦产于燕、齐、辽、汴诸道。纯白狐腋裘价与貂相仿，黄褐狐裘值貂五分之一，御寒温体功用次于貂。凡关外狐，取毛见底青黑，中国者吹开见白色，以此分优劣。”[90]事实上，古代汉人对貂裘的认识要晚些，主要归因于貂的产地远离中原，在现在中国的东北地区。

② 裘的文化人格体现

以裘为衣既是对上古衣皮风俗的继承，又是身份、地位之象征，其成因可追溯到图腾崇拜。“羔羊比德”“羔裘豹饰”，则是一种刚柔相济的文化人格的体现。先秦时期《诗经》中出现的皮裘有三种，分别是羔裘、狐裘、熊（罴）裘。《诗经》中的这些“裘”不仅是蔽体、保暖之衣，又是身份、地位之象征，还是文化人格之体现[91]。表1-11为《诗经》中裘的相关描述，其中《召南·羔羊》《郑风·羔裘》《唐风·羔裘》《桧风·羔裘》提及了羔裘；《邶风·旄丘》《秦风·终南》《豳风·七月》《桧风·羔裘》《小雅·都人士》都提及了狐裘；《小雅·大东》提及了熊（罴）裘。《诗经》中的相关记载反映了羔裘、狐裘、熊（罴）裘曾经是中国古代最常见的三种裘服。

表1-11 《诗经》中有关裘服的记录❶

裘的种类	出现章节	相关描述	身份体现
羔裘	《召南·羔羊》	羔羊之皮，素丝五紽。退食自公，委蛇委蛇	反映了着羔裘者为有一定身份地位之人，身份高贵者一般用于冬季常服
	《郑风·羔裘》	羔裘如濡，洵直且侯。彼其之子，舍命不渝	
	《郑风·羔裘》	羔裘豹饰，孔武有力	
	《唐风·羔裘》	羔裘豹袪，自我人居居。岂无他人？维子之故	
	《桧风·羔裘》	羔裘逍遥，狐裘以朝	
狐裘	《秦风·终南》	君子至止，锦衣狐裘	反映了着狐裘者为有身份地位的高贵者，且狐裘是进入朝堂时的穿戴
	《豳风·七月》	取彼狐狸，为公子裘	
	《邶风·旄丘》	狐裘蒙戎，匪车不东	
	《秦风·终南》	锦衣狐裘，颜如渥丹	
	《小雅·都人士》	彼都人士，狐裘黄黄。其容不改，出言有章行归于周，万民所望	
熊（罴）裘	《小雅·大东》	西人之子，粲粲衣服，舟人之子，熊罴是裘	反映了周人熊裘的实用功能，可能周人平民也穿此服

❶ 资料来源：袁愈荌.诗经全译[M].唐莫尧，注释.贵阳：贵州人民出版社，1981：25，54，114，115，162，194，175，204，175，369，321.

由表1-11可知，狐裘一般为天子、诸侯、大夫所穿戴，而士则穿戴羔裘。如汉代班固（32~92年）《白虎通义》中所言："裘，所以佐女功助温也。古者缁衣羔裘，黄衣狐裘。禽兽众多，独以羔裘何？取其轻暖，因狐死首丘，明君子不忘本也。羔者，取跪乳逊顺也。故天子狐白，诸侯狐黄，大夫狐苍，士羔裘，亦因别尊卑也。"[92]又如《传》曰："狐裘，朝廷之服"《笺》曰："诸侯狐裘，锦衣以裼之。"[93]不难看出，中国古人将狐狸死亡时，头仍朝着它自己洞穴的传说，比喻为不忘本或怀念故乡，同时引申为对故国、故乡的思念。因此，狐裘服就有为社稷计的文化人格体现。同样，羔羊有跪乳的特性，象征着孝道与君恩。爱屋及乌，羔羊裘也就为士人所喜爱。事实上，早在周代就有裘服文化人格的记载，据《礼记·玉藻》记载："君衣狐白裘，锦衣以裼之。君子之右虎裘，厥左狼裘，士不衣狐白。君子狐青裘豹袖，玄绡衣以裼之；麑裘青豻袖，绞衣以裼之，羔裘豹饰，缁衣以裼之。狐裘，黄衣以裼之。锦衣狐裘，诸侯之服也。犬羊之裘不裼，不文饰也不裼。裘之裼也，见美也。吊则袭，不尽饰也。君在则裼，尽饰也。服之袭也，充美也。是故尸袭，执玉龟袭。无事则裼，弗敢充也。"[94]由此可知，除了狐裘与羔裘，用虎狼之志作为周天子左右护卫穿着的虎裘与狼裘就顺理成章了。此外，除了犬羊等低等级之裘直接穿用外，其他高等级的裘服均需要外罩衣进行保护。

③"披裘负薪"中的裘服分析

通过以上的分析，可以看出裘服通常是一种贵族冬季常用的高级服装。平民在冬天也穿裘服，只不过所穿裘服非常便宜。成语"披裘负薪"中的裘服应该属于非常便宜的类型。事实上，羊皮也有贵贱之分，据《天工开物》中所载："羊皮裘，母贱子贵。在腹者名曰胞羔（毛文略具），初生者名曰乳羔（皮上毛似耳环脚），三月者曰跑羔，七月者曰走羔（毛文渐直）。胞羔、乳羔为裘不膻。古者羔裘为大夫之服，今西北缙绅亦贵重之。其老大羊皮，硝熟为裘，裘质痴重，则贱者之服耳，然此皆绵羊所为。"[90]可见，老羊皮可能是"披裘负薪"中裘服的面料之一。当然，除了老羊皮外，马皮、鹿皮、猪皮等也可能被用作平民的裘服。事实上，笔者认为"披裘负薪"成语典故中"薪者"所披的裘服面料为鹿裘，一方面，鹿裘也称"文裘""鹿皮裘"，一般为粗陋的皮衣，贫者之服。如《韩非子·五蠹》中就明确指出："冬日麑裘，夏日葛衣。"[95]又据《中国古代衣冠辞典》对"鹿裘"的解释是粗陋的裘衣[96]。另一方面，自古以来，中国就有隐士穿着，据《晏子春秋·外篇》所载："晏子相景公，布衣鹿裘以朝。公曰：'夫子之家，若此其贫也，是奚衣之恶也。寡人不知，是寡人之罪也。'"[97]由此可知，春秋时期的晏子（？~前500年）从官之时就曾"布衣鹿裘"，引起齐景公（？~前490年）的自责，反映了"鹿裘"是一种贫民所穿之服。中国历史上最著名的隐士荣启期（前595~前500年）也是"鹿裘带索"的装扮，《列子集释·天瑞篇》："孔子游于太山，见荣启期行乎郕之

野，鹿裘带索，鼓琴而歌。”[98]到了汉代已经普遍形成高士、隐士着鹿裘形象的观念，据刘向（前77～前6年）《列仙传·卷下》所言：“鹿皮公者，淄川人也……食芝草，饮神泉……著鹿皮衣，复上阁。后百余年，下卖药于市。”[99]不难看出，汉代已经普遍产生高士、隐士着鹿裘、鹿皮衣形象的观念。事实上，南北朝时期（420～589年）陈文帝陈蒨（522～566年，559～566年在位），就曾有过着鹿裘扮隐士的形象（图1–31），由图1–31可知，陈文帝着菱角巾、披鹿皮裘、执如意、坐高榻[100]，完全是中国古代帝王所作的角色扮演游戏。

图1–31 《历代帝王图》中着鹿裘的陈文帝❶

当然，平民隐士皮裘的形制不太可能像陈文帝穿着的鹿裘形象。那么，成语“披裘负薪”中薪者裘服的形象应该是什么样的呢？笔者认为，“薪者”皮裘应如图1–32所示的形制，即原始皮服。首先，“薪者”在炎热的夏天还穿着皮服，充分说明了“薪者”的家境贫穷，没有换季的服装。既然如此贫苦，其裘服也不可能像陈文帝的皮裘那样制作讲究，形制合理；其次，“披裘”二字反映了“薪者”裘服基本没有合乎礼仪的形制，结构简单，止于遮羞与保暖；最后，著名隐士荣启期“鹿裘带索”的形象，也说明了古代隐士们鹿裘上应该采用绳索作为腰带。一方面，分体式的鹿裘可使其在夏季可以穿着，当天热时，可将上衣脱掉，便于劳动，同时，以绳索作为腰带可将上衣与下裳固定在身体上；另一方面，绳索本身就是一种劳动工具，符合“薪者”的身份。

图1–32 原始皮服❷

综上所述，成语“披裘负薪”揭示了中国古代的裘服有贵贱等级之分。统治阶

❶ 图片来源：佚名.江南烟雨中邂逅东太湖 娇娘上书洲江南霓裳美[EB/OL].腾讯网.

❷ 图片来源：佚名.山顶洞人穿衣服吗，有男女装区别吗，考古告诉你答案[EB/OL].搜狐网.

级的裘服一般采用狐、羔、熊、虎、狼、貂等皮毛制作，体现着一定的文化人格特质；被统治阶级也使用裘服，只是其原料一般为猪、马、牛、羊、鹿等皮质较差的皮毛，讲究实用性。而成语“披裘负薪”典故中“薪者”的形象代表着高士与隐士，所披之裘应为鹿裘，其形制也异常简单，为分体式鹿裘，以绳索固定于身上。

（2）返我初服

成语“返我初服”出自三国时期魏国（220～266年）曹植（192～232年）的辞赋《七启》最后一句：“……愿返初服，从子而归。”其含义为辞官归隐，穿上做官之前所穿的服装，一身轻松。那么，“返我初服”中的“初服”究竟是何种服装？

① 初服的概念

“初服”的概念根据所处的语境不同，会有不同的解释。笔者梳理了一下，“初服”大致有以下四种解释：

a. 谓开始或首先履行、从事某项事务。如《书・召诰》中所载：“王乃初服。”孔传：“言王新即政，始服行教化。”[101]又如《大戴礼记・夏小正》中指出：“初服于公田。古者公田焉者，古者先服公田而后服其田也。”[102]这是初服与服装无关的一种解释，一般出现于政治、礼仪方面的古籍、文章中。

b. 未入仕时的服装，与“朝服”相对。早在战国时期（前475～前221年）就有“初服”为未入仕服装的观点，如《楚辞・离骚》中：“进不入以离尤兮，退将復脩吾初服。”[103]蒋骥（生卒年不详，清代楚辞重要注家）注：“初服，未仕时之服也。”自此之后，“初服”为未入仕时之服经常在各朝文人的著作中出现，如南朝陈徐陵（507～583年）的《为王仪同致仕表》中所载：“便释朝衣，谨遵初服。”[104]又如唐代刘长卿（生卒年不详）《送薛承矩秩满北游》❶诗中：“知君喜初服，只爱此身闲。”[105]再如清代赵翼（1727～1814年）的《陕游不果述怀》中诗云：“一从初服返茅斋，屡接郇笺老眼揩。”[106]由此可知，这是“初服”最多的解释。

c. 出嫁前穿的衣服。如曹植的《出妇赋》中云：“痛一旦而见弃，心忉忉以悲惊。衣入门之初服，背床室而出征。”[107]这种解释较少，基本上出现在描绘女性的诗词歌赋中。

d. 佛教指俗装，与“僧衣”相对。如唐代玄奘（602～664年）的《大唐西域记・印度总述》中云：“罹咎犯律，僧中科罚，轻则众命訶责，次又众不与语，重乃

❶《送薛承矩秩满北游》：“匹马向何处，北游殊未还。寒云带飞雪，日暮雁门关。一路傍汾水，数州看晋山。知君喜初服，只爱此身闲。”

众不共住。不共住者，斥摈不齿，出一住处，措身无所，羁旅艰辛，或返初服。”[108]又如唐代陈子昂（659～700年）《馆陶郭公姬薛氏墓志铭》❶：“年十五，大将军薨，遂剪髪出家……遂返初服而归我郭公。”[102]毫无疑问，这种解释是佛教传入中国，并在中国广为流传之后衍生出来的一种对“初服”的解释。

笔者认为第一、三、四种解释在历史上使用较少，传播范围也较小，联系上下文才能理解其含义，并不是“初服”的主流解释。第二种解释出现时间最早，在史书中多次出现，并被各朝文人广泛用以表达辞官的含义，由此可见，未做官时的衣服是初服的主流含义。

② 初服的形制分析

由于“初服”被定义为未做官时穿着的衣服，那么，“初服”是什么样的呢？笔者认为，可从官员的出身推测“初服”的形制。众所周知，中国古代为官之人出身一般来自儒、道两家。笔者认为，初服应为士子服与道服的形制。

士子服样式：据《三才图会》所言：“唐志曰，马周以三代布深衣因于其下著及裾，名衫，以为上士之服，今举子所衣者即此。”舆服志曰：“马周上议，《礼》无服衫之文，三代有深衣，青襕、袖褾、襈，为士人之上服，开骻者名缺骻衫，庶人服之。”[109]魏晋时期士子服样式主要有衫（图1–33、图1–34）、裤褶（图1–35）和幅巾（图1–36）。衫的整体造型宽松、飘逸，与秦汉时期的样式大有不同，袖口去掉袪，无袖端，宽袖

图1–33 《竹林七贤与荣启期》砖印壁画局部❷

❶《馆陶郭公姬薛氏墓志铭》：“姬人姓薛氏，本东明国王金氏之胤也。昔金王有爱子，别食于薛，因为姓焉。世不与金氏为姻，其高、曾皆金王贵臣大人也。父永冲，有唐高宗时，与金仁问归国，帝畴厥庸，拜左武卫大将军。姬人幼有玉色，发于穠华，若彩云朝外，微月宵映也，故家人美之。少号仙子，闻嬴台有孔雀、凤凰之事，瑶情悦之。年十五，大将军薨，遂翦发出家，将金仙之道，而见宝手菩萨。静心六年，青莲不至，迺谣曰：‘化云心兮思淑真，洞寂灭兮不见人。瑶草芳兮思葐蒀，将奈何兮青春？’遂返初服，而归我郭公。郭公豪荡而好奇者敢，杂佩以迎之，宝瑟以友之，其相得如青鸟翡翠之婉娈矣。华繁豔歇，乐极悲来，以长寿二年太岁癸巳二月十七日，遇暴疾而卒于通泉县之官舍。呜呼哀哉！郭公恍然犹若未亡也，宝珠以含之，锦衾而举之。故国途遥，言归未迨，留殡于县之惠普寺之南园，不忘真也。铭曰：高邱之白云兮，愿一见之何期？哀淑人之永逝，感绀园之春时。愿作青鸟长比翼，魂魄归来游故国。”

❷ 图片来源：李京平绘制。

散口，一般制成对襟，两襟间用襻带连接，背面由两个衣片缝成，中缝由上至下，大多用素纱、素绢、棉布、麻布等朴素的衣料缝制，用黑色绢布沿边，长度及脚踝。用一条长长的黑绢带子束在腰间，带长略比衣长短，衣身、袖口皆宽大飘逸，袒露胸怀，彰显简约质朴，清丽脱俗之态[110]。实际上裤褶是一种上衣下裤的组合，它的基本款式是上身穿大袖衣，下身穿肥腿裤[111]。幅巾佩戴的方式非常多样，可根据个人的喜好和需要的功能来选择，如敛发、御寒、防护等[112]。

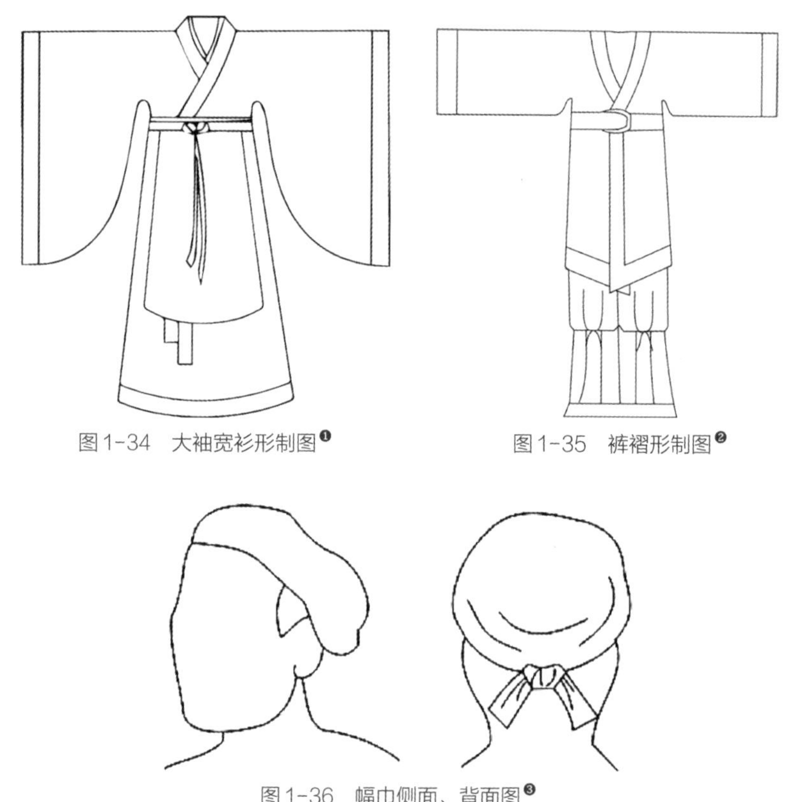

图1-34　大袖宽衫形制图❶

图1-35　裤褶形制图❷

图1-36　幅巾侧面、背面图❸

道服样式：道服作为魏晋时期常见的一种服装形制，多为儒者、士人所穿。儒士身穿大袖衫，头戴乌纱卷云帽，大袖衫多为宽衣大袖、小冠博带，似飘若游云之状（图1-37）。《太平御览》卷六十五引《传授经》说：陆修静“对上下接，谓之俯仰之格，披、褐二服也。”这里的“披”是指披肩，“褐”作“袍”之解。乌纱卷云帽（图1-38）与头部贴合较紧，用黑漆细纱制成，上部呈卷曲状。由于魏晋时期战

❶　图片来源：孙婉莹绘制。

❷　图片来源：孙婉莹绘制。

❸　图片来源：孙婉莹绘制。

乱频繁，儒士在当时为了逃避现实，趋于强调人格的完整，从而选择隐居山林，宽衣博带，饮酒赋诗，以抒觞情。可见，魏晋时期的士人服装是对中国道教文化的认同，为道服的发展演变打下了一定基础[113]。

图1-37　魏晋时期的道服样式❶

图1-38　乌纱卷云帽❷

通过对成语“返我初服”中的初服的分析可知，初服有四种解释，最常见的解释为未做官时的服装，在“返我初服”中，被用来委婉地表达辞官意愿。魏晋时期的大袖衫是士人最常穿着的服装，其主要原因是魏晋时期崇尚宽衣博带，男子力求自然、随意、轻松的状态，而这种服装形制与“返我初服”中的初服所要表现的衣着状态相契合，表达一种潇洒脱俗、惬意豁达的生活态度。

综上，成语“披裘负薪”与“还我初衣”反映了中国古代士人心中“出世”与“入世”的衣着形象，“披裘负薪”展现的是士人身穿高贵的裘服，却展现出对自由、平静生活的向往；“还我初衣”则是穿着士子服或道服，心怀报效祖国、为国献身的伟大理想。因此，依据个人的不同处境，所着之服也有所差异，但从服饰中皆可反映出士人所处的不同生活背景与生活状态下对于理想生活的追求，以及对于生活所持有的人生态度与世俗观念。

7. 衣衫褴褛、曳裾王门

成语“衣衫褴褛”与“曳裾王门”看似没有任何联系，但深究其内涵，我们会发现它们之间存在一定的联系。现今“衣衫褴褛”有生活困苦之意，“曳裾王门”是生活仰人鼻息，两者本质都表达出生活的苦楚和困境。然而，成语“衣衫褴褛”的前身“筚

❶ 图片来源：腾讯网。

❷ 图片来源：张玉琳绘制。

路蓝缕”却有楚人发奋图强、艰苦奋斗的意志体现，两者意境却又全然不同。简言之，“衣衫褴褛”表现的是物质上的“不自由”，而“曳裾王门”表现的则是精神上的“不自由”。

（1）衣衫褴褛

成语“衣衫褴褛”形容的处境十分不妙，穷困潦倒。事实上，“衣衫褴褛”的本意与现代有着天壤之别。“衣衫褴褛”源于“筚路蓝缕”，据《左传·宣公十二年》记载：“栾武子曰：‘楚自克庸以来，其君无日不讨国人而训之：于民生之不易，祸至之无日，戒惧之不可以怠。在军，无日不讨军实而申儆之：于胜之不可保；纣之百克，而卒无后。训以若敖、蚡冒，筚路蓝缕，以启山林……’”[114]其中筚，是指荆、竹、树枝之类的物料；路，同“辂”，即大车；“筚”“路”组合起来就是用荆竹树枝编制而成的大车，即柴车；而蓝缕通“褴褛”，即形容衣服破烂。因此，“筚路蓝缕”强调了楚人使用简易的交通工具就地取材，穿着破烂的衣服，艰苦朴素地去开发荒山野林，后来“筚路蓝缕”常常用来形容创业的艰辛。随着时间的推移，“筚路”为“衣衫”所取代，“蓝缕”转换成“褴褛”，由此可见，“衣衫褴褛”中提及了“衫”和“蓝缕”两种类型的服装。

① 衫的概念

中国古籍中关于衫的解释主要有两种，《说文解字》中指出“衫，衣也。从衣、彡声”[115]。而《释名》中所言：“衫，芟也，芟末无袖端也。”[116]显而易见，最初的衫是一种无袖单衣，事实上，衫也被称为半衣，它是春秋季节上衣类型的一种，古代大多是妇人之服，男子也盛穿，妇女的衫一般采用轻薄柔软的原料制作，如罗縠纱、绫、缣等丝织物，古代的衫按尊卑可分为两种，一种是“中单”，另一种是“布衫”。《中华古今注》中记载，古代朝廷用衫一般为“中单”[117]。中单又称“中衣”，古注“禪衣”，是衬于冕服等礼服内的单衣，也叫中间层服装，多由麻、素纱制成。《隋书·礼仪志》曰：“公卿以下祭服，裹有中衣，即今之中单也。”[118]汉代刘熙（生卒年不详）《释名·释衣服》曰：“中衣言在小衣之外，大衣之中也。”[119]中单，其腰无缝，上下通裁，其形如深衣。另外据历史传说，在汉高祖（前206～前195年在位）时期，高祖亲临战场与项羽（前232～前202年）作战，一仗指挥完毕返回营帐，发现汗水已将中单湿透，从此“中单”改名为“汗衫”。而“布衫”则是殷、商、周时期百姓平民穿着的粗布短衣，所以中单和布衫是两个阶层的服式。

② 衫的历史

对于“衫”的历史，我们需要从其历史称谓的嬗变以及形制的变化两方面来把握其本质，“衫”的历史称谓可谓复杂繁多，有些混乱，而其基本形制变化却没有那么频繁，总有一条基本主线贯穿其中。事实上，“衫”的历史称谓与形制的关系是“名”与“实”的关系，将其一一对应是我们理解其本原的关键。

首先，衫的历史称谓。随着时代的变迁，衫的功用逐渐由内向外发展，在各个朝代亦有不同的称谓。最初在夏、商、周时期均称为“中单”，秦代为“禅”“衫子”，汉代“衫”又被称为“禅襦”“襂”，如汉代扬雄（前53～18年）《方言》卷四“偏禅谓之禅襦”晋郭璞注：“即衫也。”[120]其形制一般多做成对襟，中用襟带相连，亦可不用襟带，两襟敞开，衣袖则以宽博为主，袖不施袪。又如《后汉书·舆服志下》：“自皇后以下，皆不得服诸古丽圭襂闺缘加上之服。”[121]王先谦（1842～1917年）集解：“襂为女服之禅者。”《广雅·释器》：“複襂谓之裲。”[122]清王念孙（1744～1832年）疏正：“襂与衫同。”魏晋时士人喜其轻便，所着大袖衫者尤多，多见于江南地区。南北朝时，由于受胡服影响，穿此服者逐渐减少，晚唐五代时，则再度流行。到隋唐时期，以袍衫、襕衫和缺胯袍居多，唐代杜光庭（850～933年）《虬髯客传》：“太宗至，不衫不履，裼裘而来。”[123]明方以智《通雅·衣部》：“衫，衣之通称。”宋代因袭五代遗制，也以着衫为尚，衫的形制也不断改变，出现了罗衫、凉衫等名目，士庶百姓用作常服，文武官吏用为便服。辽金元时期则为团衫，明代纱衫大多作为妇女礼服，《明史·舆服志三》称：“（洪武）二十四年定制，命妇朝见君后，在家见舅姑并夫及祭祀则服礼服，公侯伯夫人与一品同，大袖衫，真红色。”[124]其余命妇之衫也与此形同，唯织料及颜色有所区别，至清代则为“竹布衫”[125]。由此可知，衫的历史称谓由中单向衫的称谓演变，其演变如图1-39所示。

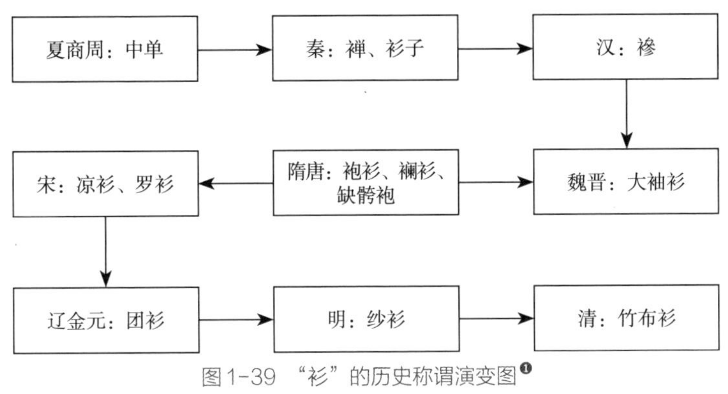

图1-39 “衫”的历史称谓演变图❶

❶ 图片来源：张玉琳绘制。

其次，衫的历史形制。根据相关的历史记载，衫的历史形制变迁详见表1-12，衫的形制变化呈现出以下两个趋势：第一，从内衣向外衣方向发展，这也是人类服装发展的一般规律。第二，由大袖向窄袖发展，先秦时期衫为大袖，但经历了战国时期思想的解放，秦代衫逐渐向符合日常穿着的窄袖发展，强调其实用性。由于汉代儒家思想的复兴，衫的形制有复古的倾向，衫的形制与民族的自信、思想的变迁有着密切联系。

表1-12　衫的历史形制变迁表[1-4]

朝代	名称	形制图	形制特征
先秦	中单		中单亦作“中禅”，用作朝服、祭服的里衣，以轻薄的纱縠为之，交领大袖，袖不施祛
秦	禅		禅，单衣，单层衣衫，制成对襟样式
	衫子		对襟小袖，形制如披衫。五代后蜀花蕊夫人《宫词》：“薄罗衫子透肌肤。”旧说产生于秦始皇时。五代后唐马缟《中华古今注》卷中：“始皇元年，诏宫人及近侍宫人，皆服衫子，亦曰半衣，盖取便于侍奉。”宋高承《事物纪原》卷三：“女子之衣与裳连，如披衫，短长与裙相似。秦始皇方令短作衫子，长袖犹至于膝，宜衫裙之分，自始皇也。又云陈宫中尚窄衫子，才用八尺，当是今制也。”
汉	襂		大袖单衣，以轻薄的纱罗为之，制为单层，不用衬里，一般多做成对襟，两襟敞开，衣袖则以宽博为主，袖不施祛。汉刘熙《释名·释衣服》：“衫，芟也。芟末无袖端也。”《后汉书·舆服志下》：“自皇后以下，皆不得服诸古丽圭襂闺缘加上之服。”王先谦集解：“襂为女服之禅者。”

❶ 图片来源：张玉琳绘制。

❷ 资料来源：周汛，高春明.中国衣冠服饰大辞典[M].上海：上海辞书出版社，1996：145，206，208-210.

❸ 资料来源：王鸣.中国服装简史[M].上海：东方出版中心，2018：80.

❹ 资料来源：孙世圃.中国服装史教程[M].北京：中国纺织出版社，1999：97-99.

续表

朝代	名称	形制图	形制特征
魏晋	大袖衫		魏晋南北朝时期最有代表性的服装之一，上至皇帝、下至百官士者都爱穿，其特点是交领直襟，衣长而袖体肥大，袖口不收缩而宽敞，有单、夹两种样式，另有对襟式，可开怀不系衣带。大袖衫因穿着方便，又能体现人的洒脱和娴雅之风，所以也深受文人雅士的喜爱，大袖衫是汉袍的一种发展，是今天称为“汉服”的典型样式，亦将袍服的礼服性消减，更趋向简易与实用
隋唐	袍衫		唐时庶民男子的袍衫，在结构形式上与秦汉、魏晋各时期有了很大的变化，样式为上衣下裳连属的深衣制，形制为圆领、窄袖，领袖及襟已无缘边，身长至足或膝下，腰部系带。由于受胡服的影响，中国衣冠所固有的褒衣大袑、长裙丝履的形式，到隋至盛唐时期已发生了较大变化，这是外来文化对中原文化影响的必然结果。袍衫的形制变化就很好地说明了这点，这种新型的袍衫，在隋唐时期普遍流行，而且不分尊卑贵贱皆同一样式
	襕衫		襕衫的最大特点是在传统袍衫的下摆施加一横襕，故而得名，多为大袖，袖不施袪。南北朝时，北周武帝下令在袍、衫下加一横，以象征古代下裳，唐中书令马周会上议在袍衫下加襕，这些都是为了仿古制。从此我们可以看出，在讲究礼法、规矩的传统文化的影响下，中国的服饰有着极强的传承性，同时两种文化交融为新服饰的诞生提供了契机
	缺胯衫		所谓“缺胯”是指袍衫两胯下开“衩儿”的形制，以利于行动，因此，这种袍衫被作为一种庶民或卑仆等下层人的服装，其形制为窄袖、缺胯，衣长至膝下或及踝，穿这种袍衫，一般内着小口裤。劳作时，可将衫子一角掖于腰带间，谓之“缚衫”。开衩的短衫，通常以白布为之，胯部前、后及两侧各开一衩，衩旁饰缘，多用于庶民，取其便利，其制始于初唐，宋明时期犹用
宋	凉衫		南宋士人所穿的白色便服，其形制简便，多用于祭祀、交际及礼见
	罗衫		以罗制成的衣衫，形制为对襟窄袖，前中系带，有透气、滑爽的特点，多用于夏季

续表

朝代	名称	形制图	形制特征
辽金元	团衫		女子所穿的上衣，其制多用直领（交领），衣襟左掩，下长曳地。《金史·舆服志下》："（女真）妇女服襜裙，多以黑紫……上衣谓之团衫，用黑紫或皂或紺，直领，左衽，掖缝，前拂地，后曳地尺余。带色用红黄，前双垂至下齐。"元陶宗仪《辍耕录》卷十："国朝妇人礼服，达靼曰袍，汉人曰团衫，南人曰大衣，无贵贱皆如之。"
明	纱衫		以纱罗制成的衫子，通常做成对襟，两袖较为宽博，多用于夏季，著之以图凉爽
清	竹布衫		以竹布做成的夏衣，竹布是用竹练麻织的布，衣身短小，右置盘扣，一般多指庶民之服，江南地区较为流行

③ 蓝缕的考辨

"衣衫蓝缕"中的"衣衫"，其中"衣"有两种解释，解释一：为名词，与"衫"字组合，指代全身的服装，"蓝缕"就是形容衣服破旧；解释二：为动词，"穿戴"的意思，类似于"衣锦还乡"中"衣"的用法。事实上，笔者倾向于第二种看法，"衫"指的是上半身穿着的服装，那么"蓝缕"本意与现在的"褴褛"肯定会有所不同。

笔者认为，"蓝缕"应该是下半身的蓝色服装。毫无疑问，"蓝"指蓝色，中国古代最为常见的一种染料。正如《诗经》中所言："终朝采蓝，不盈一襜，五日为期，六日不詹。"[126]充分说明了《诗经》的成书年代是西周初年至春秋中叶（前11世纪~前6世纪），在此期间已形成了成熟的染蓝工艺。另外，在《周礼·天官冢宰·典妇功》中有记载："染人掌染丝帛。凡染，春暴练，夏纁玄，秋染夏，冬献功。掌凡染事。"[127]从后人的注疏中也充分反映早在战国时期周王室就已完善了服装的染色工艺与染色制度。

"缕"根据古汉字的象形可知，篆文"縷（缕）"由"糸（糸，丝线）"加上"婁（娄，相抱的意思）"组成。反映了"缕"是由丝线集成的线束，如《说文解字》："縷，綫也。从糸，婁聲。"[128]也印证了这一说法。然而，笔者却持有异议，"缕"应该是围裙。第一，目前学术界对"蓝缕"的解释有两种，一种是破旧的衣裳。如唐代李肇（生卒年不详）《唐国史补》卷下所言："令衮（李衮）弊衣以出，合坐嗤笑。"[129]另一种则是古代的一种下身衣物，即"弊衣"。因此，蓝缕一词还存在着争议。第二，据五代（907～960年）马缟（？～936年）《中华古今注·裩》："周文王所制裩长至膝，谓之弊衣，贱人不可服。"[130]充分说明了"弊衣"并不是平民百姓所能穿戴，应为贵族所用。相较于"弊衣"还有一种被称为"犊鼻裈（'裈'通'裩'）"的裤子，为平民所穿戴，如《史记·司马相如列传》所载："相如身自著犊鼻裈，与保庸杂作，涤器于市中。"[131]据王先谦对此补注，"犊鼻裈""据此形制，但以蔽前，反系于后，而无袴裆，即吾楚俗所称围裙是也。"[132]因此，反推至"弊衣"其形制如长至膝的围裙。第三，根据《左传》中"筚路蓝缕，以启山林"的说法，最初楚人先辈上身没有穿衣服，下身穿着蓝缕，正如汉代（前202～220年）扬雄《方言》卷三中所言："南楚凡人贫衣被丑弊，谓之须捷，或谓之褛裂，或谓之褴褛。故《左传》曰：'筚路蓝缕，以启山林'殆谓此也。"[133]由此可知，蓝缕应为围裙形制的衣物，类似于蔽膝（图1-40），反映了楚国初创之时先人的艰苦。

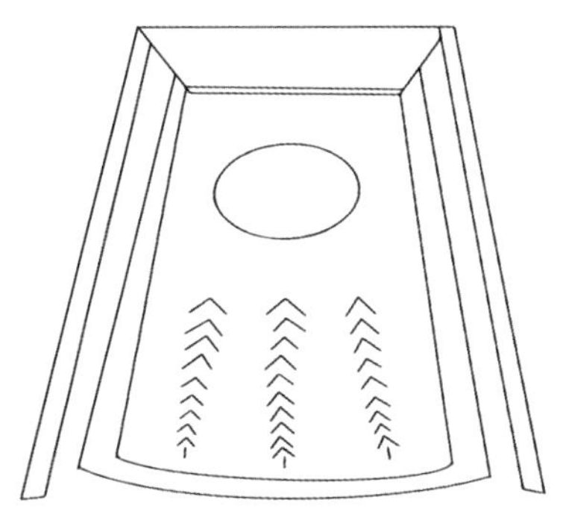

图1-40　蔽膝形制图❶

成语"衣衫褴褛"中的"衣衫"有多种解释，有作轻薄柔软面料制成的单衣，也有指所穿的中单样式，还可作为普通百姓所穿的粗布短衣，而"褴褛"可指全身破烂的衣服，也可指代下身所穿的蓝色服装。因此，"衣衫褴褛"所表现出的服装原型并不完全用来形容人们生活的穷苦状态。

（2）曳裾王门

成语"曳裾王门"语出《汉书·邹阳传》："今臣尽智毕议，易精极虑，则无国不可奸；饰固陋之心。则何王之门不可曳长裾乎？"[134]曳是动词"拖"的意思，"裾"则是外衣的大襟。比喻在达官显贵门下作食客，仰人鼻息生活。

① 裾的解析

裾也称"衣裾"，关于裾的解释，根据所出语境的不同，大致有三种解释：

解释一：衣裙后部的下摆。正如汉代扬雄《方言》："袿谓之裾。"[135]晋代郭璞（276～324年）对其注解："衣后裾也。"那么"衣裾"在服装的那个位置呢？据东汉

❶ 图片来源：李京平绘制。

学者刘熙（生卒年不详）《释名·释衣服》:“裾，倨也。倨倨然直，亦言在后常见踞也。”由此可知，“裾”应该是衣服后部的下摆。关于“裾”称谓得来可见晚清学者王先谦《释名疏正补》中所言：“毕沅曰：‘人坐则裾，常在身下，为人蹲踞也。’”

解释二：衣的前襟。这种解释也常见到，据《尔雅·释器》中所言：“衱谓之裾。”[22]清代郝游行（生卒年不详）义疏：“衱者,《下篇》云裾也。裾，衣褏也。褏，衣前襟也。”由此可知，裾为衣的前襟在古代也是一种说法。

解释三：衣袖。扬雄《方言》卷四：“袿谓之裾。”[135]郭璞注：“或作袪。《广雅》云：衣袖也’。”[136]

笔者更倾向于“裾”为服装后部下摆（图1–41）的观点，至少另一成语“前襟后裾”可以相辅证，说明这一种观点至迟在北齐时期（550～577年）还是一种主流观点。然而，随着时代的变迁，服装结构的变化，“裾”的概念开始泛化，开始出现“裾”为衣的前襟与衣袖的解释。究其根源，“裾”的三种观点均是古人在不同的语境下所做的解释。根据深衣的结构图可清晰地看到“裾”在服装中的位置与作用。“裾”已经成为深衣围住下身的重要部件，身前身后均为“裾”。

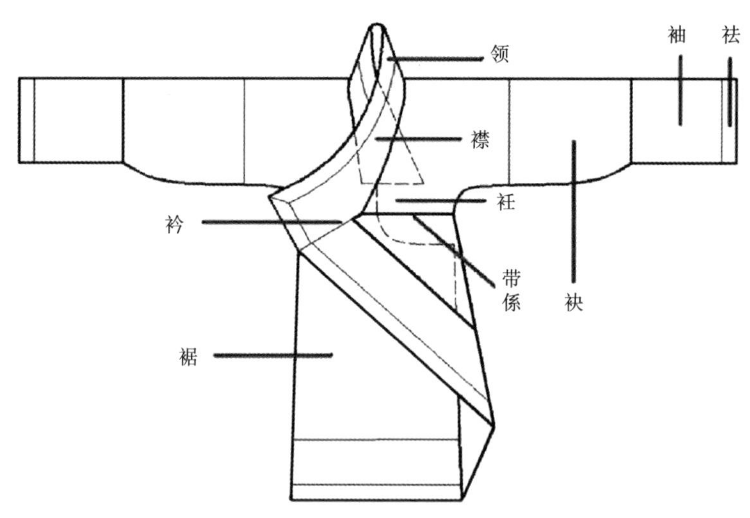

图1–41　深衣中裾的位置❶

②“裾”衍生出的服装款式

笔者认为，最初“裾”特指衣裙后部的下摆，但随着服装形制的多样化，出现

❶ 图片来源：佚名.五分钟带你认识汉服！[EB/OL].搜狐网.

了所谓“直裾”“曲裾”“杂裾”等称谓的服装款式，说明此时已经采用裾的位置与形态来命名服装款式。“裾”的变化能够深刻反映服装的时代特征，如春秋战国时期的深衣多用曲裙（图1-42），汉魏时的襜褕多用直裾（图1-43）、杂裾（图1-44）等。因此，“裾”的形态是中国古代时尚变迁的一项重要指标。

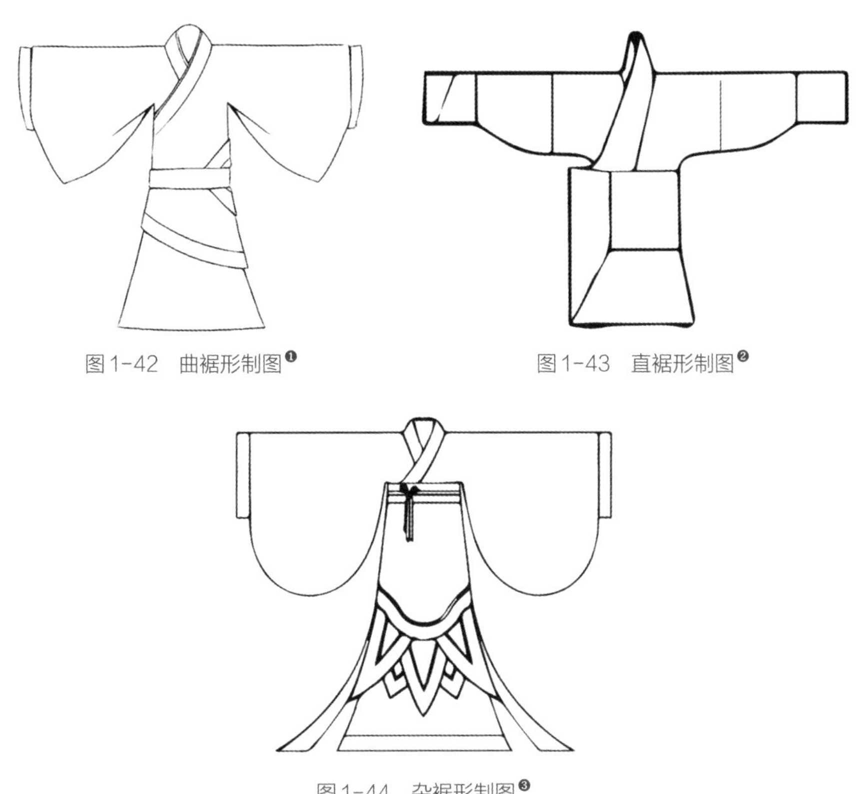

图1-42　曲裾形制图❶

图1-43　直裾形制图❷

图1-44　杂裾形制图❸

曲裾，制作时上下分裁，中有缝连属为之。其下裳用6幅，每幅又交解裁为二，故有12幅，有上下削幅。裳有续衽钩边[137]；直裾，裾平直，底部方正，穿着时裾和襟折向身背，东汉后移至前身[138]；而杂裾则是在袍服下摆部位加“襳髾”，所谓“襳”是从围裳处伸出的长长飘带，而“髾”则是在衣服下摆处施加相连接的三角形装饰，这种装饰能助长动姿的作用[139]。

此外，裾的长度分为腰中、膝上、足上。根据裾的长度，笔者认为，可以将服装分为襦、裋、袍服三大类，“襦”是上衣下裳制中的“上衣”，汉代分体式服制为

❶ 图片来源：佚名.从秦汉到明清，这份详细的古代服饰造型手册请收好！[EB/OL].知乎网.

❷ 图片来源：李京平绘制。

❸ 图片来源：李京平绘制。

“上襦下裙”。此外，“襦”有“长襦”与“短襦”之分，“长襦”的下摆一般在足上膝下位置，“短襦”的下摆则大致在腰间位置，且“短襦”与“裙”构成“襦裙”，因此，“襦”被普遍认为是腰间短衣；“裋”为膝上短衣，由于常用粗褐制作，也被称为“裋褐”，一般为古代仆役所穿的粗布短衣；袍服下摆则一般为膝下足上，曲裾、直裾、杂裾等均为袍服形制，在此就不再赘述。

③ 袍服与裾的演变

众所周知，裾与袍服演变有着密切的联系。笔者认为，先秦时期的裾长度约在膝盖部位，下摆呈圆弧形。在“上衣下裳”款式的服装中，裾可能是一种独立的部件，由于先秦时期没有类似“合裆裤”之类的下身衣物，“上衣下裳”制的服装款式极容易造成暴露隐私部位的非礼现象的发生，下裳前部位需要蔽膝垂挂避免非礼现象。同样，下裳后部位也需要类似的部件，那么后裾就会应运而生，它极可能是类似蔽膝的部件，只是相对要宽大一些，挂于后腰部位，这一点从周代冕冠图中可见其端倪。随着袍服在华夏大地的出现，特别是深衣的流行，敝膝与后裾就失去其作用。因此，袍服后端独立的“后裾”样式，同样也被称为“裾”。

魏晋时期，裈（图1-45）的广泛流行带来服装的重大变革，裈是一种有裆的裤子，能有效防止暴露隐私的非礼现象发生，而深衣则失去了它存在的价值，导致了深衣逐渐式微。“外袍里裤”“上衣下裳、裳内着裤”的着装形式逐渐成为主流，裾彻底成为独立的部件向服装的下摆部位转型。

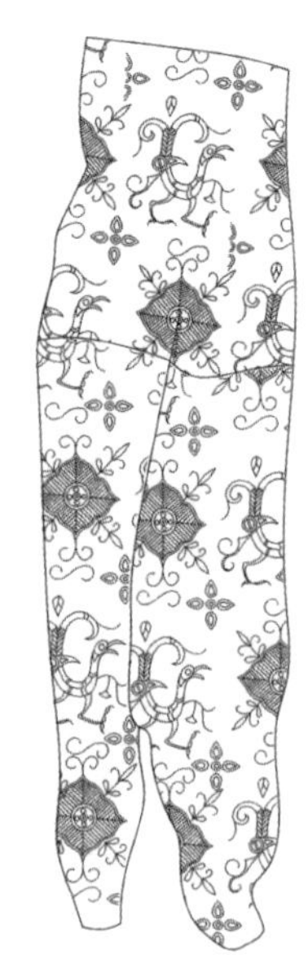
图1-45　马山一号楚墓出土的凤鸟花卉纹绣棕绢面绵裈❶

综上所述，“衣衫褴褛”本源为“筚路蓝缕”，并非穷困潦倒、处境艰难之意，其本质是形容楚人先祖艰苦创业之衣着状态。其中“蓝缕”是古代的一种下身衣物，即“弊衣”，似围裙形制的衣物，也类似敝膝。然而，随着时代的变迁，“筚路蓝缕”转变成“衣衫褴褛”“筚路”为“衣衫”所取代，“蓝缕”则转换成“褴褛”。其中“衫”的历史嬗变遵循从内衣向外衣方向发展，其款式整体上是由大袖向窄袖发展。而成语“曳裾王门”中引申出有关“裾”的历史变迁，研究表明：第一，“裾”是服装的哪个部位，学术界有三种观点，即衣裾后部的下摆、衣的前襟、衣袖，笔者倾向于衣裾后部的下摆这一解释，它比较符合“裾”的本原解释。第

❶ 图片来源：陆嘉馨绘制。

二，“裾”原本为独立于服装之外的一种附件，随着“袢”的出现与流行，以及服装结构的转型，“裾”才成为服装上的重要部件。

8. 菲食薄衣、衣单食薄

成语“菲食薄衣”与“衣单食薄”都有衣薄之意，但这只是从服装面料方面进行的解释，究其深层含义，就会发现它们之间具有较大差异。根据所处时代背景的不同，“菲食薄衣”是指简陋、轻薄的衣服，为古代贵族和平民皆穿的衣服，反映了当时人们崇尚自然的思想观念和生活状态，而“衣单食薄”具体表现为共产党军人在抗战时期所穿的单薄军服，反映的是抗战时期的艰苦条件，尽管“衣单食薄”，却能够促进军人顽强的意志力和战斗力。因此，“菲食薄衣”只是突出物质层面的服装形制，而“衣单食薄”则上升为精神层面的意志表现。

（1）菲食薄衣

成语“菲食薄衣”出自南朝姚察（533～606年）《梁书·武帝纪上》之中：“其中有可以率先卿士，准的甿庶，菲食薄衣，请自孤始。”[140]当时，梁武帝（464～549年，502～549年在位）为兴国运，创立变革，实施禁奢令，以身作则，官吏也要为百姓做表率，一同吃粗糙的食物，穿简陋的服装。此文中的“薄衣”意为粗俗之衣，后也一般用“菲食薄衣”来形容生活简朴。根据字面解释“菲食薄衣”中的“菲”为微薄之意，“薄”为少之意[141]。除此之外，隋代（581～618年）医籍中巢元方（550～630年）还提出了小儿宜习“薄衣之法”，这里的“薄衣”指的是单薄的服装[142]。然而，根据周讯与高春明所著的《中国衣冠服饰大辞典》中对薄衣的解释，一般分为两种，一为简陋、粗俗的服装，二为轻薄衣服之意[143]。由此对“菲食薄衣”中的“薄衣”所表达的释义进行解释，同时整理“薄衣”在各个朝代的所出现的轻薄服装类型。

①“薄衣”——粗俗之衣

按照粗俗之衣来解释“薄衣”，那么“薄衣”与服装面料的厚薄关系不大，这里意为简陋之衣，可从古代贵族服装与平民服装之间的区别来进行解释。贵族服装为多层服装重叠穿用，而平民服装则款式简单，无论四季更替，服装的款式变化都较小，在色彩、纹样上与贵族的服装都有较大的差别。

从中国古代平民百姓的服装面料来看，平民服装主要采用葛、麻、丝帛、棉布和裘皮等作为主要的服装面料。葛麻有精粗之分，其中的葛布单衣质地就较为稀疏，只作为便服使用。丝帛通常包括纱、罗、绫、绢、纨、绮、绸、缎、锦、练等材质面料，这些面料都较为轻柔滑爽，其中纱质感轻薄，丝线较少，多用作夏衣及舞服，素罗所制的服装多用于平民，绫是一种表面有光泽的较薄的丝织物[144]，绢多用作士庶男女的巾帽衣履，缎在士庶男女中也用来绲边等。棉自元代传入江南，后在民间普及后，就将麻布取而代之。裘皮质地最为厚实，多用于制作冬衣，一般猪、牛、犬之皮这类较为粗劣的皮衣用于平民百姓使用[145]。于是，考虑到“菲食薄衣”之中所言此词之人是南北朝时期的开国皇帝梁武帝，那么，一方面，南北朝时期经历秦汉以后，冠服制度逐步完善，纺织手工业的提高，在封建社会中贵族官宦随意着粗俗服装的现象一般不会出现，提出吃粗糙的食物，着粗俗之衣才会被认为是改革的一部分；另一方面，南北朝时期是一个战争连绵、政权频繁更替的时期，各个民族间的意识形态都相互影响，贵族产生着粗俗之衣的观念是有迹可循的，且自古以来，“衣食住行”这些方面都紧密联系，着粗俗的衣服必然用简单的饮食进行搭配，由此解释了“菲食薄衣”这个成语的来源。

②“薄衣”——轻薄之衣

在简单解释了相关“薄衣”是粗俗之衣后，薄衣另有轻薄之衣的意思。中国古代各个朝代都有不同类型的“薄衣”。在棉花还未在中国大规模种植之前，我国就十分重视桑蚕事业和纺织实业的发展，丝织品便是人们（特别是统治阶级）服装的主要面料[146]。中国各个朝代“薄衣”的类别表详见表1-13。

表1-13 各个朝代“薄衣”的类别❶-❼

朝代	名称	形制	图片	备注
秦汉	素纱禅衣	上下连属的无衬里之衣		长沙马王堆汉墓中素纱禅衣

❶ 资料来源：朱和平.中国服饰史稿[M].郑州：中州古籍出版社，2001：9.
❷ 资料来源：李薇.中国传统服饰图鉴[M].北京：东方出版社，2010：118，120-121.
❸ 资料来源：房玄龄，等.晋书卷[M].长春：吉林人民出版社，1995：1506.
❹ 资料来源：臧迎春.中国传统服饰[M].北京：五洲传播出版社，2003：50-53，60，69-70，82，127.
❺ 资料来源：孙世圃.中国服饰史教程[M].北京：中国纺织出版社，1999：109，132.
❻ 资料来源：袁杰英.中国历代服饰史[M].北京：高等教育出版社，1994：129，132.
❼ 资料来源：朱和平.中国服饰史稿[M].郑州：中州古籍出版社，2001：258.

续表

朝代	名称	形制	图片	备注
魏晋南北朝	衫子	没有衬里的单衣，轻薄纱罗所制，袖子宽大，呈垂直状，袖口不收紧		《高逸图》中所绘的魏晋名士风度
	缯服	魏晋南北朝时期出现用丝织品为质地的衣服，如《晋书·艺术传·单道开》所载："常衣粗褐，或赠以缯服，皆不着"	—	—
	衫裙	袖子宽大，裙子多摆		女子大袖衫（顾恺之《洛神赋》）
	对襟袒胸衫	对襟，大袖，衣长至膝盖，腰间系腰带		穿对襟袒胸衫的文人
	裹衫	无袖的披风，以白色的布帛制作，一般用于肩背，在颈部系带		《北齐校书图》中穿裹衫的文人（北齐）
隋唐	衫	丝帛单衣，质地轻软	—	—
	白衫	唐宋时士人便服，以白色纻罗	—	—
	薄罗衫子	纱罗制，对襟、两袖宽博		周昉《簪花仕女图》中着薄罗衫子的贵妇

续表

朝代	名称	形制	图片	备注
隋唐	仙裙	“仙裙”又称“十二破裙”，与半臂相搭配，是下摆很大的长裙	—	—
	披帛	丝绸裁制的长围巾，一般披在女子肩背上，披戴方式多样		穿半臂、披帛的宫廷侍女（山西乾县李山蕙墓壁画）
	大袖衫	用轻薄透明的纱料制成		周昉《簪花仕女图》中着大袖衫的仕女
	花笼裙	轻软、细薄而半透明的丝织品“单丝罗”制成的花短筒裙		《美人花鸟图》
	唐代舞蹈服	唐代舞蹈分“文舞”和“武舞”，其中“文舞”舞服宽松、飘逸，大袖较多		着披帛的唐代舞姬（陕西西安唐墓出土陶俑）
宋代	印花罗百褶裙	面料透明轻薄	—	—

续表

朝代	名称	形制	图片	备注
宋代	衫	外穿宽大的衫叫“凉衫”，色白的衫叫“白衫”，深紫色的衫叫“紫衫”		穿袍衫的士人（宋人《松阴论道图》局部）
	襦	以丝罗为主制成，腰身和袖口都较宽松，袖子较襦袄短		穿短襦、披帛的妇女（宋人《妃子浴儿图》）
元代	元代连年战争，纺织业遭到很大破坏，但棉花种植得到了推广			
明代	士人服装	明代士人一般都穿蓝色或黑色袍子，四周镶有宽边，衣长及地，袖子较宽，袖长及手		穿大袖衫的士人（明人肖像画）
清代	扣身衫子	圆领，对襟，长袖，袖身宽松，衣长至膝下		穿扣身衫子的女子

秦汉（前221～220年）时，男女多着禅衣，禅衣是上下连属的无衬里之衣，在长沙马王堆汉墓中出土了较多丝织物，其中最具有代表性的素纱禅衣，重量只有48克，十分轻薄。在夏天，人们用丝或葛布做很薄的衫子，贵族、平民皆用，但所用质地却不相同。

魏晋南北朝时期，玄学、道教和佛教广泛盛行，尤其是文人和士大夫阶层受其影响最为明显，崇尚虚无、不拘礼法，在服装上喜爱穿宽大的衫子。衫是出现在魏晋时期的一种没有衬里的单衣，多用轻薄的纱罗制成，袖口宽大，呈垂直状，透气性强，穿脱也十分方便[147]。衫裙也成为当时魏晋女子的常服，袖子宽大，裙子多摆，宽松舒展，展现出优美飘逸之态（图1–46）[148]。

唐代丝织物的制造工艺达到了较高水平，织造出的纱、绫等轻薄面料，常常被用于舞者之中。同时，一般女子的服装中也有衫、薄罗衫子、大袖衫、半臂、披帛、花笼裙等样式。唐代的衫是指丝帛衣；薄罗衫子是用纱罗制成的衣服，其形制是对襟、两袖宽博，最熟悉的是周昉（生卒年不详）的《簪花仕女图》贵族妇女的形象，后唐（923～937年）庄宗李存勖（923～926年在位）的《阳台梦·薄罗衫子金泥凤》❶中提到“薄罗衫子金泥缝，困纤腰怯铢衣重”[149]，从中可以看出富贵的姿态，与此形制相似的还有大袖衫。帔帛是以丝绸材质制成，并印有各种纹样的长围巾，一般披在女子肩背上，披帛的披戴方式多样，出现在唐代妇女的各种场合，因质地轻薄，会随着女子的肢体行动而飘舞，表现出优美的自然姿态[148]。大袖衫因其服装较宽而得其名，一般用轻薄透明的纱料制成，穿在女子身上可显露出华贵且飘飘欲仙的气质（图1–47）。花笼裙同样是一种轻软、细薄、半透明的用丝织品制成的裙装[150]。

至宋代，在贵妇中流行素罗大袖子，整体采用正裁法裁剪，两边袖端各接一块，作为延长袖。此外，宋代女子所着的襦沿袭了唐代，以丝罗为主，样式与前代相比，腰身和袖口都比较宽松，较唐代质朴，也相应地少了份雍容华贵，一般为夏日穿着[151]。元代连年战争，尽管棉花由元代开始逐渐普及至全国，但纺织业在此时受到破坏和影响。因此，薄衣这类服装的生产和使用自元代开始就明显减少。明代随着纺织行业的兴起，纱织物的种类也逐渐增多，据《天水冰山录》记载，纱有素纱、云纱、绉纱、闪色纱、织金纱、遍地金纱等，特别是在统治阶层中使用较多[152]。

❶《阳台梦·薄罗衫子金泥凤》：“薄罗衫子金泥凤，困纤腰怯铢衣重。笑迎移步小兰丛，亸金翘玉凤。多情脉脉，羞把同心捻弄。楚天云雨却相和，又入阳台梦。”

图1-46　女子大袖衫（顾恺之的《洛神赋图》）❶

图1-47　穿大袖透明衫子的宫女❷

不同朝代的“薄衣”各有千秋，自秦代以来，各个朝代都有相应的轻薄服装，其主要原因有三：其一是中国古代服装形制较为特殊，自古以来均采用平面裁剪方式，所制服装较为宽大，因而使得丝帛等轻薄的材质更能发挥其飘逸的效果；其二是中国自秦汉时期就已出现十分精湛的纺织技术，高超的纺织技术是服装多样性的基础，如此才能具备制作出轻薄服装的能力；其三是与中国古代的思想观念紧密相连，崇尚人与自然和谐，并在长期的封建文化中，削弱了对人体的关注，忽视性别差异。由此可见，薄衣的出现和发展在一定程度上反映了各个朝代的纺织技术水平以及特定时期范围内人们的思想观念。

（2）衣单食薄

衣单食薄是指衣裳单薄、食物较少，形容人们生活困苦、缺衣少食[153]。展示了共产党在抗战时期缺衣少食的艰苦条件，又反映了战士们团结一心、不畏困难、努力保障祖国的一致决心，除此之外。军服不同于普通时装，更加注重其综合地防护功能，根据不同兵种的作战特性而不断升级改进。在面料上，除了传统的棉、毛、皮质面料，新型复合面料也全面应用，以满足对透气性、防水性、抗菌性等一系列要求；在图案上，从传统的素色军服到现在的迷彩服，展现了防御隐蔽功能；在设计上，军服的服装款式更符合人体工学，在细节上加入了魔术贴、拉链、保护垫等小辅料，极大程度上提高了军服的舒适性和便捷性。

综上所述，成语“菲食薄衣”和“衣单食薄”都指衣服单薄，“薄衣”指的是粗俗

❶ 图片来源：佚名.顾恺之《洛神赋图》一个赢者封神的故事！[EB/OL].百度.

❷ 图片来源：佚名.唐代《簪花仕女图》与日本女人一切尽在不言中[EB/OL].搜狐网.

之衣和轻薄之衣，表现中国古代的丝织工艺，以突出服装的宽松飘逸之态，平民贵族皆可穿用；“衣单”则有了更为深层的意蕴，特别是在军服中的体现，“衣单”反映了共产党军人在抗战期间的艰苦条件，但这种单薄的服装能够在军队中全面普及，也意味着军心统一、保家卫国的决心。因此，这类服装不仅是中华服装形成过程中的必然产物，更发挥着中华服饰文化的精神力量，成为物质化的“精神食粮”。

9.狐裘羔袖、汗流浃背

“狐裘羔袖”是中国古代统治阶级冬季的服饰形象，它是身份与地位、权力与财富的象征。然而，统治阶级内部也会有分层，在政治陷于动荡之时，统治阶级中的上位者与下位者也会因为政治与权力的斗争而使得自己战战兢兢、如履薄冰，从而使自己“汗流浃背”。

（1）狐裘羔袖

成语“狐裘羔袖”是指狐狸皮制成的大衣，用小羊羔皮配做两只袖子，比喻大处很好，小处与之不相称。《左传·襄公十四年》：“余狐裘而羔袖。”[154]裘：皮衣；羔：指小羊皮。狐皮衣服，羔皮袖子。比喻整体尚好，略有缺点，因此，“狐裘羔袖”是由狐狸皮和羊皮经过鞣制而成的皮质服装（图1–48）。

图1–48 “狐裘羔袖”之服❶

①“狐裘羔袖”皮质服装的起源与发展

“狐裘羔袖”是狐皮作衣，羔皮为袖，此类词语较多，如《唐诗》中云“羔裘豹祛”[155]是以羔皮为衣，豹皮为袖；又如《礼记·玉藻》中所指的“锦衣狐裘”，是将锦衣为外衣，内衣为狐裘的搭配。狐裘羔袖都是经过特殊处理和鞣制工艺后裁制而成的一种裘皮面料，是人类服装中的重要组成部分，它的功能性是随着历史的发展、社会的进步、文化程度的提高而转变的，裘皮面料的保暖和御寒是为了适应人体的生理需求，象征性是为了迎合身份和地位的需要。

《礼记·礼运》中记载：“昔者先王……未有火化，食草木之实，鸟兽之肉，饮其血，茹其毛，未有麻丝，衣其羽皮。”[1]说明上古时期人们将鸟兽的羽皮披挂在身

❶ 图片来源：陆嘉馨绘制。

上，形成了裘皮服装的最初来源。由于少数民族多从事游牧狩猎活动，皮服往往带有少数民族色彩，而皮服也可作为服装起源问题之依据，通过字源学说可加以论证。古汉字中存在一些原始皮服的信息记载，甲骨文中的“裘（ ）”与“衣（ ）”，在字形上极为相似，又似表面有毛的包裹型服装，而在原始社会时期，人类还未制造纺织工具，只将带有毛皮的“裘”包裹或缠绕于身，由此形成了最早的服装。当古人学会使用工具时，纺织类服装就成为人们的必需品，而这种皮服已不再能满足人们对服装的全部需求，用珍贵动物制成的皮服就成为人们炫耀的标识。《墨子·亲士》中记载“千镒之裘，非一狐之白”[156]，可见一件白色的狐裘价值可贵。随着统治阶层赋予皮服一定的政治意义，珍贵稀有的皮服逐渐成为一种高贵身份的象征，在周代还设立了“司裘”专职，从事用华丽的毛皮为贵族制作裘服，元代以貂鼠皮为贵，清代以紫貂皮制作，贵族等上流社会的褂、袍多用玄狐、海龙等珍贵毛皮制作，以至于现代，皮服也是富贵与时尚的象征。

原始人类的服装也取自兽皮，将皮包裹为衣，可起到保暖、御寒等作用，同时也具有透气、柔软的特点。自从1.8万年前，周口店山顶洞人通过骨针缝合兽皮，即可反映人们对兽皮缝合成衣这一过程的认识和熟练程度，通常用同色同质、同色异质或是异色异质的毛皮进行拼缝，以纯正的白色、黑色和银灰色的皮服外观为上品，通常拼缝成的裘皮服装作为袍服、外褂、袄、裤、背心等使用，亦可将其边角料作为领袖等处的缘边装饰。皮服在两周时期应用广泛，贵族穿用时可作为朝服、祭祀等服，庶民穿用则为一般保暖性服饰。周代等级制度森严，服饰穿戴至周代已远超过御寒、遮体等实用功能，特别是在不同等级的社会角色中，扮演着更为深刻的象征意义与审美价值。因此，此类服装也属尊卑等级的标识。皮服还讲究服饰色彩的搭配，贵者为黑羔裘，亦称大裘，尽管质量不如狐，但其功用则高于狐。在周代，此服与黑色玄衣相称，在天子祭天时才可穿用，因此极为尊贵。狐裘则为皇帝的赏赐之物，通常为诸侯之服，至于平民，则为犬羊之裘服。可见，皮服在周代深受等级森严的社会礼制影响，多为贵族的祭服与朝服。皮服是中国服装史上重要的一类，在棉花未成为中国大宗纺织原料的宋元之前，皮服就成为人们御寒的主要服装之一，其中，狐和羊这两种动物的皮料最为常见。随着统治阶层制度化的程度加强，服饰更加繁缛和复杂，再加上裘皮服装的种类、色彩和纹样等都有严格的规定，明确区分了自上而下不同阶层的使用者。

②“狐裘羔袖”的分类与用途

根据毛色，狐有狐白、狐青和狐黄等品种，羊则有羔羊和羊裘之分[157]。自汉代以来，尽管裘皮服装在章服中的比重降低，但仍是身份和贫富的标志，其原料产地与质量是裘皮服装分类的标准，狐裘与羊裘分为多种，狐裘有火狐、草狐、青白狐、玄狐等品名，羊裘有珍珠毛、黑紫羔、青种羊、骨重羊、黑种羊和白种羊等特色品种，表明当时人们已注意到产地与质量的关系。因此，有多种传统裘皮的分类方法，可根据毛的粗细等品质分成粗细毛两类，也可根据所取动物的年龄、毛皮所处部位的不同进行区分。此类服装的运用形式大致可分为四种，第一种是里外都为裘皮；第二种是面料为裘皮，里为其他材质；第三种是面料为其他材质，里为裘皮；第四种是只将裘皮面料运用在局部，如领口、袖口、衣襟等处。

郑玄注《桧风·羔裘》中所记载："诸侯之朝服缁衣羔裘，大腊而息民则有黄衣狐裘。今以朝服燕，祭服朝，是其好洁衣服也。"[158]又如《诗经注析》所言："羔裘、狐裘，都是大夫的服装。平时穿羔裘，进朝穿狐裘。"尽管《桧风·羔裘》与《诗经注析》中"羔裘"和"狐裘"所指有所出入，实则可将其归纳为有身份地位之贵族所穿，此处的"羔裘"和"狐裘"可作为正式场合的祭服。其一，是由于这类皮服颜色较深，与天地玄黄之道义相符合，是一种高深莫测的智慧显现；其二，此类服装带有高尚、恭敬的礼制意蕴，与祭祀仪式的端庄大气相吻合。此外，这类服装还有其他用途，据《说文解字》中记载："羔，羊子也。"[159]"裘，皮衣也。"[160]羔裘为用小羊的皮毛制作而成的衣服。羔裘的穿着用途为：第一，诸侯所穿的朝服。第二，天子在祭祀时所穿的礼服。第三，作为吉服使用，在丧礼场合不能穿用。羔裘有表裘、裼裘、袭裘、大裘不裼四种穿法，表裘是裘外无衣，其材质较为粗糙，在非正式场合穿着，是日常生活中较为随意的一种穿法；裼袭和袭裘都需在其外加裼衣，为装饰性的正式礼服，较为美观，以凸显服装"美饰"与"礼制"双重功能。"狐裘"是指用狐狸的皮毛制作而成的衣服，狐裘深受礼制的限制和约束，在色彩审美中，以清、赤、黄、白、黑五正色为尊，因此，对狐裘的服色作了明确划分。其中，狐白裘极为珍贵稀缺，为天子所用，以示尊贵；狐黄裘颜色为黄，象征五谷丰收，为大夫、士人等贵族祭祀祖先之服，以示庄重得体；狐青裘是为暗色，外加玄色裼衣，为士大夫的朝服，以示对皇权的敬重。由此可见，在等级森严的制度下，服饰色彩成为等级尊卑观念下的必然产物，身份等级越高，可供选择的服色也越多，将封建统治阶层的桎梏显现得淋漓尽致。

③"狐裘羔袖"的穿着法则

"羔裘"和"孤裘"是有一定社会地位的人所穿的服饰，天子、诸侯和士大夫在特定场合皆可服用，并蕴含不同的穿着法则。自古以来以裘皮服装为贵，但相较于丝绸服装的发展与普及范围，略显迟缓，其主要原因是与裘皮服装的本身材质有关，像狐皮与羊皮这类具有保暖功能的服装并非一年四季都会穿用，且着此类服装者多为上层人士。此外，在寒冷的北方，这类服装是北方少数民族不可或缺的服装之一，成为“戎狄之服”的北方民族服饰形象，因此，此类裘皮服装就形成了“北多南少”的地域分布状况，在汉民族与北方少数民族的相互交流中，以珍贵的丝绸服装与裘皮服装作为礼物互相交换或赠予，以示情谊。

古人着皮服时，需与个人的内在德行相匹配，因古人有很强的“万物比德”观念，无论是动物、生物还是人类，都被赋有伦理规范和道德准则。以裘皮为服，在运用其保暖与美观性能的同时，也具有较强的比德观念，如羔羊在古人眼中是一种温顺合群的动物，用“羔羊之义”来称赞为人或为官的正直和廉洁，狐狸被认为是一种充满智慧的动物，“与狐谋裘”是比喻人聪颖与勇敢的品质，身着狐皮和羊皮缝制而成的服装，也即是智慧与勇敢的彰显。但羔裘与整套狐裘相比，袖口处的运用显得过于秀气，不足以显示大气风范，就有了“大处很好，小处与之不相称”的说法。因此，可再一次说明皮服由身体保护功能转向为礼制文化中的重要组成部分，丰富了社会道德和情感内涵。

综上所述，裘皮服装使用的原因主要有两点，其一是地理环境的影响，远古时期的自然资源相当丰厚，动植物种类繁多，为渔猎和游牧活动提供了条件，将捕获的动物皮制作成衣，以其御寒和装饰之功用；其二是出于政治原因，受到社会意识形态的影响，“狐裘羔袖”这类材质的服饰成为区分身份等级的重要标志。因此，皮服成为“明富贵，辨尊卑”的身份象征，也可反映出古人的思想观念与审美意识变化。

（2）汗流浃背

成语“汗流浃背”出自汉代班固《汉书・杨敞传》之中：“明年，昭帝崩。昌邑王征即位，淫乱，大将军光与车骑将军张安世谋欲废王更立。议既定，使大司农田延年报敞。敞惊惧，不知所言。汗出浃背徒唯唯而已。”[161]汉昭帝（前87～前74年在位）驾崩，以汉武帝之孙昌邑王刘贺（前92～前59年）做继承人，但因刘贺并非正经执政之人，常常寻欢作乐，大臣霍光（？～前68年）由此极为担忧，与霍光身边之人杨敞（？～前74年）商议此事。但杨敞胆小谨慎，听到此事十分害怕，惊恐万分，瞬间吓得汗流浃背，无法正常言语[162]。之后的《后汉书・皇后纪下・献帝伏皇后》中也有提道：“（曹）操出，顾左右，汗流浃背，自后不敢复朝请。”[163]可见，“汗流浃背”一词最早出现在贵族阶级服饰中，通过整理中国古代服装中的传统面料，分析成语“汗流浃背”在服饰中的具体表征。

远古时期，人类过着茹毛饮血的生活，后随着劳动水平的提高，技术不断发展，人类在漫长的探索中获得了较多的经验，从而创造了丰富多样的纺织工具。在已发掘的文物中出现了一些骨针、石刀等缝制工具，证实人们用这些工具开始缝制兽皮服装，这是人类服装的开始[164]。技术的提升促使生产方式以及生活方式的改变，兽皮衣成为人们的蔽衣之服。诸如在湖北新石器时期遗址出土的彩陶纺轮（图1–49）、江苏省吴江县草鞋山遗址中出土的葛布残片（图1-50）等。从这些出土的织物残片中可见，人们在距今约四五千年前就已出现手工纺纱工具，就开始使用包括葛、苎麻等材质作为制作服装的主要面料。

自此之后，进入奴隶社会，人们开始产生了一些原始宗教式的信仰，随着时间的推移，各种制度逐渐明确，影响至奴隶制国家社会生活的各个方面，服制当然也就在古代众多制度中起着十分重要的影响。据《周易·系辞下》中所言："黄帝、尧、舜垂衣裳而天下治，盖取诸乾坤。"[165]商周以后，服饰一方面可表现出人们对自然和祖先的崇敬，另一方面又可作为治理国家和规范人们道德行为的准则之一，服饰材质作为服装形成过程中的必要因素，可表现出不同面料之间基本的特性差异（表1-14）。

图1-49　湖北新石器时期遗址出土的彩陶纺轮❶　　图1-50　江苏草鞋山出土的葛布残片❷

表1-14　常见面料的基本特性❸❹

名称	基本特性
动物皮	远古时期，动物的毛皮广泛被人们使用，古人称之为"裘"，穿着轻便且暖和，诸如狐狸裘、貂皮、羊皮、狗皮等。自夏代与商代后，随着皮革鞣制技术的发明，将动物皮上的毛制成皮革，这种皮革广泛运用在人们服饰之中，如帽子、鞋履、袜子等
麻布	植物"麻"的内皮纤维经过多个步骤处理后织成布，其质地稀疏松散且容易糜烂，经过上浆后可变硬，之后再进行捣衣，麻布会变得平软、舒适，麻布在棉布出现之前使用率极高
绢帛	绢帛是指用蚕丝纺纱所织，也称为"丝绸"，帛的种类根据制作方法的差异分为生帛和熟帛，生帛包括缟、素、绡等，熟帛包括练、纨、绮、锦等

❶ 图片来源：李京平绘制。

❷ 图片来源：李斌.从传统染织技术到地域文化的形成[M].北京：中国纺织出版社有限公司，2020：61.

❸ 资料来源：王石天.试论古代中国的衣料[J].玉林师范学院学报，2001（4）：42-45.

❹ 资料来源：刘丽.论中国古代棉花的传入与空间布局的变迁[J].城市地理，2015（2）：218-219.

续表

名称	基本特性
棉布	宋末元初棉花从南北两个方向传入中原地区，直至元世祖颁布政令才强制要求农民种棉花，用棉布充当税款后，逐渐普及。棉布具有保暖、吸汗、柔软等特点

在对面料的基本特性进行整理后发现，动物皮一般质感较厚，多为冬季所用，绢帛则有厚薄之分，轻薄的面料多为夏季所用。四季可用的面料类型不尽相同，麻布相对来说较厚，棉布较薄。实际上，“汗流浃背”中“浃”是指湿透、浸透之意，出现“汗流浃背”这种现象，直接与服装面料的厚薄程度密切相关。然而，中国统治阶层以服装表现其尊贵地位，均穿着华丽的面料，诸如锦、绮等，这些面料本身具有一些透气性，但由于上层阶级的人常常会在面料上使用一些刺绣、贴绣等纹样装饰，在一定程度上会减弱面料本身所具有的透气性。

“汗流浃背”出自汉代，汉代的衣冠服饰十分完善，官宦人家朝见皇帝时不能只着一件衣衫，无论是在炎热的夏季还是寒冷的冬季，都有严格的规定，需穿着得体，官员大臣所着的礼服也十分厚重。据笔者不完全统计发现（表1-15），中国古代各个朝代所生产的面料织物都十分多样。夏商周时期各国纷争，各统治阶层为了稳固权力地位，制定各种管理国家的礼仪制度，其中就包括冠服制度，因此从这一时期开始，统治阶层着贵重的面料，与其他阶层进行区分。至秦代，十分重视桑蚕业和纺织业的发展，因而与丝织品种类相关的面料逐渐增多，其中包括有锦、绮、绢、绫、罗、素等。值得一提的是，秦代注重军事与政治，军事方面的强化致使服装趋于实用，武士的服装就有了较大的发展，胄甲是当时军队的主要服饰，直至汉时，胄甲变为用铁制作。汉代，随着冠服制度的强化，为之后的封建王朝服饰奠定了深厚的基础，同时，这一时期纺织工具的迅速发展，再加上纺织工艺技术的熟练，丝绸之路的影响，在不断交流促进中，纺织品面料的种类也随之增多。魏晋南北朝时期战乱频繁，流行着宽衫大袖、褒衣博带样式的服装，而在服装面料的使用上，较前朝相比无较大变化。唐宋时期，作为古代服饰丰富多彩的时期，丝织品面料种类多样、工艺精美。特别是唐代的丝绸业相当发达，官府丝织业的系统也十分庞大，盛唐时期，丝织业甚至遍布全国，平均每人向国家税捐的面料达6～10米[166]。同时，唐代的开放包容政策，吸收了众多周边国家的服饰文化。宋代的织锦工艺发展较好，有名的翰林画院运用书画与缂丝的结合，使这一时期的服装面料更为独树一帜。明清时期，纺织业逐渐向南方转移，明代贵族多以丝绸材质制作服饰，宫廷至官府皆以丝绸作为主要面料，依据冠服制度，服饰面料的纹样、颜色等都有严格的规定[167]。清代贵族以富贵繁缛为尚，各种丝织品种类繁多，制作工艺也十分精湛。

表1-15　中国古代各时期的面料种类[1-5]

朝代	名称	面料特征
夏、商、周	绢	绢为平纹素织物，光泽好，细绢作面料，粗绢作里子
	丝	墓中出土包括菱形图案的丝绢残片
	麻	以“升”为单位衡量粗细、疏密，80根经纱为1升，160根为2升，15升为缌布，用作吉服原料，30升用于制作冕的原料。楚墓中出土麻布经线28支，纬线24支
	锦	春秋战国时期锦分为二色锦和三色锦。组织为经两重组织，经密一般高于纬三倍之上，经丝一般比纬丝粗
	纱	从出土的实物来看，经纬密度每厘米经23根，纬16根，及经17根，纬16根两种
	绮	素底织花丝织品，一般用作衣服镶边作用，细经平织，粗经在起花时按三上一下的织法织出长线，相邻的两根粗经浮长点相同。其余不起花部分平织，纬丝棕色
	葛	根据陕西宝鸡西周墓等地出土的苎麻植物纤维实物所见，这一时期沤麻工艺趋于完备，根据不同麻织物使用不同的方法进行脱胶
秦代	武士胄甲（动物皮）	秦代武士胄甲为所着袍衫外镶嵌的金属甲片，多用质地较为坚硬的动物皮甲片，用线连
	锦	高级贵重的丝织品
	绮	在秦都咸阳第1号宫殿建筑遗址中有出土实物
	绢	丝厚而粗疏
	罗	荆轲刺秦王，秦王穿罗縠单衣
	素	素衣朱绣
	麻	粗麻布为下层人民用来御寒蔽身
	葛	葛较麻质地薄，葛的纤维比麻细长，能织成较细薄的织物，所制成的衣服质地较为轻薄，一般用于夏季单衣。葛的粗细不一，薄的名为絺，厚的名为绤，同时也是用于制作鞋履的原料
	毛	秦早年以游牧、狩猎为主，畜牧业在当时十分重要，因而毛皮成为秦人主要的衣料，包括服装中的带、帽、裘、铠甲、鞋等。因毛材质的原因，毛也常常加在袍之内用于保暖

❶ 资料来源：朱和平.中国服饰史稿[M].郑州：中州古籍出版社，2001：83-85，93-97.

❷ 资料来源：张书光.中国历代服装资料[M].合肥：安徽美术出版社，1990：9，15，27，34，190，191-192，218，272-278，316，318.

❸ 资料来源：孙世圃.中国服饰史教程[M].北京：中国纺织出版社，1999：189.

❹ 资料来源：周汛，高春明.中国古代服饰大观[M].重庆：重庆出版社，1994：446-447.

❺ 资料来源：李楠.中国古代服饰[M].北京：中国商业出版社，2014：72，75，78，92，104.

续表

朝代	名称	面料特征
汉代	绢	贵族阶层的宽衣所用质料
	纱	类似于长沙马王堆汉墓出土的素纱禅衣等所用面料
	锦	多用于衣缘
	毛	丝绸之路的发展，不仅向外传播丝帛织物，周边地区的毛纺产品也随之传入，用毛所制成的衣服种类也逐渐增多
	丝	贵族阶层的宽衣所用质料
	缎	贵族阶层的宽衣所用质料
	胄甲	主要用铁制成，外附有皮甲。样式分为三，其一为札甲，长方形，胸背两甲在肩部用带连接；其二为鳞片甲加袍服，为武官级穿着；其三为袍服上镶金属泡钉
魏晋南北朝	锦	这一时期巴蜀蚕丝逐渐兴盛，蜀锦是最著名的产品，上多绣有树纹、狮纹、菱花纹、兽纹、几何纹等，同时还是国家军饷的重要来源之一
	麻	麻布的产量在南朝有了很大提高，士大夫之俭朴者一般以麻面料为常服
	毛	西北少数民族的毛织业较为发达，天气严寒，多着毛所制成的服装保暖，诸如羊毛或其他禽兽类的毛纤维等，同时还有毛毯，具有防风、隔潮作用
	棉	南北朝时期，新疆地区的棉纺织业有了一定的发展，根据出土的实物，诸如吐鲁番阿斯塔那晋墓出土的布俑，其所着的衣裤全都是棉布所制
唐代	锦	锦的种类繁多，包括瑞锦、半臂锦等
	绫	冰纹状的丝织物，品种包括细绫、瑞绫、两窠绫、独窠绫、熟线绫等
	罗	唐代的罗开始进行花织，采用提花工具作提花绣纹
	绸	亦称为“紬”，多有花紬、锦紬、平紬等
	麻	麻的种类十分多样，包括火麻布、赀布、班布、胡女布、纻布、弥牟布（即细纻布）、白纻布、落麻布等众多品种
	棉	唐代的西北吐鲁番和南方的云南等地开始普遍种植和生产棉花
宋代	锦	宋代织锦工艺发展较快，众多织物都极其名贵，诸如宋锦、南京织造的云锦、四川织造的蜀锦等
	麻	宋初，麻纺织业每年纳贡的麻制品高达上万匹，其著名的山后布制作精细，质感仅次于罗
	棉	棉纺织业处于滥觞时期，处理棉的工具也十分简陋，制作效率也不高，因而没有广为普及

续表

朝代	名称	面料特征
明代	缎	明时，缎的经或纬丝只有一种显露于织物表面，相邻的两根经丝和纬丝上的组织点均匀分布，但不相连，因此，质地柔软，作为当时最富丽的高级衣料
	绢	此时的绢分为素绢与提花绢，经商之人也可穿素绢，种类多有云绢、云熟绢、妆花绢、织金绢等
	罗	罗指的是用纠经织出的中厚型的丝织品，质地十分轻薄，织作较疏。这一时期，庶人、农人、商贾不得穿
	纱	纱织物分为平纹、假纹组织的方孔纱和经纬纠织呈现的椒形纱孔绞纱两类。纱的种类十分多样，包括素纱、云纱、绉纱、织金纱、状花纱等。在北京定陵出土的实物中，纱料和服装有50多件
	绸	明代绸分为花绸和素绸两类
	绒	织物表面有耸立或平排的紧密绒圈或绒毛的丝织品，明代丝绒品包括剪绒、天鹅绒、织金绒、状花绒等
	绫	绫是斜纹或变化斜纹的丝织品，质地薄而细，上面有冰绫或花卉状彩文
	锦	明代缎的流行，使锦的用量逐渐变少
	棉	此时棉织业飞速发展，棉布细软，后逐渐取代丝、麻、毛
	麻	麻纺织业种类繁多，质地精细
	毛	毛纺织业多集中羊毛和驼毛，贵族冬季多着
清代	绫	纹理较细，诸如纰绫、纺绫等
	锦	多用织所制
	绸	纹理密而细，包括湖州的水绸、纺绸，陕西的秦绸等
	罗	纹理较粗疏
	绢	丝织而无纹，多有素娟、花绢、帐绢、箩筐绢等
	麻	由于棉的普及，织品多将麻和棉、麻和丝进行混合，所制成面料较单纯的麻更为柔软，此时的麻制品多用于制作蚊帐
	棉	相较于明代，清代棉纺织业十分繁盛，制作工艺也更加系统发达
	葛	清初后用葛作为十分普遍的服装面料。上多绣有花纹，如大团花、孔雀、植物山水等，称为花缎，后又出现羽缎、哔叽缎等
	缎	清代所制的绒毛十分细软
	绒	毛织业主要集中在兰州、西安地区，根据地域的不同，各有特色

成语“汗流浃背”一方面反映了在中国古代严格的礼制下，下位者对上位者所

产生的畏惧之心，这种害怕、紧张的心理活动进而展现在服装上，产生了“汗流浃背”的现象。而另一方面，“汗流浃背”体现了服装面料的物理变化，在众多服装面料中，单薄透气的面料易被汗渍沁湿，如丝、纱、绢等面料，而厚实的面料因透气性较差，也会被汗渍打湿，如麻、皮、毛等材质。

形象篇小结

从形象篇成语中能够窥见中国古人服饰形象的本原，是形式美与内容美的统一。形式美是指服饰所展示的外观形式，如“宽衣博带、褒衣危冠”给人一种儒雅的形象；“茹毛饮血、天衣无缝”展示远古人制作服装的劳动形象；“正襟危坐、泣下沾襟”给人一种局促、拘谨、严肃、伤感的形象；“褒衣危冠、素丝羔羊”展现了上层社会的贵族形象；“椎髻布衣、鹑衣百结”则为平民百姓的发式与着装形象；“舞衫歌扇、拖天扫地”体现了古代舞者、歌者的服装形象；“披裘负薪、还我初衣”反映了士人心中“出士”与“入士”的理想形象；“衣衫褴褛、曳裾王门”为古代身份卑微者的着装形象；“菲食薄衣、衣单食薄”展现了穿单薄衣服的着装形象；“狐裘羔袖”是用狐狸皮和羊皮鞣制而成的皮服形象。这些服饰形象依据人的生存环境为物质依托，在服饰形式美的基础上表达出的深层文化内涵，反映了不同历史时期的社会思想与审美心理，是民族精神面貌与理想物化的形象追求，共同造就了中国古代的灿烂服饰文化。

参考文献

[1] 吕友仁，吕咏梅. 礼记全译·孝经全译[M]. 贵阳：贵州人民出版社，1998：428.

[2] 容观琼. 释“岛夷卉服，厥篚织贝”——兼谈南方少数民族对我国古代纺织业的贡献[J]. 中央民族学院学报，1979（3）：56-60，76.

[3] 李斌，杨振宇，李强，等. 服装起源的再研究[J]. 丝绸，2018（9）：98-105.

[4] 蒲松龄. 聊斋志异[M]. 北京：华夏出版社，2017：369.

[5] 许慎. 说文解字[M]. 北京：九州出版社，2001：175.

[6] 黄向群. 中国皮革工艺[M]. 北京：中国纺织出版社，2015：13.

[7] 于伟东. 纺织材料学[M]. 北京：中国纺织出版社，1996：6.

[8] 黄向群. 中国皮革工艺[M]. 北京：中国纺织出版社，2015：22.

[9] 罗泌. 路史[M]. 北京：中华书局，1985：14.

[10] 胡吉宣. 玉篇校释（三）[M]. 上海：上海古籍出版社，1989：2625.

[11] 韩非. 韩非子全译[M]. 张觉，译注. 贵阳：贵州人民出版社，1992：1028.

[12] 李昉，等. 太平广记（第二册）[M]. 北京：中华书局，1961：421.

[13] 华梅. 中国服装史[M]. 天津：天津人民美术出版社，1989：5.

[14] 蓝凡. 中国史前舞蹈纹彩陶盆的新考释[J]. 民族艺术研究，2020（6）：75-87.

[15] 田自秉. 中国工艺美术史[M]. 上海：东方出版社，1985：15.

[16] 中国社会科学院考古研究所. 中国考古学·新石器时代卷[M]. 北京：中国社会科学出版社，2010：324.

[17] 司马迁. 史记[M]. 北京：中华书局，1999：2436.

[18] 尸佼. 二十二子详注全译：尸子译注[M]. 李守奎，李轶，译注. 哈尔滨：黑龙江人民出版社，2003：127.

[19] 郭璞. 尔雅注疏[M]. 邢昺，疏. 北京：北京大学出版社，2000：156.

[20] 刘熙. 释名[M]. 北京：中华书局，2016：71.

[21] 杜钰洲，缪良云. 中国衣襟[M]. 上海：上海文化出版社，1999：305.

[22] 郭超，夏于全. 传世名著之尚书[M]. 北京：蓝天出版社，1998：90.

[23] 杨豪. 我国古代尊右卑左制俗与衣著左右衽[J]. 岭南文史，2003（1）：19-21，49.

[24] 周汛，高春明. 中国衣冠服饰大辞典[M]. 上海：上海辞书出版社，1996：4.

[25] 房玄龄，等. 晋书[M]. 北京：中华书局，1974：826.

[26] 郭超，夏于全. 传世名著百部·庄子[M]. 北京：蓝天出版社，1998：162.

[27] 周汛，高春明. 中国衣冠服饰大辞典[M]. 上海：上海辞书出版社，1996：42.

[28] 郭超，夏于全. 传世名著百部·礼记[M]. 北京：蓝天出版社，1998：12.

[29] 左瑞平.《说文》衣着类语词命名理据研究[D]. 石家庄：河北师范大学，2015.

[30] 脱脱，等. 宋史[M]. 北京：中华书局，1977：3554.

[31] 贾玺增. 中国古代首服研究[D]. 上海：东华大学，2007：252-253，102.

[32] 袁愈荌. 诗经全译[M]. 唐莫尧，注释. 贵阳：贵州人民出版社，1991：22.

[33] 李发，向仲怀. 先秦蚕丝文化论[J]. 蚕业科学，2014，40（1）：126-136.

[34] 赵艳玲. 非实体性文化遗产——我国古代丝织技术[J]. 科技信息，2007（1）：140.

[35] 张颖. 中国古代裘皮服饰的几点探讨[J]. 泰山学院学报，2004（5）：82-84.

[36] 陈桐生. 盐铁论[M]. 北京：中华书局，2015：405.

[37] 许嘉璐. 二十四史全译·后汉书[M]. 上海：汉语大词典出版社，2004：1671.

[38] 曹东方. 中华成语典故大辞典·历史人物（卷3）[M]. 延吉：延边大学出版社，1995：825.

[39] 彭林.仪礼全译[M].贵阳：贵州人民出版社，1997：10.

[40] 郭超，夏于全.传世名著百部之楚辞[M].北京：蓝天出版社，1998：113.

[41] 班固.汉书[M].颜师古，注.北京：中华书局，1999：1872.

[42] 司马光.资治通鉴[M].北京：中华书局，1956：1480.

[43] 范晔.后汉书[M].李贤，等注.北京：中华书局，1965：2819.

[44] 安平秋.二十四史全译·汉书（第三册）[M].上海：汉语大词典出版社，2004：1917.

[45] 范晔.后汉书[M].李贤，等注.北京：中华书局，1965：1286.

[46] 夏保国，王兴成.汉“椎髻”考[J].北方文物，2020（2）：85-95.

[47] 黄永年.二十四史全译·新唐书[M].上海：汉语大词典出版社，2004：4853.

[48] 黄永年.二十四史全译·旧唐书[M].上海：汉语大词典出版社，2004：906.

[49] 王巧妹.典籍所见秦汉女子发式、发饰名称整理研究[D].长春：东北师范大学，2020.

[50] 周汛，高春明.中国衣冠大辞典[M].上海：上海辞书出版社，1996：150.

[51] 安平秋，张传玺.二十四史全译·汉书[M].上海：汉语大词典出版社，2004：1483.

[52] 许嘉璐.二十四史全译·三国志[M].上海：汉语大词典出版社，2004：588.

[53] 孙雍长.二十四史全译·隋书[M].上海：汉语大词典出版社，2004：133.

[54] 荀况.荀子全译[M].蒋南华，罗书勤，杨寒清，注译.贵阳：贵州人民出版社，1995：578.

[55] 李翰文，冯涛.成语词典（第4卷）[M].北京：九州出版社，2001：1956.

[56] 闫秀文.中华成语探源白金典藏版[M].长春：北方妇女儿童出版社，2014：441.

[57] 袁杰英.中国历代服饰史[M].北京：高等教育出版社，1994：42.

[58] 陈桐生.盐铁论[M].北京：中华书局，2015：35.

[59] 苏轼.历代名家小品文集东坡志林[M].赵学智，校注.西安：三秦出版社，2003：148.

[60] 唐甄.潜书（第二册）[M].乌鲁木齐：新疆青少年出版社，2005：3.

[61] 脱脱，等.宋史[M].北京：中华书局，1977：3576.

[62] 魏收.魏书[M].北京：中华书局，1974：1786.

[63] 周汛，高春明.中国衣冠大辞典[M].上海：上海辞书出版社，1996：179-181.

[64] 吴欣.衣冠楚楚：中国传统服饰文化[M].济南：山东大学出版社，2018：67-68.

[65] 张德坚.贼情汇纂[M].新竹：华文书局，1968：549.

[66] 吉常宏.说“鹑衣”和“悬鹑”[J].语文研究，1984（2）：34-37.

[67] 徐中玉.中国古典文学精品普及读本·先秦两汉散文[M].广州：广东人民出版社，2019：241.

[68] 孙世圃.中国服饰史教程[M].北京：中国纺织出版社，1999：127-128.

[69] 杨和.枫香诗集[M].贵阳：贵州大学出版社，2018：34.

[70] 刘安.国学典藏·淮南子[M].许慎，注，陈广忠，校点.上海：上海古籍出版社，2016：255.

[71] 徐陵.玉台新咏笺注[M].穆克宏，点校.北京：中华书局，1985：467.

[72] 常晓帆.实用成语词典[M].北京：知识出版社，1984：480.

[73] 孙世圃.中国服饰史教程[M].北京：中国纺织出版社，1999：23.

[74] 佘江.汉唐艺术赋研究[M].北京：学苑出版社，2005：119.

[75] 周锡保.中国古代服饰史[M].北京：中国戏剧出版社，1984：118.

[76] 朱和平.中国服饰史稿[M].郑州：中州古籍出版社，2001：165.

[77] 韩非.韩非子全译[M].张觉，译注.贵阳：贵州人民出版社，1992：1056.

[78] 蘇鶚.蘇氏演義：外三種[M].吴企明，点校.北京：中华书局，2012：81.

[79] 杨祥民.扇子的故事：传统造物的礼仪性与审美性蠡测[D].南京：南京师范大学，2011.

[80] 刘瑞明.由“偏义复词”新说“虚义趣连”[J].喀什师范学院学报，2000（3）：64-68.

[81] 郭超，夏于全.传世名著之楚辞[M].北京：蓝天出版社，1998：121.

[82] 司马迁.史记[M].北京：中华书局，1999：2473.

[83] 许嘉璐.二十四史全译·旧唐书（第二册）[M].上海：汉语大词典出版社，2004：1527.

[84] 李昉，等.太平广记（第六册）[M].北京：中华书局，1961：2247.

[85] 马端临.文献通考[M].北京：中华书局，1986：323.

[86] 孙雍长.二十四史全译·隋书（第二册）[M].上海：汉语大词典出版社，2004：1640.

[87] 李万寿.晏子春秋全译[M].贵阳：贵州人民出版社，1993：292.

[88] 许嘉璐.二十四史全译·新唐书[M].上海：汉语大词典出版社，2004：432.

[89] 黄晖.新编诸子集成[M].北京：中华书局，1990：167-168.

[90] 宋应星.天工开物：插图本[M].沈阳：万卷出版公司，2008：55.

[91] 张守华.《诗经》中的“衮意象”[J].西昌学院学报（社会科学版），2009，21（3）：77-78，85.

[92] 陈立.白虎通义疏证[M].吴则虞，注解.北京：中华书局：1994：433-434.

[93] 李学勤.毛诗正义[M].北京：北京大学出版社，1999：425.

[94] 吕友仁.礼记全译·孝经全译[M].吕咏梅，译注.贵阳：贵州人民出版社，2008：446-447.

[95] 张觉.韩非子全译[M].贵阳：贵州人民出版社，1992：1029.

[96] 卢翰明.中国古代衣冠辞典[M].台北：常春树书坊，1991：597.

[97] 李万寿.晏子春秋全译[M].贵阳：贵州人民出版社，1993：370.

[98] 王强模.列子全译[M].贵阳：贵州人民出版社，1993：14.

[99] 王叔岷.列仙传·鹿皮公[M].北京：中华书局，2007：119.

[100] 沈从文.中国古代服饰研究[M].上海：上海书店出版社，2011：223.

[101] 李伟民.法学辞海[M].北京：蓝天出版社，1998：1573.

[102] 王夫之.王船山先生诗稿校注[M].湘潭：湘潭大学出版社，2012：104.

[103] 张拱贵.汉语委婉语词典[M].北京：北京语言文化大学出版社，1996：204.

[104] 吴波.满朝荐遗稿笺注[M].长沙：岳麓书社，2009：137.

[105] 黄勇.唐诗宋词全集·第1册[M].北京：北京燕山出版社，2007：427.

[106] 陆尊梧.新华典故词典[M].北京：商务印书馆，2012：830.

[107] 林久贵，周玉容.曹植全集[M].武汉：崇文书局，2019：160.

[108] 玄奘.大唐西域记[M].上海：上海人民出版社，1977：38.

[109] 王圻，王思义.三才图会[M].上海：上海古籍出版社，1988：1535.

[110] 孟君.玄学与魏晋名士服装[J].大众文艺，2010（4）：142.

[111] 臧迎春.中国传统服饰[M].北京：五洲传播出版社，2003：48.

[112] 李迎莹.北朝出行仪仗图中的服饰研究[D].上海：东华大学，2021：10.

[113] 臧迎春.中国传统服饰[M].北京：五洲传播出版社，2003：44.

[114] 王守谦，金秀珍，王凤春.左传全译[M].贵阳：贵州人民出版社，1990：534.

[115] 许慎.说文解字[M].上海：上海古籍出版社，2007：412.

[116] 刘熙.释名[M].北京：国际文化出版公司，1993：75.

[117] 蘇鶚.蘇氏演義：外三種（苏氏演义/中华古今注/资暇集）[M].吴企明，点校.北京：中华书局，2012：107.

[118] 孙雍长.二十四史全译·隋书（第一册）[M].上海：汉语大词典出版社，2004：192.

[119] 刘熙.释名[M].北京：中华书局，2016：73.

[120] 扬雄.方言[M].郭璞，注.上海：商务印书馆，1936：38.

[121] 许嘉璐.二十四史全译·后汉书（第一册）[M].上海：汉语大词典出版社，2004：452.

[122] 张揖，曹宪音.广雅[M].上海：商务印书馆，1936：88.

[123] 李昉.太平广记[M].北京：中华书局，1961：1447.

[124] 章培恒，喻遂生.二十四史全译·明史（第二册）[M].上海：汉语大词典出版社，2004：1274.

[125] 周汛，高春明.中国衣冠服饰大辞典[M].上海：上海辞书出版社，1996：209.

[126] 袁愈荌.诗经全译[M].唐莫尧，注释.贵阳：贵州人民出版社，1991：338.

[127] 孙诒让.周礼正义[M].北京：中华书局，1987：603.

[128] 许慎.说文解字[M].徐铉，等校.上海：上海古籍出版社，2007：649.

[129] 上海古籍出版社.唐五代笔记小说大观[M].上海：上海古籍出版社，2000：196.

[130] 蘇鶚.蘇氏演義外三種[M].吴企明，点校.北京：中华书局，2012：108.

[131] 安平秋.二十四史全译·史记[M].上海：汉语大词典出版社，2004：1390.

[132] 王先谦.汉书补注（八）[M].上海：上海古籍出版社，2012：4063.

[133] 扬雄.方言[M].郭璞，注.上海：商务印书馆，1936：32.

[134] 安平秋，张传玺.二十四史全译·汉书[M].上海：汉语大词典出版社，2004：1108.

[135] 扬雄.方言[M].郭璞，注.上海：商务印书馆，1936：37.

[136] 周汛，高春明.中国衣冠大辞典[M].上海：上海辞书出版社，1996：259.

[137] 朱和平.中国服饰史稿[M].郑州：中州古籍出版社，2001：153.

[138] 赵波.秦汉袍服研究[J].服饰导刊，2014，3（4）：29-35.

[139] 黄能馥，陈娟娟.中国服装史[M].北京：中国旅游出版社，1995：132.

[140] 杨忠.二十四史全译·梁书[M].上海：汉语大词典出版社，2004：15.

[141] 李翰文，冯涛.成语词典（第2卷）[M].北京：九州出版社，2001：552.

[142] 王一辰.古代医籍中小儿起居调养的文献研究[D].北京：北京中医药大学，2019：63.

[143] 周汛，高春明.中国衣冠服饰大辞典[M]上海：上海辞书出版社，1996：146.

[144] 袁杰英.中国历代服饰史[M].北京：高等教育出版社，1994：43.

[145] 高春明.中国古代的平民服装[M].北京：商务印书馆国际有限公司，1997：15-23.

[146] 朱和平.中国服饰史稿[M].郑州：中州古籍出版社，2001：9.

[147] 李薇.中国传统服饰图鉴[M].北京：东方出版社，2010：118.

[148] 臧迎春.中国传统服饰[M].北京：五洲传播出版社，2003：50-53.

[149] 李薇.中国传统服饰图鉴[M].北京：东方出版社，2010：120.

[150] 孙世圃.中国服饰史教程[M].北京：中国纺织出版社，1999：109.

[151] 孙世圃.中国服饰史教程[M].北京：中国纺织出版社，1999：132.

[152] 朱和平.中国服饰史稿[M].郑州：中州古籍出版社，2001：274.

[153] 李翰文，冯涛.成语词典（第4卷）[M].北京：九州出版社，2001：2089.

[154] 林纾.左传撷华[M].北京：北京联合出版公司，2019：127.

[155] 郑玄.毛诗正义[M].孔颖达，疏.北京：北京大学出版社，1999：86.

[156] 付海江.墨子[M].西安：西安交通大学出版社，2014：3.

[157] 吕思勉.中国制度史[M].上海：上海教育出版社，1985：224-227，245-247.

[158] 毛亨，郑玄，孔颖达，等.十三经注疏：毛诗注疏[M].上海：上海古籍出版社，2013：660.

[159] 许慎.说文解字[M].长沙：岳麓书社，2015：78.

[160] 许慎.说文解字[M].长沙：岳麓书社，2015：73.

[161] 班固.汉书·卷六十六·杨敞传[M].颜师古，注.北京：中华书局，1999：2179.

[162] 乙力.中华成语故事[M].成都：天地出版社，2019：79-80.

[163] 许嘉璐.二十四全译·后汉书·皇后纪下[M].上海：汉语大词典出版社，2004：202.

[164] 张书光.中国历代服装资料[M].合肥：安徽美术出版社，1990：1-2.

[165] 黄寿祺，张善文.周易·卷九·系辞下[M].上海：上海古籍出版社，2007：402.

[166] 张书光.中国历代服装资料[M].合肥：安徽美术出版社，1990：34.

[167] 张书光.中国历代服装资料[M].合肥：安徽美术出版社，1990：271.

友情篇

亲情与友情是人类最重要的情感，一直倍受人们赞扬与歌颂。中国人的性格相对于西方人来说较为内敛，一般不会口头直接表达亲情与友情。然而，在书面语言中却有大量歌颂亲情与友情的文字，成语中就有大量这种情感的描述。同时，将亲情、友情与服饰联系起来的成语也很多。笔者认为，大致可以将其分为三大类。

第一，表达同一阶层之间友情的成语，如“无衣之赋、同袍同泽”表达了军伍之中士卒之间深厚的战友之情，生死之交。如“缟纻之交、布衣之交”中“缟纻之交”反映了贵族、官员之间君子之交的本质，而“布衣之交”则表达了平民百姓之间的交情，等等。

第二，表达不同阶层之间友情的成语，如“弹冠相庆、乘车戴笠”是对做官或升官的兄弟、朋友的真诚祝贺，同时表达了“君有奇才我不贫”的深厚情谊。又如“解衣推食、绨袍之义”表达了上位者对下位者的敬重与欣赏，使得下位者能实施“众人遇我，我故众人报之；国士遇我，我故国士报之”的君臣友情观。

第三，表达亲情的成语，如“彩衣娱亲、温生绝裾”展现了父母与子女之间浓厚的亲情，在中国古代历来就有“羔羊跪乳”“乌鸦反哺”的说法，如二十四孝的故事，表达了中国古代对孝的认知与重视。

10. 无衣之赋、同袍同泽

成语“无衣之赋”出自典故：楚国大夫申包胥（生卒年不详）向秦国求援，被拒后靠墙恸哭七日且不吃不喝，最终感动了秦哀公（？～前501年，在位前536～前501年），秦哀公赋《无衣》并出兵相助，所以无衣之赋有出师相助、同仇敌忾的意思[1]。而成语“同袍同泽”出自《诗经·秦风·无衣》：“岂曰无衣？与子同袍。王于兴师，修我戈矛。与子同仇！岂曰无衣？与子同泽。王于兴师，修我矛戟。与子偕作！岂曰无衣？与子同裳，王于兴师，修我甲兵。与子偕行！”[2]此处描写了军中将士在战争中同仇敌忾的精神，表现了英勇抗战，慷慨激昂的士气，袍、泽、裳均是中国古代的服装。裳作为外衣的下装在此就不再赘述，笔者将重点讨论中国先秦时期内衣的起源、发展与形制问题，以期揭示中国古人私密之物的本质。

（1）内衣研究的现状分析

所谓内衣是指紧贴人体皮肤表面的衣服，历史源远流长。在中国古代最早把内衣称为“亵衣”,“亵”为轻薄、不庄重的意思[3]。有关中国内衣起源及其形制的问题，目前中国服装史学界的研究呈现以下两大特点：其一，出于猎奇心理，注重对古代女子内衣形制与文化的分析，对中国古代内衣缺乏系统深入的研究，特别是对古代男子内衣研究的缺失，如陆笑笑[4]、徐茂松[5]等；其二，相关的内衣研究涉及中国古代男女内衣，但对内衣起源问题缺少系统深入的探讨，如范洪梅[6]、毕亦痴[7]等。显而易见，服装史学界一方面将内衣的起源与服装的起源相混淆，忽视了服装整体概念与具体服装的差异，将内衣的起源时间大大提前；另一方面，从内衣起源动因角度进行反推，即从今人的视角出发推演内衣出现的动机，具有严重的辉格史观。因此，全面系统地研究中国古代内衣的起源与形制问题具有非常重要的意义和提升的空间。笔者首先对内衣起源蔽膝说的观点进行质疑，用价值分析的方法确立服装起源于蔽膝，但蔽膝并不是内衣源头的观点；其次将内衣出现的物质基础与精神动力作为内衣起源的必要条件，进行科学合理的分析，确定初态内衣采用的材质与起源的价值；最后运用古文献与古汉字字源学以及考古实物一一印证的研究方法分析中国古代内衣的具体称谓与形制。

（2）内衣起源于蔽膝说的质疑

蔽膝又称为芾、黼、韍、韨、袚、鞸、帔、绂、袯等，它的形制由束在腰间的一片腰带和下垂至膝下的一段条状物组成，腰带平直，下垂的条状物上窄下宽，状若斧形[8]。服装史学界普遍认为，内衣起源于蔽膝。然而，笔者认为内衣起源于蔽膝的学说还有待商榷，存在一些疑问。

首先，蔽膝礼服的属性否定了其内衣的源头。蔽膝是一种较原始的服装形态，其尺寸正如东汉儒家学者郑玄所言："其制上广一尺，下广二尺，长三尺，其颈五寸。"[9]蔽膝的形制如图2-1所示，蔽膝以罗为表，绢为里，其色纁上下有纯，去上五寸所绘各有差，大夫芾，士曰韎[10]。服装史学界普遍认为，蔽膝能起到保护腹部和生殖系统免受外伤和病害作用，体现了内衣保护身体的基本功能，并且强调了内衣贴体性、防护性的特征，为后续衣裳制度的完备和内衣体系的完善奠定了基础[11]。显而易见，这种观点辉格史观较为严重。事实上，蔽膝的原型被称为"芾韠"（图2-2），据《三才图会》所言："芾太古蔽膝之象，字当作韨古字通用，冕服谓之芾，其他服谓之韠，以韦为之。"[10]由此可知，蔽膝的前身芾韠也具有冕服的特性，即礼服，简言之，站在反辉格史与服装通史的角度，内衣的起源问题就转化成蔽膝是否为内衣的问题，如果蔽膝是内衣，那么服装的起源类型就是内衣，反之亦然。

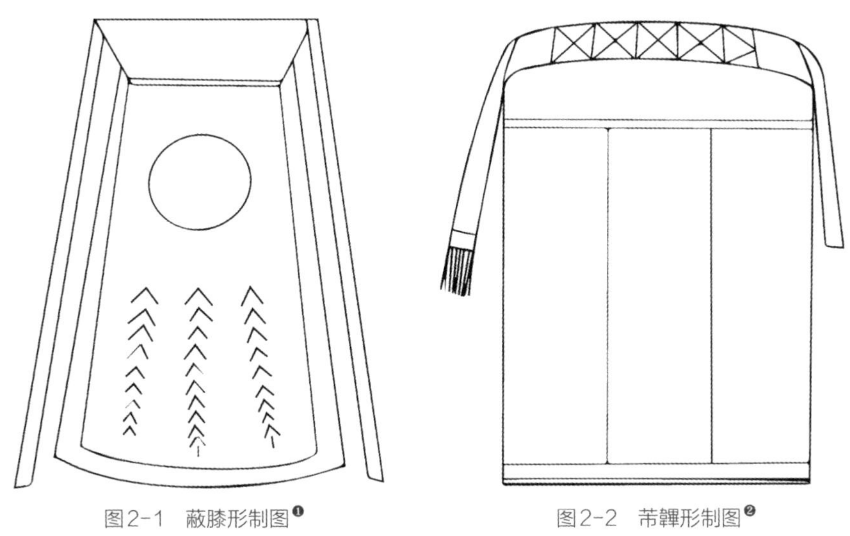

图2-1　蔽膝形制图❶　　图2-2　芾韠形制图❷

其次，蔽膝是服装的起源而不是内衣的起源。事实上，笔者并不赞同蔽膝为内衣的观点。从服装起源的价值来看服装产生于劳动的需要，作为携带与打猎工具而存在，显然与内衣护体的功能相违背。古汉字字源学能为我们提供大量辅证，汉字"衣"在作为字根时有很多字就表达了包裹之意，如篆体"𧝝（裹）"表达了采集的

❶ 图片来源：李京平绘制。

❷ 图片来源：李京平绘制。

果实（果）用衣服（衣）包住，便于携带果实；又如篆体“装（装）”字反映了男子（壮）远行时打包裹物（衣）。当然，“衣”除了被作为包裹工具外，还可被作为打猎工具，如金文“奋（奋）”表达了用衣（衣）奋力捕捉田（田）里的鸟（隹）[12]。肯定会有人质疑用衣捕鸟的可能性，毫无疑问，在人类诞生之初，赤身露体之时，人与鸟之间的安全距离应该是远比现在要近很多，这一点可以用动物界的狮子与秃鹫之间的安全距离来说明。然而，当人类发明了捕鸟的工具“衣（衣）”（此处的衣可能是网的初状）之后的很长一段时间，鸟类经过无数次惨痛的经历，才渐渐加大了人与鸟之间的安全距离，造成现在无法再用“衣（衣）”来捕捉鸟类。

最后，最初的蔽膝为原始服装的初态形制，但并不是内衣的最初形制。甲骨文“巾（巾）”与“带（带）”的字形就能反映服装的原始形制与蔽膝形制相似。一方面，从巾字的象形上看，就是一块遮盖在裆部的遮羞布，因为人的身上能戴挂巾的部位非腰间不可，同时，这一点与蔽膝相符合；另一方面，从带字的象形上看，“带（带）”为皮质腰带并系于腰间，起到联结前巾（巾）与后巾（巾）的作用，尽管甲骨文“带（带）”字是用来说明腰带的原始意义，但从服装起源的角度看，原始服装的最初形制极可能是皮质腰带加上前巾与后巾的组合结构。事实上，前巾与后巾的作用本不是为了遮羞，而是便于携带工具，正如东汉郑玄所言：“古者田渔而食，因衣其皮。先知蔽前，后知蔽后。”[13]为何先有前巾，然后才有后巾？这一点与南美亚马孙河流域，原始部落的现代原始人的着装非常相似，因原始工具均为石、木、骨等材质制作，如果用腰带将其直接或间接系于腰间，原始人在奔跑时，这些工具就会击打到身体的关键部位（生殖器），需用一块皮质面料在裆部，将工具与身体隔开。然而，当原始人的工具逐渐增多后，除了身体正面腰带上悬挂有小件的工具或包裹外，还需在身体背面的腰带上进行悬挂。因此，“先知蔽前，后知蔽后”就有了合理的解释，前巾和后巾的出现也都起到了保护身体免受携带工具或包裹的伤害。综上所述，无论是从服装起源的价值，还是从原始服装的最初形制来看，蔽膝并不属于内衣的范畴。

（3）内衣起源的物质与精神基础

内衣的起源需要一定的物质与精神条件。笔者认为，物质基础是纺织技术的产生以及纺织面料成为外衣的大宗原料；而精神基础则是仪式的发展与完善，也是礼仪观点的全面建构。只有当纺织技术发展到能够织造出较为精细的纺织面料与礼仪观点的全面完善之时，内衣才具备出现的可能性与必要性，笔者将从以下两个观点进行解释。

① 纺织面料的出现为初态内衣的产生提供了重要物质基础

众所周知，人类服装起源学说中有“皮服说”与“卉服说”两种观点，同时，笔者有充分的理由[12]认为“皮服说”更科学与合理。然而，服装的起源并不等同于内衣的起源。从原始内衣的材质上看，其材质必定是纺织面料，而不可能是皮毛面料，笔者认为主要有以下两方面的原因：一方面，从服装发展史的角度来看各类服装的起源遵循着由外向内、由皮向布的发展轨迹。事实上，原始人类的初态服装并没有严格的内外之分，它起源于携带工具与包裹的需要，其形制为一条皮制腰带，加上前巾与后巾，深刻地反映了劳动工具的特性。从原始初态服装的特性上看，它更加具有外衣的性质；另一方面，原始人类的皮革加工处理技术也不足以生产出符合内衣特性的面料。事实上，皮革面料也不具备内衣所要求的轻薄、透气等舒适特性，即使能生产出轻薄的皮料，人们也不会用来制作内衣。如明代宋应星在《天工开物》一书中明确指出皮革主要用于外衣及鞋帽，即“或南方短毛革，硝其鞟如纸薄，止供画灯之用而已”。[14]因此，在原始社会皮革处理工艺非常落后的状态下也不会作为内衣面料，只有当纺织面料出现后，内衣的出现才具备技术上的可能性。

② 礼仪观点的建立为原始内衣的产生提供了主要精神动力

根据马克思主义哲学的观点，物质决定意识，意识反作用于物质。中国服装以及内衣的起源也生动形象地验证了这一观点。从服装起源的角度上看，服装的出现是基于劳动的需要，它提高了原始人类的生产效率，拓展了其生存空间。初态服装以工具面貌出现在原始人类的生活中，当这种工具成为合格的成年原始人类的标配时，相关的礼仪与道德观点就会应运而生，并通过礼仪与道德来强化服装的价值。当适龄的原始人通过成人的考核，就会举行相应的成人礼仪，在礼仪进行的过程中必然会相应地授予包括服装在内的生产工具。然而，考核失败的青少年原始人并没有得到生产工具，羞耻、道德的观念就会随之产生。因此，裸露身体的羞耻与不道德并不是裸露身体的行为，其本质是自身能力不符合原始社会人才的规范标准。

当然，内衣的出现则是礼仪与道德发展到相当完备阶段的产物。从内衣的价值上看，初态内衣除了其实用功能外“礼”的需要，还可能是促进其起源发展的重要因素。笔者认为，保护外衣以及防止暴露隐私部位则成为初态内衣的主要价值所在。一方面，从古汉字“泽”字的分析中，不难看出，“泽”是汗衣，具有防止人体汗渍、污物污染外衣的作用，是“礼”生活规范的要求。究其根源，主要有以下原因：第一，随着原始人类生产技术的进步，人口数量必然会持续增长，其结果又会带来对服装面料的大量需求。事实上，作为农耕文明社会的华夏民族，皮毛根本无法满足大量人口对服装面料的需求。因此，纺织面料替代皮毛成为服装面料的大宗，并成为历史必然。然而，相对于皮毛面料，纺织面料外衣由于抗污性较差，需要内衣来减少汗渍对外衣的污染。第二，女性原始人类月经期见红的现象可能也是内衣出现的一种诱因。如果没有内衣的阻隔与有效处理，经血必然污染外衣。事实上将经期妇女隔离的现象，在人类社会发展早期，特别是原始社会大量存在[15]。一般说来很多民族都不同程度地认为经血与有害力量有关，特别是对于某些社会来说，每当妇女来月经的时候必须与男子严格地隔离开来，这不仅是他们的一种风俗习惯，而且是神圣的法律，任何违反条例者都会被认为是犯者个人和社会全体生病、死亡的结果[16]。由此可知，在没有内衣与月经带的情况下，经期妇女被隔离是显而易见的。由于女性内衣或月经带均能有效地阻止经血污染外衣，从而消除引起人们视觉与心理的不适，当女性内衣出现后，这种妇女被隔离的情况才会逐渐消失。第三，原始服装的结构简单且作为工具而存在，根本无法杜绝走光现象。然而，随着伦理道德的发展，当暴露隐私部位成为一种耻辱与不道德的行为时，内衣的出现也就显得非常必要，它能有效防止走光现象的发生。综上所述，无论是用内衣来减少污物、汗渍对外衣的污染，还是避免隐私部位的暴露均是出于“礼”的需要。“礼”的需要规范着人们的着装行为，内衣正是在“礼”的刺激下不断强化并发展起来。

（4）中国古代内衣的称谓溯源

众所周知，中国古代内衣被通称为亵衣，然而，亵衣根据着装者性别又有具体的称谓。中国最早有关亵衣具体称谓见诸《诗经》与《左传》，中国最早男子亵衣的具体称谓出自《诗经・秦风・无衣》：“岂曰无衣？与子同袍。王于兴师，修我戈矛。与子同仇！岂曰无衣？与子同泽。王于兴师，修我矛戟。与子偕作！岂曰无衣？与子同裳，王于兴师，修我甲兵。与子偕行！”[2]此处出现了三种衣物，即“袍”“泽”“裳”，其中“泽”毫无疑问属于内衣的范畴。一方面，根据古文献可以明确“泽”就是“亵衣”。正如《说文解字》中所言：“泽（襗）、亵（褻）衣近汗垢，释名曰‘汗衣’，近身受汗垢之衣也。”由此可知，《诗经》中的“泽”就是“亵衣”，即先秦时期人们所穿的内衣；另一方面，古汉字字源也能提供“亵衣”为内衣的证据，如金文“（亵）”字表达了用手在“（衣）”里“（执，抓、摸）”的意思，毫无疑问，只有将手伸进内衣才能摸到身体，这里的衣“亵”就是内衣。又如篆文“（裸）”字是由“（亡，无，没有）”与“（口）”组成的否定语气，表达“（执，抓）”扒掉内“（衣，服装）”而暴露肉体“（月，肉，代身体）”，即脱光所有衣服、暴露身体，这是一种不雅的行为[17]。同时“泽”特指先秦时期男子所穿内衣，成语“同袍同泽”“袍泽兄弟”“袍泽之谊”似乎都能证明“泽”的阳性特质，像这些内衣都能相互借穿的男子，一定是过命的兄弟。

同时，先秦时期女子内衣的称谓可见《左传·宣公九年》所载："陈灵公与孔宁、仪行父通于夏姬，皆衷其衵服，以戏于朝。"[18]此处的"衵"，陆德明释文："妇人近身内衣也。"可引申为一般的内衣[19]。《广韵·入质》："衵，妇人近身衣。"即女人穿的贴身内衣。事实上，随着时间的推移，衵服逐渐失去阴性特质，如《后汉书·文苑传下·祢衡》所言祢衡（173～198年）"先解衵衣，次释馀服，裸身而立。"[20]由此可知，衵服至迟在东汉末年亦可作为男子的贴身衣物。

（5）中国原始内衣的形制分析

中国初态内衣在形制上按照性别可区分为男、女内衣。经过笔者的分析，男子内衣遵循里亵衣（最里面内衣）为"泽"，亵衣为袍的形式。女子的内衣遵循里亵衣为"衵"，亵衣为袍的形式。

首先，中国初态男子内衣"里泽亵袍"。笔者认为，中国男子初态内衣的形制应为"袍"与"泽"样式，《诗经》中"同袍同泽"的典故就能生动地反映这一点。中国服装史学界对于"泽"为男性内衣几乎已经达成一致，鲜有任何疑问。"泽"的形制《广雅·释器》中明确指出："襗（泽），长襦也。"又如宋代朱熹（1130～1200年）《新刊四书五经·诗经集传》："泽，里衣也，以其亲肤近于垢泽，故谓之泽。"[21]而长襦的衣摆长至大腿的上部到膝间，因此，这种长襦下摆处至少能够包裹到裆、臀部的位置。秦重装射手俑如图2-3所示，这一类型的秦俑身穿齐膝长襦，外披铠甲，下穿短裤，腿扎行縢，足穿浅靴[22]。尽管秦代长襦已开始外衣化，但其内衣形制大概如此。

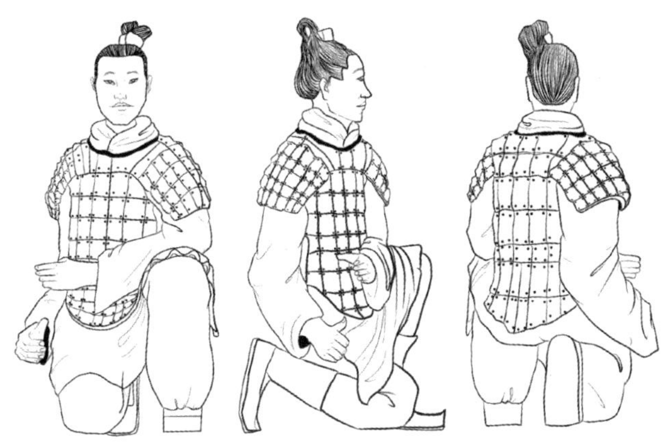

图2-3　秦重装射手俑❶

❶ 图片来源：李京平绘制。

同样，根据古文献的记载，袍最初表达的是“苞也，内衣也”，袍即长袍，包住全身[23]。袍在先秦时期主要是作为内衣穿着，男女皆服，所以穿着时必须加罩外衣[24]。除此之外，袍亦可作为贵族的燕居之常服，据《汉书·舆服志》：“袍者，或曰周公抱成王晏居，故施袍。”[25]作为内衣的袍服形制如江陵马山一号楚墓出土素纱棉袍N-1，其形制如图2-4所示，整体为上衣与下裳两大部件缝合而成，腰缝线以上用八幅织物对称斜拼，腰缝线以下八幅竖拼，幅均正裁。正是因衣面用本色素料，不饰文采，反证它必是贴身穿着的内衣[26]。然而，当代有些学者根据《说文·衣部》中对“衷”字的解释，“衷，裹亵衣，春秋传曰，皆衷其衵服”，而推测亵衣内面的衷衣才是内衣，有如今之汗衫、秋衫之类的紧身内衣[27]。事实上，笔者更倾向于“袍”与“泽”均为先秦时期男子内衣范畴的解释，主要有以下几点理由：第一，《诗经》中“同袍同泽”所表达的是深厚的战友情谊，能隐喻“袍泽”的内衣属性，“袍”为亵衣，类似现代的秋衣，“泽”是裹亵衣，类似现代的汗衫。毫无疑问，能互借外衣的关系并不稀奇，而能互穿内衣的关系必定为生死之交，袍泽兄弟。第二，根据大量古文献的相关记载，衵服最早是指代女性的贴身衣物，直到汉代才出现男着衵服的记载，并且先秦时期男女里层内衣并不是相同的形制，否则《左传》所载陈灵公、孔宁、仪行父着夏姬衵服的行为并不会被作为荒唐、无耻之事而被记录下来。第三，“泽”作为裹亵衣，其形制虽如长襦，但由于先秦时期并没有袴子之内的下身衣物，因此，还需要使用“袍”这种长亵衣的层叠方式防止不雅的走光现象。

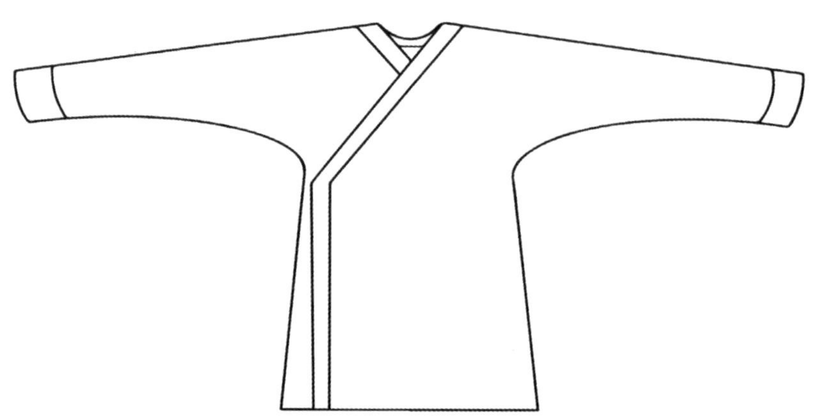

图2-4 江陵马山一号楚墓出土素纱棉袍N-1形制图❶

❶ 图片来源：李京平绘制。

其次，中国女子内衣形式上“里衵亵袍”。从初态内衣的形制上看，女子内衣“衵服”的形制类似汉代的“抱腹”。一方面，从中国女性贴身衣物衵、膺（先秦）、抱腹（汉代）、诃子（唐代）、抹胸（南唐）、主腰（明代）、肚兜（清代）等名称来看，最早有关女性内衣的记载出自《左传》，并首次出现“衵服”的称谓[18]。又据刘熙《释名·释衣服》解释，衵服先秦称“膺”，汉谓之“抱腹”，抱腹的形制为上下有带，抱裹其腹，上无裆者也。笔者根据这些相关的古籍记载，倾向于衵服如图2–5所示；另一方面，中国民间亦有用布缠胸，再以带子系至背后的传统女性内衣形制，与《说文·衣部》中亵衣亵袢也相吻合。因此，笔者倾向于衵服的形制与抱腹相类似的观点。

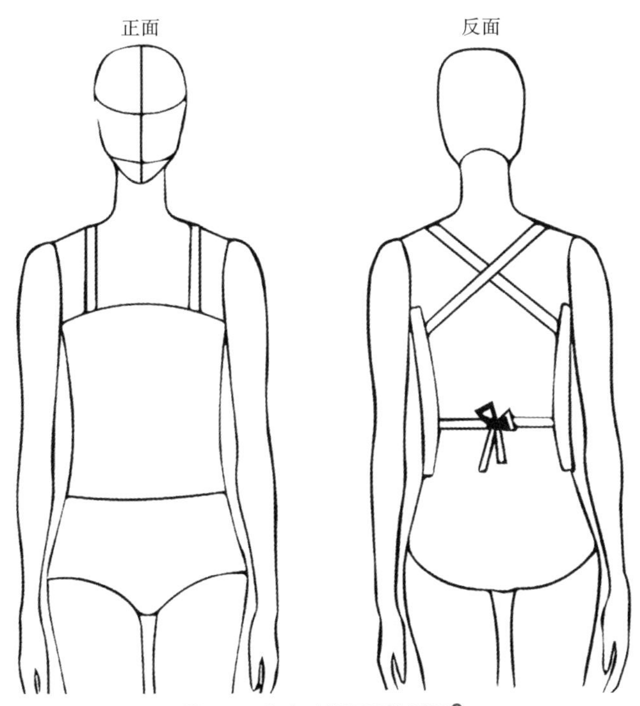

图2–5　先秦时期衵服推测图❶

纵观历史古籍中记载的三十余种亵衣，大致可分为以下六大类：覆前胸式、覆腰腹式、覆胸背式、覆全身式、覆上身式及覆下身式[7]。由表2–1分析可知，一开始男女都穿着相同的内衣，然而，到唐代以后内衣分化出女性专属的内衣，男性则主要穿着轻薄吸汗的袍衫来当内衣。覆下身式内衣即内裤主要是男性穿着，女性到汉代才穿上开裆裤，明代穿上了短裙裤。

❶ 图片来源：李京平绘制。

表2-1　中国古代亵衣分类表[1]

类别	名称	起始时期	图示	特点
覆前胸式	心衣	先秦	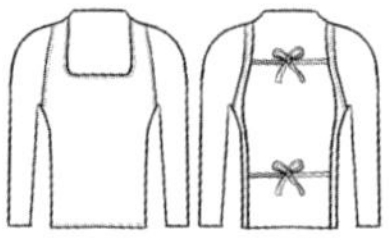	只遮盖前胸腰处，背部系带
	抹胸	南北朝	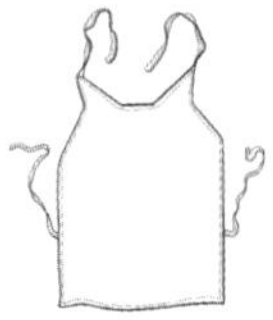	
覆腰腹式	主腰	元明清	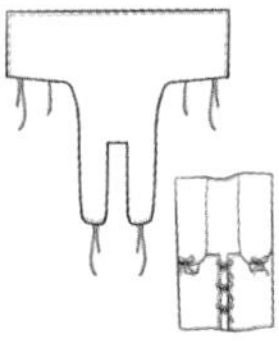	保护重点在于腹、肚及腰
	抱腹	汉代	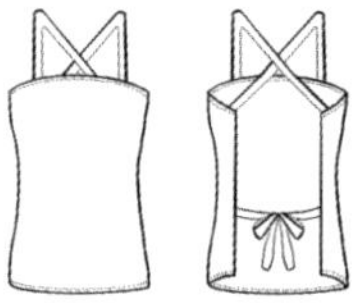	
	肚兜	清代	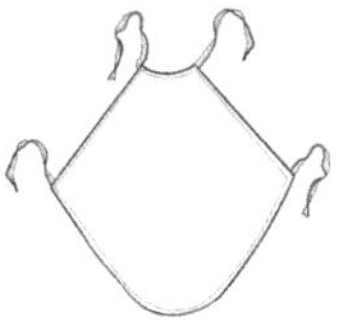	
覆胸背式	裲裆	汉代	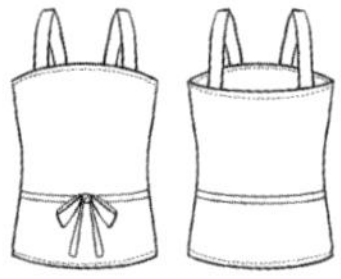	有前后两片，护体的重点是前胸和后背
	柯子	唐代	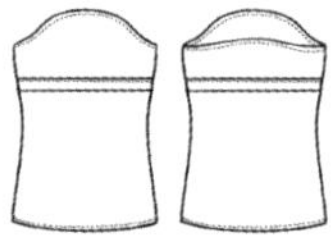	
	小马甲	民国	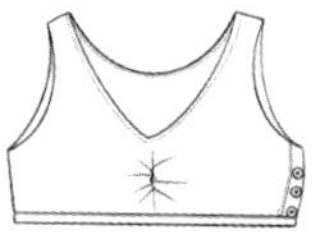	

[1] 图片来源：李龙绘制。

续表

类别	名称	起始时期	图示	特点
覆全身式	衫儿	元代	—	长袍衫，遮盖全身
覆上身式	汗衣	汉代	—	短袖，对襟，长及腰际
覆下身式	小衣	明代	明代小说中有记载，无实物	形制如现代平角内裤
	犊鼻裈	先秦	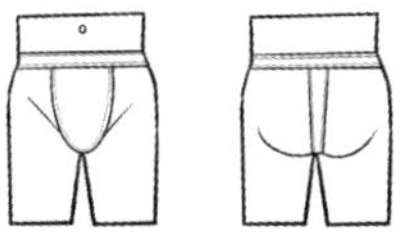	遮盖保护男性下体

综上所述，先秦时期男子裹亵衣在称谓上为“泽”，其形制为长襦，亵衣为“袍”；然而，女子裹亵衣为袓服，其形制类似汉代的“抱腹”。亵衣则同男子一样使用“袍”，这一情况，我们可以从春秋战国时期楚国墓葬中出土的女子袍服以及帛画中的女子着装可以窥见。

通过对中国内衣起源蔽膝说的质疑，我们明晰了服装的起源与内衣的起源有着本质的差别，蔽膝并不是初态内衣，而是原始服装形制的初始样式。服装的出现价值在于携带工具与包裹的生存需要，它是人类进化进程中最伟大的发明之一，服装的出现不仅提高了原始人类的生产效率，进而拓展了其生存空间，同时也是原始人类文化向文明跃迁的重要基础。而内衣的产生则完全反诸人自身，除了护体保暖的实际功能外，它更多地体现了礼仪观念施加于自身的要求。内衣的出现至少要建立在纺织面料的产生与礼仪观点的完善两大基础上，纺织面料的出现是其产生的物质基础，而礼仪观点的建构与完善则是其产生的精神动力。中国古代内衣从里向外被分别通称为裹亵衣与亵衣，依据性别的不同，在男女亵衣均为袍服的外表下，男女裹亵衣最初被分别称为“泽”与“袓服”。中国古代男子裹亵衣“泽”在本质上就是长襦，而女子裹亵衣“袓服”形制类似于汉代的抱腹。

11.缟纻之交、布衣之交

“缟纻之交”与“布衣之交”分别体现了中国古代两个不同层次内部的阶级友情，毫无疑问，“缟纻之交”反映的是统治阶级之间的友谊，采用了价格昂贵的丝织物“缟”与顶级麻织物“纻”来体现。而“布衣之交”则反映的是平民之间的友谊，采用平民穿用的葛麻织物“布”来喻意。

（1）缟纻之交

成语“缟纻之交”出自春秋战国时期左丘明（约前502～前422年）《左传·襄公二十九年》：“（吴国公子札）聘于郑，见子产，如旧相识，与之缟带，子产献纻衣焉。”[28]后世以“缟纻之交”比喻深厚的友谊，亦指朋友间的互相馈赠，礼尚往来。那么“缟带”“纻衣”分别指代何物？据晋代杜预（222～285年）注：“吴地贵缟，郑地贵纻，故各献己所贵，示损己而不为彼货利。”由此可知，“缟带”“纻衣”分别是吴国与郑国的贵重之物。事实上，“缟带”是指用白色的高级丝织物制成的大带；而“纻衣”则指用苎麻纤维织成的面料制作的衣服。

①“缟”的属性分析

纺织史学界普遍认为，“缟”是未经染色的生绢，组织细密、质地轻薄，多用作夏衣巾帽[29]。事实上，笔者并不赞同这一观点，原因有如下两方面：一方面，“绢”是中国丝织物产品中的大宗之一。它曾经在中国古代扮演过一般等价物，参与到商品交换的过程，起到过货币的作用，正如成语“苛捐杂税”中“捐”字所反映的事实，“捐”在古代通“绢”，本质是丝织物，由于交纳税收时以“绢”为结算计量手段，最后演变成“捐”。因此，“捐”字的演变过程说明“绢”并不是高级的丝织物，它属于比较普通的一种丝织物。因此，吴国公子札不太可能将一种非常普通的丝织品作为贵重的礼物送给子产（？～前522年）；另一方面，“缟”是未经漂煮的高级丝织物的观点有一条完美的解释链。首先，清代任大椿（1738～1789年）《释缯》中所载：“熟帛曰练，生帛曰缟。”其中“生帛”就是未经漂煮的丝织物；其次，《小尔雅·广服》中明确指出“缯之精者曰缟。”说明“缟”是一种高级产品；最后，缯则是古代对丝织物的总称。由此，我们可以得出结论，“缟”是未经漂煮的高级丝织物。

本质上，中国是世界上最早利用蚕丝作衣着原料的国家。神话传说中就有黄帝的元妃嫘祖教民养蚕的事迹，到战国时期，植桑、养蚕、缫丝、织绸事业得到快速发展，吴楚两国曾经为了争夺边境的桑树发生过一场屠城的战争，可见这一时期植桑、养蚕已经上升到国民经济的重要地位。事实上，在战国时期华夏族就已经拥有全套的丝绸织造技术，据《诗经》《左传》《仪礼》等古籍记载，这时不仅已有“蚕室”进行室内养蚕，而且有蚕架、蚕箔等专门的养蚕工具，可见丝织业的规模已经很大。丝织品是封建统治阶级的主要衣着原料与贸易物资，从战国时期起，各国的统治阶级都劝课农桑，并颁布了一系列保护蚕桑的法令[30]。因此，在战国时期丝织物的品种已经相当完备，绫、绮、罗、锦、缎、绡等早已产生。

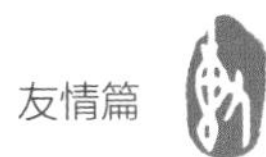

②“缟带”的织具分析

关于“缟带”的织具如图2-6所示，它虽然是近代上海地区的织带工具，但由于其简单性以及传统技艺的延续性，战国时期的织带工具应该与它相差不大。至于织具的操作步骤如图2-7所示，正在织造的绦带是平纹绦带，因为它的提综片只有一片，通过提综片中小竹棍上的小孔和两个小竹棍的间隙将奇偶经线分成二层。经线采用多种颜色，而纬线只有白色一种颜色，很明显属于经线显花的织物。这种织机操作非常简单，先提起综片形成一个开口，用刀杼投梭打纬，然后放下综片，由于小竹棍上的小孔与小竹棍间隙使两层纱线本身就具有一定的高度差，自然就完成了换层，出现开口，织者再用刀杼投梭打纬，完成一个织造循环。以后反复这样的操作，直至完成绦带的织造过程。

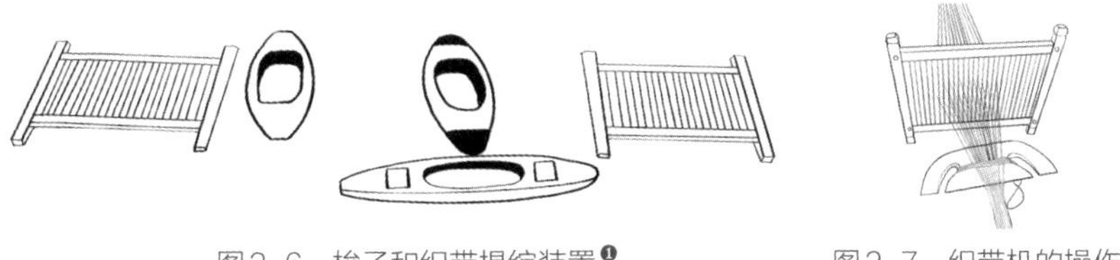

图2-6　梭子和织带提综装置❶　　图2-7　织带机的操作❷

织造绦带的工艺技术和提花织造工艺技术并无两样，它们的不同之处只是织幅宽窄的不同，织物厚薄的不同。因此，可以采用多综多蹑织机来织造绦带。笔者认为，虽然可以采用多综多蹑织机来织造棉绦带，官营和私营织造作坊可能也会用它来织绦带。至于民间，由于图2-7所示的织机的简单性和易操作性，并且现在民间还存在着这种简单织机，说明了古代民间用织造的绦带应该是采用这种简单工具。

③“纻衣”的属性分析

纻衣就是用苎麻纤维布所制作的衣服，苎麻是难得的制衣材料。陕西西安半坡仰韶文化遗址出土的7000年前陶器底部，有100余件带有麻布或编织物的印痕，发现有平纹、斜纹、1绞1纱罗式绞扭织法与绕环混合编织法等[31]，充分说明了早在新石器时代晚期麻织技术就已臻成熟。到了战国时期，麻布有粗细之别，麻纤维以粗者称苎，一般多用作丧冠、丧服，而细者则被称为葛、练，由于清凉透气，多用作夏服[29]，其相关记载可见《礼记》《仪礼》《诗经》等。秦汉时期苎

❶ 图片来源：李龙绘制。

❷ 图片来源：李龙绘制。

麻主要分布在长江流域和黄河流域。当时在豫州（现今河南）出产精细的苎麻布，同时，湖南四川等地种植的苎麻历史也十分悠久，从马王堆一号汉墓发现的一批织物中证实了汉代苎麻纤维织物的织造水平较高。东汉时期苎麻的种植和织造又向湖南、广西一些偏僻山区传播，对此后汉书中也有记载[32]。那么纻衣到底用的是什么样的布呢？如图2-8所示为夏布，即纻衣面料，纻衣所用的面料相较丝绸面料要稀疏，粗麻布自然是下层百姓用于御寒遮身[33]，而细麻布则由于麻纤维具有较好的透气透水性而适合用作统治阶级夏服的面料，当然，还需要进行"捣练"才能使其更加白净。宋徽宗赵佶摹张萱（生卒年不详）捣练图（图2-9）生动形象地展示了"捣练"这一工序。同时，质地稀疏的麻织物不仅作为生产辅料使用，还可用作贵族阶层的特定殓服[34]。

图2-8　夏布❶

图2-9　宋徽宗赵佶摹张萱《捣练图》

夏布用布幅经纱的升数来区分其等级，80根经纱为1缕，80缕为1升，精细度超过15升的称为缌布，30升的夏布相当于现今的高级绸缎，只供天子达官显贵使用。夏布在统治阶级上层中的应用较为常见的是内衣（图2-10）、乌纱帽、朝服。15升以下是老百姓们使用的夏布，7～8升是奴隶下人所穿着的衣服[35]。因此，成语"缟纻之交"中的"纻"必定是超过30升的夏布，一方面，作为吴国公子出使郑国，所携带的礼物"缟带"必然是国礼，其品质必定是最好的，不可能是平民所用之物，否则让人感觉不被尊重；另一方面，作为著名的大儒子产，必然会遵循"礼尚往来"的原则，所回赠的纻衣面料应为品质与等级最高者无疑。

❶ 图片来源：佚名.一块布，让中国人的夏天凉爽了上千年[EB/OL].搜狐网.

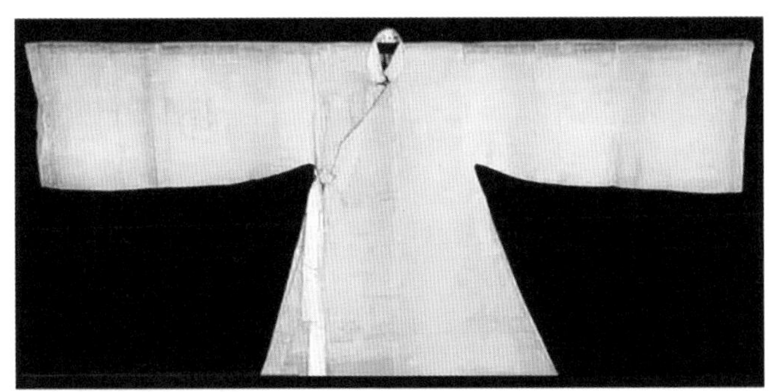

图2-10 孔府夏布中衣[1]

通过对成语“缟纻之交”中“缟带”“纻衣”的分析可知，它们都是非常昂贵的物品，并非一般平民所使用之物。一方面，“缟”是未经漂煮的高级丝织物，“缟带”则是用它制作的大带，有象征身份的意味。而织造“缟带”的织具非常简单，主要由梭子和织带提综装置组成；另一方面，“纻衣”的原料是麻纤维织成的布，虽然它在宋代之前是中国平民所使用的主要衣料，然而，成语“缟纻之交”中的“纻”应是最高品质的麻织物，其品质应该在15升，甚至30升以上。

（2）布衣之交

成语“布衣之交”源自汉代刘向《战国策·齐策三》：“卫君与文布衣交，请具车马皮币，愿君以此从卫君游。”[36]“布衣”是古代平民所穿之衣物，后来引申为平民百姓的代称，所谓“布衣之交”应为患难之交，是在无权无势的时候结交的朋友，因利益上的纠葛少，才是真正意义上的朋友。那么，“布衣”是什么样的质料与款式？

①“布衣”的材质与称谓

“布衣”的面料应为葛麻织物，据《说文解字·巾部》所言：“布，枲织也。”[37]由此可知，“枲织”为布衣的面料，而“枲”就是古代植物纤维的统称。事实上，中国古人对植物纤维应用要远远早于丝纤维。由于葛麻纤维获取相对于丝毛较为容易，因此，葛麻面料也就成为平民百姓最为常见的面料。同时，由于葛麻面料的衣物质地明显劣于丝毛衣物，“布衣”也特指较为粗劣的衣物。正如《盐铁论·散不足》中指出古代平民70岁以后才有资格穿丝织物，其他年龄段只能穿麻织物，因此被称为“布衣”[38]。由此可知，平民百姓日常所穿的服装面料为麻，只有到了老年之后才有资格穿着丝绸织物。表2-2所示为历史上平民衣物的称谓与含义，从中可见平民衣物称谓的历史变迁。

[1] 图片来源：佚名.一块布，让中国人的夏天凉爽了上千年[EB/OL].搜狐网.

表2-2 历史上平民衣物的称谓与含义[1]

称谓	朝代	材质/色彩	古籍中“布衣”	含义
布衣	南宋以前	南宋以前中原地区平民所用的主要面料为葛麻织物，其染色基本为栗壳色，所以被称为“褐”。南宋以后，棉织物逐渐成为中国平民的主衣料	《廉颇蔺相如列传》：“（相如）乃使从者衣褐，怀其璧，从径道亡，归璧于赵。”	“从者衣褐”为平民的意思
白衣	隋唐	隋唐时期，黄袍成为皇帝专用服色，百官也不敢穿黄了，平民除了下层人物仍穿褐以外，一般穿白	刘禹锡《陋室铭》：“谈笑有鸿儒，往来无白丁”	白丁，也就是白衣人，即普通平民
			明末顾炎武《目知录》卷二十四“白衣者，庶人之服”	白衣也就成了平民的代称
	南宋	南宋白色被认为不吉，仕族子弟不穿白衣。衣料开始由葛麻向棉转变	南宋周辉《清波杂志》卷二：“前此仕族子弟未受官者皆衣白，今非跨马及吊慰（吊亲友之丧）不敢用”	平民不仅衣色不用白色，衣料质地也不限于葛麻织物，但白衣、布衣仍是平民的代称，至明清还是如此
乌衣	唐	乌衣在颜色上类似于褐色，质料上不同于褐	刘禹锡《乌衣巷》：“朱雀桥边野草花，乌衣巷口夕阳斜。旧时王谢堂前燕，飞入寻常百姓家。”	诗中“乌衣巷”，指代平民区
	清		余宾硕《金陵览古》：“乌衣巷，晋南渡王谢，同居此巷，其子弟多乌衣，故名”	

②“布衣”的形制

众所周知，中国古代的服装存在着双轨制，即统治阶级与被统治阶级的服饰有着一定的制度。两者之间的服饰不能僭越，甚至阶级内部不同阶层之间也有着明确的规定。总体而言，服饰制度有以下特点：上层可以向下兼容，而下层不能僭越，即高阶人士能够穿着比自己阶层低的服饰，而下层不能向上穿着。如中国古代的官员，在燕居之时常穿“布衣”之服，一方面，“布衣”之服较为轻便，穿着时可摆脱官服的束缚，一身轻松；另一方面，可以怀念做官之前的轻松日子。“布衣”的形制一般为上身为窄袖短衣，下身为裤褶，便于劳作；最后，对于特殊的“布衣”读书人，他们一般会穿着儒服，其具体形制可参见成语“返我初衣”中的描述。

[1] 资料来源：史一丁. 布衣·乌衣·白衣·释褐[J]. 语文学刊，1989（2）：44.

③“布衣”的内涵

“布衣”的内涵有其发展的历程，自先秦至唐代，“布衣”逐渐成为一个阶级指代的名词，即平民百姓。平民百姓中既有农夫、工匠，而且包括未入仕的读书人。特别是他们中的读书人，以安邦定国、济世救民于己任。然而，现实的不如意使原本的抱负成为泡影，逐渐蔑视权贵，循道践义、安贫守节，形成了中国古代社会特有的一种文化现象——布衣精神[39]。很多人将“布衣”与“隐士”相联系，事实上，布衣与隐士之间既有联系又有区别。一方面，他们都有“入仕”之图，只不过对于入仕的渴望强度有所不同，相对于“布衣”入仕的渴望要明显高于“隐士”，“隐士”中的一些“大隐者”，诸如庄子、荣启期等看淡官场，循世修身，而“布衣”普遍怀有渡世之心，心怀大抱负；另一方面，整体来看“布衣”是没有做官的读书人，他们对应的是朝堂官员，类似于乡野人士；而隐士则是避世之人，对应的是世俗之人，两者的心境与思想角度有着本质差异。

通过对成语“布衣之交”的称谓、含义以及内涵的解析，我们不难发现，布衣的物质内涵为粗布麻衣，它是具体形象的表征；布衣的政治内涵为平民百姓，它是阶层的体现；布衣的精神内涵为平民知识分子或平民侠义之士，它是布衣精神的具体体现。

综上所述，成语“缟纻之交”与“布衣之交”的相同之处在于两者都是对情谊的比喻和称赞，将服装作为物化表征，最终成为中华民族的“精神之衣”。不同之处在于两者所指代的服装面料不同，喻指的对象身份也有明显差异，从织物中可以发现，“缟”“纻”为高级的丝织物与麻纤维，织造出的面料非常贵重，“缟纻之交”也就反映了统治阶层之间的情谊，而“布衣之交”中的“布衣”面料则为普通的葛麻织物，因此，“布衣之交”表现的是平民之间的友情。

12. 弹冠相庆、乘车戴笠

成语“弹冠相庆”和“乘车戴笠”是上位者对下位者的帮助和尊重行为，“弹冠相庆”体现了上位者通过“有福同享”的方式，使得下位者“雨露均沾”，能够感受到上位者对下位者的帮助，“乘车戴笠”表现的是尽管自己身处高位，对待朋友仍是“彬彬有礼”“以礼相待”，也即是上位者对下位者的敬重之情。总之，两者都为朋友之间的友情。

（1）弹冠相庆

弹冠相庆，出自东汉班固《汉书·王吉传》："吉与贡禹为友，世称'王阳在位，贡公弹冠'，言其取舍也。"而"弹冠"指的是掸去帽子上的尘土，准备做官，后来用"弹冠相庆"指一人当了官或升了官，他的同伙也互相庆贺将有官可做。

冠：相传早在夏代，中国就已出现礼冠制度，在《礼·王制》中有记载："虞氏皇而祭，深衣而养老；夏后氏收而祭，燕衣而养老；殷人冔而祭，缟衣而养老。周人冕而祭，玄衣而养老。"[40]中国素有"礼仪之邦"的美誉，冠作为"礼之初始"，与礼教、道德、思想、习俗等多方面密切相关，是华夏民族与中国古代礼仪服饰中的标识。《酒颠》中记载："齐桓公饮酒，醉遗其冠，耻之。"[41]这与孔子提出的"克己复礼"思想相契合，深刻贯穿于传统礼教思想之中。"衣冠楚楚"中的"冠"是古人修养的代表，同"弹冠相庆"中的"冠"义，弹去冠上的灰尘，保持冠的整洁与干净，以示穿戴整齐、举止文雅。冠作为中国古代男子重要的头衣，最初是模仿鸟兽的头部造型进行设计，冠由冠圈和冠梁组成，用笄固定，多为士大夫、王公贵族所佩戴，其种类繁多，并非以保暖或防护为目的。尽管在不同的历史时期，所戴冠者的身份象征有所差异，但在古代长期的封建统治中，冠这种穿戴始终服务于上层统治，并将儒家审美观念贯穿其中，成为中国古代服饰审美的惯例标准和导向，其实质属迎合统治者的一种礼教文化，在一定程度上具有束缚作用，对于传承中华传统服饰文化具有重要的研究价值。在《说文·冖部》中记载："冠，絭也，所以絭发。弁、冕之总名也。从冖，从元。元亦声冠，有法制。"[42]由此可见，"冠"字中的"元"为首部，是人体最主要的部分，其上"冖"部作覆盖形（最原始的帽子）覆盖于头上，其"寸"为法制，表约束德行，为人处世要有分寸。古人多留长发，冠可作为束发用，多具实用性，但早期的冠，只是加在发髻上的一个罩子，形制甚小，不能覆盖住整个头顶，秦代以后，随着冠梁的加宽，逐渐大于整个头顶。汉代的冠样式较多，供不同身份的人使用。晋代以后，以冠梁的数量来区分等级，冠的形制和种类也变得更为复杂化了，其具体指向的变化趋势为"首服的总称—首服中的一类—作为冠的顶部"。

中国历史悠久，由于不同历史时期的社会背景有差异，冠的形制、功能也发生着变化，在冠的种类上亦有交叉使用方式。冠是尊贵的象征，为"当官"或"升官"所戴，所戴之人的身份和场合亦有所区分。依据各朝代冠的典型样式进行分类列举，见表2-3。

表2-3 冠的分类特征[1]

朝代	名称	形制	特征	名称	形制	特征
汉代	长冠		汉高祖刘邦曾戴之，后为公乘以上官员的祭服，高七寸、广三寸，竹皮所制，下方系缨加以固定	巧士冠		皇帝祭天时随从的官员、宦官所戴的一种礼帽，高七寸，冠前后相通，其冠似“高山冠”而较小
	委貌冠		公卿、诸侯、大夫所戴，多用于常朝，长七寸，高四寸，上小下大，前低后高，以皂绢或鹿皮制成，形状同“弁”	高山冠		为中外官、仆射、谒者、使者皆服，除去卷筩，加介帻，帻上加物以象山，形似“巧士冠”
	法冠		执法者、侍御史、廷尉正监所戴，法冠皆六寸，舆六尺，模拟獬豸的形象制成，亦称为“獬豸冠”，以示明辨	却非冠		宫殿门吏、仆射所戴之冠，造型与长冠相似，上宽下窄，冠下垂缨
	却敌冠		卫士所戴之冠，前高四寸，后高三寸，下有垂缨，上宽下狭，成倒梯形状	樊哙冠		殿门司马卫士所戴之冠，广九寸，高七寸，前后突出各四寸，其式似无旒的“冕冠”状
魏晋南北朝	远游冠		为太子、王公所戴，有展筩横于前，无山述，在梁与展筩之间，高起如山形制	高山冠		中外官、谒者、仆射所戴，在其中加介帻后为使者官员所用，其制较汉代“高山冠”样式更低，加三峰，梁数依其品而定

[1] 图片来源：李龙、陆嘉馨绘制。

续表

朝代	名称	形制	特征	名称	形制	特征
隋唐	进德冠		皇太子及贵臣所戴之冠，制如皮弁，上缀玉璂、金梁、花趺等装饰，冠的上部为贯笄所用，下部为固冠和系缨	武弁		帝王、百官、侍臣皆服，以冠上饰物来区分身份等级，形如簸箕，使用时要加著在巾帻于上。由笼冠发展而来，用漆纱制成
	鹖冠		武官之冠，冠体高大，冠顶用鹖鸟作展翅俯冲状，两旁挂有耳帔，整体造型饱满、形象生动	进贤冠		文吏、儒士所戴的一种礼冠，以铁丝、细纱为之，冠上缀梁，以别等差，常见者有一梁、二梁及三梁数种
宋代	貂蝉冠		高级官员的礼冠，金属骨架，外罩漆纱，上有金色蝉纹和貂尾作装饰，两侧缀有白玉蝉，顶部呈方形	进贤冠		百官上朝时所戴之冠，其样式与唐代相比有变化，帽顶前造型饱满，上附梁，前有花饰，后衬横向山墙，依据梁的数目区分官阶大小
明代	忠靖冠		文武百官所戴，其样式略圆，以金线压三梁，四品以下官员，以浅色线代替金线缝制	皮弁冠		诸侯与卿大夫所戴，用皮制成，并加五彩玉璂、象邸、玉笄，尽显贵族之气
	通天冠		大臣所戴，冠加金博山、附蝉饰、施珠翠，再加以黑介帻，用玉簪导固定	缁冠		士人的礼冠，外涂黑漆，以硬纸为之，广三寸，袤四寸，饰有五梁，冠的两侧开有小孔，以承冠笄，笄为白色的齿骨

从上古时期到秦汉时期，冠的制度才得以确立。最初，首服的形制与色彩都与自然环境密切相关，是人类对自然崇拜、图腾崇拜的具体表现，此时的首服仅仅具有实用功能，是冠制形成的最初状态，并非真正意义上的“冠”。人类对缝纫技术与

纺织技术的熟练掌握，以及首服中的骨笄等固发工具的运用，才可看作是冠服制度的萌芽，至夏、商、周时期有了新的进展，由于等级制度和阶级观念的形成，出现了具有政治效应的冠制，冠的形制与色彩也发生了较大改变。随着社会生产的进一步发展，出现了可盖住头部、盖住发髻的冠，冠的标识作用也逐渐形成，这时的冕服制度也有着严格规定，穿冕服时需佩戴指定的冠帽，冠与冕的形制相似，且与冕服连用，将此冠称为“冕冠”（图2–11）。《后汉书·舆服志下》：“冕冠，垂旒，前后邃延，玉藻。”[43]帝王、诸侯及卿大夫所戴的礼冠，其形制同夏代的“收”、商代的“冔”。《礼·王制》：“夏后氏收而祭，燕衣而养老”[44]，这种礼冠至东汉明帝（28～75年，57～75年在位）时，特诏有司和儒家学者重新制定冕冠制度，并历代相袭，只是形制上略有变化。如魏晋时期将冕板加于通天冠上方，称为“平冕”；唐代至明代，又恢复古制，将通天冠去除，冕板之下承以“冠卷”，冕板依然为“天圆地方”，在冕板的前后两端可垂多色玉珠，上方可覆盖黑色的罗绢作为装饰，两侧悬挂有玉瑱，冠身镶有金边；明朝灭亡后，冕冠被冬、夏朝冠所代替。至于有旒之冕冠，最早出现于汉代画像石上，那么无旒之冕冠最早形成于何时？在《独断》中有这样的记载：“冕冠，周曰爵弁。”在原田淑人❶（1885～1974年）的《中国服装史研究》中又指出“冕冠是从爵弁发展而来”“爵弁是冕冠的祖型”[45]，冕的上部为“冃”“冂”，显然有悬垂旒饰。由此说明，冕冠与爵弁并非同类，爵弁在周代可为无旒或有旒之冠，而冕冠则只是有旒之冠，由爵弁发展而来。

图2–11　冕冠❷

汉代是中国冠服形成与发展的重要时期，最初的冠服制度并未规范，随着政权的稳固，逐步构建起冠服的标识意识，冠服也从实用功能向装饰、礼教功能发生了转变，并对冕服等冠服制度做出了明确的规定，从着冕冠参加祭祀活动开始，儒家学说就已贯穿其中，并不断深入与传承。汉代的冠种类较多，统治者会根据冠的不同等级和用途分给不同身份等级的官员。因此，冠就成为当官者或升官者

❶ 原田淑人，日本考古学家。毕业于东京帝国大学史学科。担任过东京大学教授，日本学士院会员和日本考古学会会长，东京帝国博物馆鉴定官、历史课课长，文化财专门审议会第三分科会史迹部会会长等。在考古学上的成就，主要是通过各种遗迹和遗物研究东亚古代文化，取得了丰富的研究成果。主要著作有《东亚古文化研究》《东亚古文化论考》《汉六朝的服饰》《从西域发现的绘画来看服饰的研究》《考古图谱》等。

❷ 图片来源：王影.古代皇帝的帽子什么样[EB/OL].过期杂志阅读平台——参考网.

的重要身份标志。

魏晋南北朝时期出现了少数民族文化与汉族文化相互渗透、相互交融的局面，魏晋时期基本沿袭了秦汉的冕冠制度，但由于玄学的盛行，服饰上追求飘逸和舒适之感，冠这种帽饰就显得过于拘谨，转而注重冠的实用功能。魏晋时期所戴的冠通常在士人阶层中盛行，造型趋于简化，种类也相应减少。

隋唐时期，政权稳固、国力强盛，制定了严格的舆服制度，规定官员与百姓的冠帽要有所区分，隋唐时期的冠帽在融合外来文化的同时，形成了较大流变。人们开始使用笄导来固定冠，使其穿戴时更为牢固，并加入珠子和梁数来衡量官员的品级高低。

宋代的冠服已趋于成熟和稳定，由于受到宋代理念思想的支配，除了帝王的冕冠较为华贵，其他文武百官的冠帽都呈现出拘谨的形制外观。戴冠的场合可分为祭祀和朝会两种，其冠体也较为饱满，且附梁于其上，称其为“梁冠”，可将其分为一至七梁冠，一梁至两梁冠为文官所戴；三梁冠可上至皇子、诸王、下至两省五品均可戴之；四梁为四品官吏戴之；五梁冠为一至二品官吏所戴；六梁冠位列三等；七梁冠列为一等和二等，一等为亲王、使相、三师、三公等所戴，二等为枢密使、太子太保等所戴；八梁冠多用于公爵朝服。

明代是历史上相当活跃的时期，重新恢复了汉族服饰制度，发展纺织业。因此，明政府允许开办个人手工作坊，纺织、织绣技术达到了新的高度。明世宗（1521～1567年在位）首创“忠靖冠”，在冠中加入了金线，以金线的颜色和多少来区分等级，为官员的日常冠帽，其目的是让文武百官时刻效忠朝廷，在冠服制度上有着更为严格的规定。

综上所述，中国古代的冠帽受到了礼教制度的约束最为深刻，有以表宽厚之德，追求慎独的人生境界，戴冠的作用在于时刻提醒自己要成为有德行的人，从根本上反映了社会阶层权力的分化，尽管各时期的社会风俗、意识形态都有所不同，但礼制从未改变。束发戴冠从周代开始，成为亘古不变的习俗，直到旧阶层社会被推翻，才有了自由选择权，也就意味着开启民主觉醒和民主平等的时代。因此，“弹冠相庆”一方面指弹去冠上的尘土，当自己发达时仍不忘帮助朋友，另一方面，反映出在特定的历史时期，在等级森严的政治制度下，构建出的贵贱有别、尊卑有序的服饰制度，以服饰来突出自己的身份，呈现出一种保守、拘谨、刻板的服饰文化氛围。而冠帽的流变是一种必然发展趋势，是中华服饰演变中不可或缺的重要组成部分，是符合中国古代社会发展规律的。

（2）乘车戴笠

“乘车戴笠”一词指的是朋友不论贫富差距有多大，但是友情依旧深厚。该成语出自《风土记》，描述了古代越人在交朋友时承诺无论贫穷还是富贵都会牢记他们的友谊，在乘车时遇见戴斗笠行走的朋友会下车行礼，在骑马时遇见披蓑衣的朋友会下马行礼[46]。斗笠和蓑衣是我国古代最常见且历史最悠久的雨具，见证了我国农耕文明的发展。

① 斗笠与蓑衣溯源

斗笠是以竹子或棕丝编织而成的帽子，具有遮阳和防雨的功能。蓑衣是用草或棕皮编织而成的披风，可以很好地起到防雨、保暖作用，一般与斗笠、草鞋配套使用。由《诗经》中可知斗笠和蓑衣早在先秦时就已出现，尔后因为斗笠和蓑衣的制作方便、材料成本低、实用性高，所以从先秦到现在一直为劳动人民所喜爱。

斗笠与蓑衣编织类服饰，这种编织服装可追溯至黄帝时期，利用麻葛等植物纤维可织出的网罗式衣服，在《白虎通·号》中记载了母系社会时期原始人利用动物皮毛和植物纤维（如麻、葛、茅草等）来制作服装，这些都证明了植物纤维制造衣物的技术在远古时期就已被广泛运用[47]。从甲骨文中蓑字的演变也可以看出“蓑”从一开始的稻草形状，到后来演变为戴斗笠穿蓑衣的人物形象，而蓑衣又形似两个人紧挨在一起，也就生动描绘了一人在乘车或骑马时遇见戴斗笠的朋友，会主动下车或下马加入朋友的斗笠之中。在篆体“蓑”字中戴斗笠穿蓑衣的形象更为明显，如图2-12所示。从蓑字的演变中也可以看出斗笠与蓑衣在远古时期就成套使用，从金文的笠字（图2-13）中我们可以看出“笠”的形制不同于“蓑”，“笠”字形象描绘出一个站立的人头上戴有用类似于草或竹制成的帽子，笔者认为这里应为竹质，因竹质相较于草质更有韧度，可起到支撑和固型的作用，所以，早期的“笠”就是用竹编织而成。

图2-12 “蓑”字演变❶　　图2-13 金文“笠”字❷

② 斗笠与蓑衣的功能体现

斗笠和蓑衣最基础的功能就是防雨、遮阳、御寒。百姓在农耕时常常会受天气状况的影响，为了提高劳动效率，就需借助斗笠和蓑衣来保护身体（图2-14）。斗

❶ 图片来源：李京平绘制，前三个字为甲骨文，最后一个字为篆体。

❷ 图片来源：李京平绘制。

图2-14　百姓穿着斗笠和蓑衣在田中劳作❶

笠和蓑衣的材质具有较好的防水性，斗笠以竹篾、箭竹叶为材质编织而成，有尖顶和圆顶两种形制，可以竹青细篾加藤片扎顶绲边，竹叶夹一层油纸或荷叶，笠面再涂上桐油，有些地方的斗笠，由上下两层竹编菱形的网眼制成，中间夹以竹叶和油纸。蓑衣则采用手经指挂的制作工艺，首先编织好领子，然后钉以八挂（从衣领编出放射形的经线成为蓑衣的骨架），然后在经线上铺以棕皮（一般使用的棕外皮质量较好，棕里皮质量较差），最后以棕线缝合棕皮。可见斗笠和蓑衣都涉及编织工艺，其原材料在大自然中即可获取，以手工编织，更为结实耐用，又因斗笠和蓑衣的包容性较强，受身高和体型的影响极小，实用功能强大，生动形象地突显了劳动人民勤劳、善良的朴实形象，深受百姓喜爱。

在传统民间文化中，百姓认为斗笠和蓑衣具有驱邪作用。相传宋高宗（1127～1162年在位）和明太祖（1368～1398年在位）都曾穿戴过斗笠和蓑衣，宋高宗穿戴斗笠和蓑衣，伪装成放牛人的外表才躲过金兵的追捕；明太祖也曾穿着斗笠和蓑衣在山上放牛，故认为斗笠和蓑衣是神圣的服饰，且每家每户皆可使用，百姓将其作为驱邪之物挂于墙上（图2-15），用蓑衣包裹房梁以求家宅平安和家族兴旺。斗笠和蓑衣也可作为祭奠服使用。子女在给亲人奔丧时所穿的丧服称为“斩蓑服”，又名“縗”，实质就是蓑衣，在祭祀祖先时，子孙需穿着斗笠和蓑衣进行祭拜。随着麻葛等织物的出现，麻蓑衣也就成为“披麻戴孝”这一风俗的物化载体。因此，这类服饰穿戴还具备了民俗性。

图2-15　过去民间认为将斗笠和蓑衣挂墙上可以驱邪❷

③ 中国古代雨衣的发展演变

雨天为常见的天气现象，为了保护身体、预防疾病，就需用防雨用具来进行遮挡，雨衣就成为常见的挡雨服装。最早的雨衣是袯襫（先秦时期蓑衣的称呼）采用蓑草制成的，后来使用具有防水性能的植物叶子进行编织，款式遵循上衣下裳制

---

❶ 图片来源：佚名.世界上最古老的伞，中国油纸伞是怎么制作的？[EB/OL].搜狐网.

❷ 图片来源：佚名.斗笠蓑衣[EB/OL].汇图网.

式，为圆领斗篷式的蓑衣披和围腰式的蓑衣裙，再搭配斗笠和草鞋以达到全身防雨的效果。但蓑衣还是无法抵御大雨的侵袭，因此人们又开始在蓑衣上涂桐油，这也是蓑衣向油衣发展的开端。东汉时期，人们开始以丝绢材质涂抹桐油制成油衣，油衣较蓑衣更为轻便、舒适，防水性能也更好，但丝绢材质较为珍贵，主要为统治阶层使用。直到唐宋时期开始有了麻质的油衣，平民百姓也可穿用，但此时的油衣并未普及使用，这是因为油衣不具有耐折叠性，百姓在农作时容易磨损到油衣的表层，因此，油衣在此时并未完全取代蓑衣。到了唐代，出现了棕衣，这是用粗麻、棕丝、油葵叶等材质编织而成的雨衣，款式同蓑衣，因棕衣材质不易破损，被百姓广泛采纳。到了清代，雨衣的制作更为精美，出现了用玉针蓑和羽纱制成的雨衣（图2-16），色彩更为鲜艳，材质与样式更加贴合日常服装，穿用的体感也更为舒适。在《明宫史》中所记载的贵族男女使用高级玉草编织而成的柔软雨衣就是玉针蓑，红楼梦中的贾宝玉也穿过玉针蓑，而羽纱是用100%羊毛织物或桑蚕丝与羊毛织物共同制成的雨衣，其轧光技艺可使得雨衣表层更为平滑、柔软，雨水可顺着表层滑落，从而达到防雨功效[48]。晚清时期，由于中西文化的交流，橡胶、塑料等材质逐渐引进中国市场，雨衣这才开始进入合成面料时代。

图2-16　水波纹羽纱单雨衣❶

从成语“乘车戴笠”中可以了解到斗笠和蓑衣的溯源、制作工艺与主要功能，在农耕文化背景下，古人利用天然材料制成的蓑衣与斗笠，是为了遮阳避雨而形成的服饰穿戴，尽显中国劳动人民的勤劳与智慧，在历史变迁中，传统雨衣的材质不断发生改变，但唯独斗笠和蓑衣经久不衰，一直延续至今。

综上所述，成语“弹冠相庆”与“乘车戴笠”代表不同层级之间的友情，尽管自己已身处高位，却将人品与德行放在第一位，不曾遗忘以往的朋友，对朋友仍然以

❶ 图片来源：故宫尚书房.大红水波纹羽纱单雨衣[EB/OL].微博.

尊重与以礼相待。成语“弹冠相庆”中戴冠的服饰形象受到了中国传统礼教制度的约束，是等级尊卑的身份象征，反映了社会阶层权力的分化，但“弹冠相庆”用以警示自身品德与所戴之冠需相匹配，同时也提醒自己不可忘却朋友之间的情谊；成语“乘车戴笠”则是百姓皆可穿戴的服饰，制作成本低且实用性极高，是平民百姓的身份象征，尽管自己发达了却仍以礼相待身边戴斗笠穿蓑衣的朋友。戴“冠”是为了迎合统治阶层而推崇的服饰，它会随着制度的产生而兴起，也会随着制度的衰落而消失，只有朴实的、被大众接受并普遍使用的服饰穿戴，才会薪火相传、经久不衰。

13.解衣推食、绨袍之义

成语“解衣推食”与“绨袍之义”是一种上位者对下位者敬重与欣赏的行为。“解衣推食”体现了上位者通过“礼贤下士”，使下位者感恩戴德，实施“众人遇我，我故众人报之；国士遇我，我故国士报之”的君臣友情观。而“绨袍之义”则体现身为下位者赠予上位者（下位者不知上位者的权贵身份，认为身份低于下位者）的贵重礼物，反映了两者待人不同，立场不同。

（1）解衣推食（解衣衣人）

成语“解衣推食”与“解衣衣人”出自西汉（前202～8年）司马迁《史记·淮阴侯列传》：“汉王授我上将军印，予我数万众，解衣衣我，推食食我，言听计用，故吾得以至于此。夫人深亲信我，我倍之不详，虽死不易。”[49]在楚汉相争之时，韩信（？～前196年）深受汉王刘邦（前206～前195年在位）器重，项羽由此想劝韩信离开汉王刘邦，韩信则说，汉王刘邦将自己穿的衣服给我穿，自己正在吃的饭给我吃，对我关怀备至，才有我今天这般，因此坚持不会背叛汉王刘邦。与此同时，在“解衣避祸”的故事中也提到了“解衣”，据传在汉王刘邦攻下三秦后，殷王司马印（生卒年不详）背叛了项羽且当了俘虏，陈平（？～前179年）受项羽之命降服殷王司马印，但是却没能成功，由此悄悄逃跑。陈平到了河边乘船，船工见他身材高大，身侧挎着宝剑，于是不怀好意。陈平灵机一动，脱去上衣打着赤膊对船工说帮忙摇船，于是船工打消了杀他的念头[50]。由此可知“解衣”字面意思为脱掉衣服，事实上，“解衣”在古代不止包含着脱下衣服这一层意思，在宋代苏轼《和陶田始舍春怀古》❶中提道：“我欲

❶《和陶田始舍春怀古》：“茅茨破不补，嗟子乃尔贫！菜肥人愈瘦，灶闲井常勤。我欲致薄少，解衣劝坐人。临池作虚堂，雨急瓦声新。客来有关载，果熟多幽欣。丹荔破玉肤，黄柑溢芳津。借我三亩地，结茅为子邻。鴃舌倘可学，化为黎母民。”

致薄少，解衣劝坐人。”此诗中的“解衣”指周济别人[51]。后来，“解衣衣我，推食食我”逐渐简化为解衣推食，用于形容一方对另一方极为关心[52]。并且还出现了“解衣衣我金石交，君臣友谊总难深”的说法。笔者就“解衣”中蕴含的关键服饰部件衣带进行详细解析，还原古人的衣带本原。

① 古代衣带的分类

衣带作为中国古代服装中的重要部件之一，历史悠久，自新石器时期辽宁喀左东山嘴出土的陶塑衣饰残部可见（图2-17）[53]，整体造型从两侧内收，或许是用皮革制成系于腰际的装束。由此可知，当时的人们已开始用绳带捆绑衣服。

图2-17　红山文化陶塑衣饰残部❶

中国古代的衣带根据类别大体上可分为腰带、衿带和飘带三类。腰带又分为绳带、大带、革带。绳带一般是用两股或两股以上的细长纤维经过多次拧合而成的条状物，有一定粗度，最初用草绳或动物韧带制作而成[54]；大带一般用丝织品的素或练制成[55]，主要用于束起宽松的衣服，加于革带之上。革带通常以皮制成，根据革的种类分别命名，生皮制成的称为鞶带，熟皮制成称为韦带，革带除了束腰以外还可以佩戴挂件[56]。革带作为男子区别等级所带，一方面为了显示身份阶级，平民一般用韦带；没有任何装饰，贵族、官吏的腰带一般用绢织成，魏晋以后革带之上多镶嵌玉石金银等；另一方面是服装外化的存储空间[57]。

衿带是指在衣襟之间的一根小带子，小带子系起来起到纽扣连接作用[58]。古代的飘带一般由丝织物织成，也称为披帛。魏晋时期，传统的深衣制在妇女中仍有穿用，与汉代深衣有所不同的是，在裙摆处会加入上宽下窄的三角形，围裳中伸出来的较长飘带，形成十分飘逸的效果，走起路来形如飞燕[59]。同时，自这一时期后舞者身上会挂着很长的带子，隋唐后，受胡风影响，披帛逐渐变窄变长，广泛地出现

❶ 图片来源：佚名.汉服演变系列——新石器时代[EB/OL].微信公众平台.

在民间女子的服饰之中。

② 各历史时期衣带的特点

中国古代的统治阶级十分重视服饰，自夏代进入阶级社会之后，等级制度就逐渐确立，表现在衣食住行的各个方面，章服制度就是服饰方面等级制度的表现。随着周代宗法制度、礼乐制度的建立和推行，统治阶级对于人们的行为规范更加严格化和等级制度化，服饰的等级制度逐步完善并予确立[60]。统治阶级的服饰制度一方面显示出了统治阶级对服饰的严格控制，彰显权力；另一方面更是为了便于其统治其他社会阶层。

在中国古代统治阶级服装中，多为宽衣博带形式，人与服装之间有较大空间，为了使服装具有一定的适体性，在服装中加入了衣带这一重要构件，因此在当时的统治阶级中，无论是穿衣还是解衣都具有仪式感。衣带不仅作为中国古代服饰的要素之一，同时也是传达情感、礼仪的重要符号，各个朝代都体现着不同的形式特点，见表2-4。

表2-4　各个朝代的衣带形制❶❷

朝代	衣带形制	图片
夏商周	一般着上衣摆自动下垂过裆或过膝，或宽带扎腰，或大襟衣拖地长裙。腰前正中部佩有“黻”，并带“韠”（后叫“蔽膝”）	
春秋战国	男女服装多为长裙肥袖，襟摆一般旋转到背后扎进宽腰带	

❶ 图片来源：陈晓宇绘制。

❷ 资料来源：张书光.中国历代服装资料[M].合肥：安徽美术出版社，1990：10，12，15，16，23，27，31，32，33-35，38，53，56，63，64，68，70，73-75，87，93-95，98，100，101，103，117，131，133，140，143-145，154，171，173，184，189，191.

续表

朝代	衣带形制	图片
秦朝	贵族男子一般着大袖宽衣，腰扎大带；平民男服一般为衫襦，腰束小带。女子着宽衣，内衬裙，外束腰带	
汉代	贵族服装分为拖地裙袍和绕襟而下两种，外礼服一般系大腰带，所搭配佩绶带原是秦和战国时期系印用的绳子，后逐渐演变为权力象征的装饰，贵族女子肩披长带，流行穿旋襟裙，平民服装一般着左右挽襟长袍，大带束腰。庶民女服所着不及贵族女服宽大，腰部一般系围裙	
晋代	庶民短上衣腰系带。北方由于受胡服影响，男子着短衣缚裤，腰扎皮带外加套衣，女服受胡服的影响，一般腰用帛带扎系	
南北朝	贵族男子着长袍，腰束长带，平民女子多着衣长覆腰的大袖衣，腰扎长带	
隋代	男服一般着衫，腰系带；女服流行腰系长裙，肩披长巾	

续表

朝代	衣带形制	图片
唐代	受胡服影响，出现了无袖的半臂，胸前结带。男服大袖宽深，腰束革带；女服裙高至乳上，搭配用薄纱制成的披帛	
五代	男服基本为长袍，腰束有纹样的腰带；女服严谨得体，腰扎形式多样的大带	
宋代	吸收了前朝的形式，男服更趋于方便、得体，女服更趋于严谨，裙和腰带搭配得当	
元代	蒙古族男服在腰以下扎宽大的围腰，汉族男服与蒙古族相互影响，一般上着袍，下着裤，束腰带；蒙古族女服扎围裙束腰，汉族女服延续前朝样式	
明代	贵族男子束腰多采用玉带；女服可扎腰，亦可不扎腰	
清代	男服一般为袍褂，可系带，亦可不系带	

中国历史上，不同时期所呈现出来的衣带在功能、审美和情感上都存在一定的差别，衣带的发展与衣冠的发展是相辅相成的。先秦时期，人们主要以连体式深衣为主，深衣的穿着方式是将左边衣襟缝接处的一片缠绕至身后，再用带子系上，一方面是不显露身体肌肤，另一方面是将里衣紧裹住[61]。这一时期的衣带有两种，一种是用丝织物织成的大带，另一种为皮革制成的革带。直至两汉时期，腰带变得更加丰富多样，以北方的腰带来说，包括了饰牌、牌式带扣、边框式带扣、带板、带环、带銙等[62]。不同的腰带其功能和意义也有所差别，但贵族服装中的腰带大多是为了显示其重要的身份地位，如在祭祀等重大场合之时，为了更好地将冕服穿在身上，就需要用到最重要的配件之一——“带”进行捆绑[63]。魏晋以后，随着游牧民族与中原汉民族文化之间的交流结合，带銙等其他日常用具的使用也逐渐增多，普及程度远远超过了汉代，并伴随着朝贡体系和政治博弈扩散至整个东北亚地区[64]。唐、宋以后，男子革带表现身份的作用更加明显，其上多镶金、玉、银、石等[58]，女子服装审美受胡服影响，无论是民间还是贵族都以丝帛飘带装饰为当时的流行风尚。

以上分析了中国古代各个时期“带”的形制，可以说明衣带作为服饰中的一部分，起着十分重要的实用与装饰作用。反观“解衣推食”中“解衣”的动作表现，其字面意思就是解开衣裳。在现代社会中，人们所着的衣服都相对合体，服装的门襟基本上运用的是扣子、拉链等方式，穿脱十分方便，因而解开衣裳是一件简单且稀松平常的事情，但在中国古代的衣冠制度中，“解衣”就显得有失仪态。因此，“解衣推食”所传达出的不仅仅是一种简单的开合方式，更重要的是表现出一种无畏的礼仪之态，通过“礼贤下士”而赢得手下的信任和感恩。

（2）绨袍之义

“绨袍之义”出自西汉司马迁《史记·范雎蔡泽列传》，比喻不忘旧日交情[65]。绨指的是丝做“经”、棉做“纬”合织的纺织品，这种粗绸面料厚实、平滑，色彩较为丰富，秦汉以来多用来做袍服，唐代又称这种面料为“絁”。除此之外，绨袍还指粗丝绢袍，其共同特点就是绨袍所用的面料都较为粗糙，主要是百姓御寒所用。

绨袍出现的前提是棉花种植与棉纺织业的出现，世界上最早种植棉花的国家是印度，而中国古代的棉花是从秦汉时期分两路传入[66]，都是从少数民族地区向中原地区推广。北路是“阿拉伯—伊朗—巴基斯坦—中国新疆—甘肃和陕西地区”，传入的是木棉；南路是“印度—缅甸—泰国—越南—中国云南和闽广地区—长江、黄河流域”，传入的是亚洲棉。棉花为何会从新疆、云南等少数民族地区向中原地区推广？笔者认为原因有三：其一，气候条件适宜棉花生长。棉花是喜温喜光的短日照作物，新疆维吾尔自治区属典型的温带大陆性气候，降水稀少，天气晴朗，适宜棉花生长，同时中

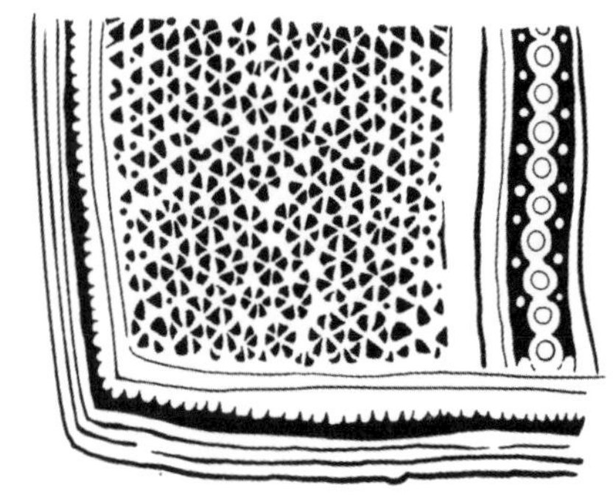
图2-18　新疆民丰县东汉合葬墓出土的蓝白印花布❷

图2-19　新疆于田屋于来克北朝龟背纹白地蓝花印花棉布❸

国云南地区的纬度和气候与印度阿萨姆❶较类似，有利于木本亚洲棉的种植[67]。其二，地处边境对外交流频繁。受陆上丝绸之路和海上丝绸之路的影响，边境居民贸易往来密切，在生产生活中更易接触到新作物，也更方便学习到他国技术。其三，边境地区不适宜丝织业的发展。中国古代中原地区以丝织业为主，而边境地区因地域、气候等因素影响丝织业的发展，没有中原地区发展得好，且边境因穷苦鲜有穿着丝织品的人，日常生活也需要更加坚固耐磨的面料。因此，棉纺织品得以盛行。在汉唐时期的新疆墓葬中出土了许多棉纺织品，如新疆民丰县东汉合葬墓出土的蓝白印花布（图2-18）、阿斯塔那13号晋墓出土穿着棉布衣裤的布俑、新疆于田屋于来克北朝龟背纹白地蓝花印花棉布（图2-19）、楼兰古城出土的棉布服饰（图2-20）等，可见在中原流行使用棉布以前，新疆地区的棉纺织技艺已十分成熟。同样在汉代，黎族先民织成的棉布就因“幅广五尺，洁白不受垢污”而闻名，且成为上贡朝廷的珍品。

中国在宋代以前汉族聚居地的衣料主要为丝、麻织物，棉织物因为稀少而只是供给统治阶级使用。宋元时期，黄道婆❹改良了棉纺织技艺，把过去手摇式纺车改为脚踏式纺车，把一锭棉纺车改为三锭棉纺车，还用带轴的搅车、椎弓来轧棉花，提高了棉纺织业的效率，在黄道婆大力推广棉纺织技艺下，更多的人学会了棉纺织技术。故宋代之后，棉花、棉布的产量剧增。到了明代，棉布甚至取代了麻布，成为中国平民百姓的主要衣料。笔者认为：绨这种丝棉混纺面料是向棉织物过渡的产物，贵族主要穿着丝织物，平民主要穿着麻织物，而中产阶级并不能承受大量丝织物，

❶ 阿萨姆（Assam）是印度东北部邦国，位于印度东北部山区，毗邻中国西藏、缅甸和孟加拉国，总人口约为3300万。

❷ 图片来源：柴瑾绘制。

❸ 图片来源：柴瑾绘制。

❹ 黄道婆（1245年？—1330年？），又名黄婆、黄母，原松江府乌泥泾（今属上海市）人，宋末元初著名的棉纺织家、技术改革家。

图2-20 楼兰古城出土的汉晋时期的棉布服饰[1]

（注：图2-20上面三件棉布衣服分别为楼兰古城出土的汉晋时期的棉布袍子、半袖袍、长袖绢袍；下面四件棉织品为楼兰LE壁画墓出土的汉晋时期残缺长袖绢袍、夹裙、彩绘棉布、棉布袜。）

又不愿与平民一样穿着麻织物，这时绨的出现满足了中产阶级的需要。“绨袍之义”出自西汉司马迁《史记·范雎蔡泽列传》，绨袍是魏国中大夫须贾（生卒年不详）赠送给扮作穷人的范雎（生卒年不详）的面料，但被范雎推辞了，认为这是士大夫的衣服，不敢穿用，可见士大夫群体也穿着绨袍，绨袍是士的御寒服装。绨并非丝绸般柔软，也不像麻一样粗糙，相对于纯丝织物的造价更加便宜，再加上棉质的保暖性较好，使得绨袍满足了百姓御寒的需要，具有较强的实用性。随着棉纺织业的发展，百姓也能穿着上棉布，绨袍也就成为百姓御寒所用的服装。另外，人们还会在绨袍里夹棉絮，但穷苦人家用不起棉絮，因此会夹柳絮。

而粗丝绢袍，需要与丝绸面料有所区分。丝绸织物中包含了绢织物，但是绢织物所用的原材料要相对劣质很多，绢是采用制丝中的瑕疵蚕茧和丝织工艺中所产生的废弃蚕丝制成，并没有绸那么精致细腻，但却更富有韧性，一般为士和平民百姓

---

[1] 图片来源：柴瑾绘制。

穿用。因此，绢袍（图2-21）满足了普通人对丝绸服装的需求。

图2-21 中国社会科学院考古所纺织考古实验室复原的马山N10人凤鸟花卉纹绣浅黄绢面棉袍[❶]

袍服是古代应用最广的服装，贵族与平民的袍服在款式上有所区别，贵族袍服以宽大飘逸为主，因而穿大袖袍服。而窄袖更方便日常劳作和冬日保暖，因而多为平民穿用（图2-22）。当然，平民在夏日居家时也会穿着大袖袍服，便于在衣袖中放置一些小物件。短袍也叫“襦”，后来亦称为“袄”，质地粗劣的襦名为“褐”，为穷苦百姓所穿。

图2-22 花山宋墓出土的素纱直襟窄袖衫[❷]

❶ 图片来源：佚名.她触摸过两千年前的最美华服，复织品可填满一座博物馆[EB/OL].搜狐网.

❷ 图片来源：佚名.揭秘！古代南京人消暑的方式是[EB/OL].搜狐网.

成语“绨袍之义”中“绨袍”是下位者在不知上位者的真实身份时赠送的衣服，因此，“绨袍”为较为贵重的保暖衣服。此外，通过“绨袍之义”典故可起到一定的教化作用，要成为真心赠予绨袍的义气之人，才可化解人与人之间的恩怨。

综上所述，成语“解衣推食”与“绨袍之义”中的服装可作为礼物赠予他人，为仁义之服。“解衣推食”是将衣服解开并赠予下位者，展现了上位者对下位者的尊重与关怀，而下位者也心甘情愿效忠上位者；而“绨袍之义”则是身为下位者在不知上位者身份时所赠予的服装，但也表明其真心诚意。“解衣推食”与“绨袍之义”都可看作是修身教化在服装中的体现，不以自身的权贵低看他人，在当今社会中也应崇尚这种道义精神。

14.彩衣娱亲、温生绝裾

“彩衣娱亲”与“温生绝裾”为长辈与子女之间的情感互动，并以服饰为媒介表现出来。“彩衣娱亲”表现的是子女对父母的孝顺和感恩，通过穿着彩色的衣服来博得父母开怀，而“温生绝裾”则是一种违背母亲意愿的表现，温生为了完成上级任务，不听从母亲劝阻，扯掉衣裾坚决离去。

（1）彩衣娱亲

成语“彩衣娱亲”又名“戏彩娱亲”“老莱娱亲”，最早见于南朝宋师觉授（生卒不详）的《孝子传》[68]，《太平御览》引其佚文：“老莱子者，楚人，行年七十，父母俱存。至孝蒸蒸，常著班兰之衣，为亲取饮上堂，脚胅，恐伤父母之心，因僵仆为婴儿啼。”[69]唐代一些广为学人士子阅读的类书也收录了这个故事，如唐代欧阳询（约557～641年）所编《艺文类聚》“人部”四“孝”条载录：“《列女传》曰：老莱子孝养二亲，行年七十，婴儿自娱，著五色彩衣，常取浆上堂，跌仆，因卧地为小儿啼，或弄乌鸟于亲侧。”[70]《戏彩娱亲》卷二云：“戏彩娱亲，老莱子之孝。”[71]

老莱子是春秋时期楚国的一位隐士，为逃避世乱，自耕于蒙山南麓，他孝顺父母，尽拣美味供奉双亲，七十岁尚不言老，常穿着五色彩衣（图2-23），手持拨浪鼓如小孩般戏耍，以博父母开怀，后作为孝顺父母的典故，彰显了儒家孝道的伦理文化（图2-24）。

图2-23　老莱子“彩衣娱亲”彩绘图❶

图2-24　老莱子“彩衣娱亲”砖雕❷

①“彩衣”的其他称谓

通过上述文献书籍中的记载，“彩衣娱亲”中的“彩衣”又可称作“老莱衣”和“五色彩衣”。“老莱衣”省称为“莱衣”“莱服”，《初学记》卷十七引《孝子传》：“老莱子至孝，奉二亲，行年七十，著五彩褊襴衣，弄鶵鸟于亲侧。”[72]后为孝养父母至老不衰之喻。中国古诗中有大量老莱衣的记载，如唐代王维（693～761年）的《送钱少府还蓝田》❸中诗：“手持平子赋，目送老莱衣。”又如南唐李中（生卒年不详）的《献中书汤舍人》❹诗：“銮殿对时亲舜日，鲤庭过处著莱衣。”再如宋代楼钥（1137～1213年）《送郑惠叔司封江西提举》❺诗：“仰奉鹤发亲，版舆映莱服。”朝廷内官、侍者之服。宋代陆游（1125～1210年）的《柴怀叔殿院世彩堂》❻诗：“卷服貂冠世间有，荣悴纷纷翻覆手。不如御史老莱衣，世彩堂中奉春酒。”[73]“五色彩衣”亦作“衣彩”，唐赵嘏《送权先辈归觐信安》诗：“衣彩独归去，一枝兰更香。”[73]

❶ 图片来源：佚名.紫禁城里的春节：皇帝都爱看大戏，场面堪比春晚[EB/OL].搜狐网.

❷ 图片来源：冯贺军.老莱子娱亲砖[EB/OL].故宫博物院官方网站.

❸《送钱少府还蓝田》：“草色日向好，桃源人去稀。手持平子赋，目送老莱衣。每候山樱发，时同海燕归。今年寒食酒，应是返柴扉。”

❹《献中书汤舍人》：“庆云呈瑞为明时，演畅丝纶在紫微。銮殿对时亲舜日，鲤庭过处著莱衣。闲寻竹寺听啼鸟，吟倚江楼恋落晖。隔座银屏看是设，一门清贵古今稀。”

❺《送郑惠叔司封江西提举》：“君名切斗魁，步武上霄极。蓬莱群玉府，图书照奎壁。郎官应列宿，寖觉象纬逼。胡为作吏星，炯炯向江国。仰奉鹤发亲，版舆映莱服。昔日红莲池，帅垣资婉画。方将散余润，连城被膏泽。官拥与民繇，丰俭烦振糴。小试活国手，疲甿赖休息。便归侍玉皇，拱立香案侧。富贵殊未已，行行上鸾掖。君其妙演纶，三能看齐色。”

❻《柴怀叔殿院世彩堂》：“卷服貂冠世间有，荣悴纷纷翻覆手。不如御史老莱衣，世彩堂中奉春酒。北斗为觞山作豆，风竹鸾丝太中寿。今年宗祀降恩纶，太中拜前公拜後。鸣呼人谁无父母，盛事有及公家否？万锺苦晚三釜薄，人生此恨十八九。我欲杀青书孝友，愧非太史马牛走。圣朝若遣采诗官，尚可为公图不朽。”

②“彩衣”的染色工艺及服色解读

春秋时期由于开荒拓地，纺织原料的种植范围和产量有了极大提高，纺织面料的色彩也相当艳丽。通过印染工艺使其上色，在春秋战国时期，印染工艺包括有敷彩、版印等工序，敷画又称彰施，它是在织物或衣裳上用调制的颜（染）料涂绘。早在西周时，朝廷就设有工师为商王、官吏的衣裳敷彩，而且要按十二章服制的花纹图案等级规定，以显示帝王官吏的尊贵。到春秋战国时期，画绘敷彩的衣裳更是普遍。当时染色方法还有石染和草木染两种，石染指用朱砂、赭石、石黄、空青等矿物质颜料，进行涂染和浸染；草木染是指用植物染料的色素，进行浸染、套染和媒染染色，如用蓝草染蓝、紫草染紫、栀子染黄等，这从湖北江陵马山1号战国楚墓出土的五彩缤纷的锦绣制品可以得到证明[74]。

服饰制度中的色彩存在着尊卑区别，《左传》中记载贵族们“衣必文彩”，讲究“九文、五章，以奉五色（青、朱、黄、白、黑）”，因此，这五色象征着高贵，是礼服的色彩，而绀（红青色）、红（赤之浅者）、缥（淡青色）、紫色、流黄色（间色）这五色则象征卑贱，只能为平民服色[75]。那么“彩衣娱亲”中的“彩衣”为老莱子（隐士）所穿，因此只能是着绀、红、缥、紫、流黄这五种颜色，而在中国封建社会，紫色一直是尊贵的帝王所使用的颜色，为何在春秋时期可作为平民的服色？

春秋时期以后，随着礼乐崩坏，服装的色彩观念也发生了变化。《史记·苏秦列传》所收录的“苏代遗燕王书”中也说：“齐紫，败素也，而价十倍。”也许是由于齐桓公（前685～前643年在位）这样赫赫有名的国君爱好，所以上行下效，一时之间，在齐国紫色成为人们特别喜爱的颜色，很快便流行开来，传统服饰的色彩观念在受到冲击后，按照人们的审美观念和好恶而自然发展了。在春秋至战国初年，强大的齐国所掀起的服装色彩观念变化，也影响到了其他国家和地区，以至于给了传统礼教以沉重的打击。大约在这之后100余年间，特别崇尚周礼的孔子在率领一众子弟周游列国之后，看到老百姓们穿戴的服饰五彩斑斓而大为恼火，曾痛恨地说：“恶紫之夺朱也。”由此可证实紫色也可作为百姓的服色，而“彩衣”作为平民之服，其“五色彩衣”中必有紫色的存在。

③“彩衣”的形制及纹样分析

从图2-25中可以看出，老莱子所着的服装特点是“绕衿谓裙”，意即缠绕式的衣服，并且下摆为直裾形式，因此笔者认为其服制为右衽直裾袍，袍长可曳地，内着裤。从形制特点上看，“彩衣”的缠绕是将前襟向后围裹的式样，反映了时人设计思想的灵活性，即采取横线与斜线的空间互补，获得静中有动和动中有静的服制效果。

春秋战国时期，随着礼制的崩溃和社会思想的活跃，服饰的装饰风格由传统的封闭式转向开放式，商周时期的矩形骨骼、三角形几何骨骼和对称手法在春秋战国时期继续运用，不受几何骨骼的拘束，往往把这些几何骨骼作为布局的依据，但不作为"作用性骨骼"[76]。从图2-23、图2-24中可看出"彩衣"的纹样采用的是矩形骨骼，按照对位布局排列整齐，因此既展现了严谨的数序条理，又打破了几何骨骼的框架界限，当五种彩色染于其上，灵巧的层叠视觉感受，仍然显得繁而不乱。

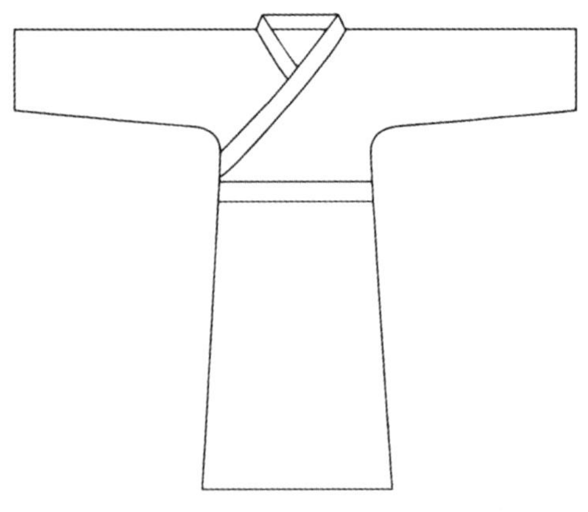

图2-25　老莱子"彩衣"的形制❶

可见，在春秋时期，"彩衣娱亲"这种服饰风格特色不受制度和思想的约束，展现的是老莱子穿着带有几何纹样的"彩衣"，并在父母面前展示自己童真的一面，且这种彩色的服制也会给人带来一种愉悦的视觉感受，使自己在"娱乐"父母的同时增添喜庆的欢乐氛围。

（2）温生绝裾

"温生绝裾"一词出自《世说新语·尤悔》："温公初受，刘司空使劝进，母崔氏固驻之，峤绝裾而去。"[77]温峤（288～329年）为了完成司空刘琨（270～318年）派遣的任务，哪怕受到母亲的极力阻止还是扯断衣裾离开，意为去意坚决，是一种不孝顺的表现。裾有三层含义，一为衣裙后部的下摆，二为衣服的前襟，三为衣袖部分，这三层含义都在"曳裾王门"一词中阐述了，在此就不再赘述。笔者更倾向于"裾"为服装后部下摆的观点，在成语"前襟后裾"成语中可相辅证。衣裾按下摆样式可分为直裾、曲裾、杂裾、燕裾形式。

① 衣裾的形态、工艺与纹样

先秦和西汉时期以曲裾（图2-26）为主，此时的"裾"还未进行裁剪，在穿着时绕到身后加以固定；东汉时直裾（图2-27）取代了曲裾，将布料边缘进行裁剪，使得垂直型的直裾达到了节省布料和保持美观性的双重作用；汉魏时期女服中的燕裾盛行，衣服下摆采用交输法裁制三角形装饰，穿着时下摆的三角形相互交叠

❶ 图片来源：陈晓宇绘制。

绕体一周，走路时好似燕尾；六朝时杂裾（图2-28）流行，从燕裾发展而来，服装下摆以丝织物织成了上宽下尖形如三角的装饰，一开始还有曳地的飘带，后将飘带和尖角的“燕尾”合二为一形成了杂裾；往后下摆多以圆弧形为主，但开衩、装饰多有不同。

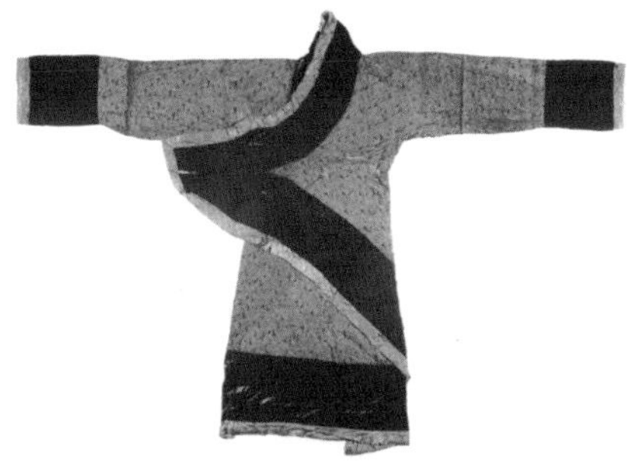
图2-26　曲裾图示[1]

衣裾的变化较为丰富，从衣片拼合的角度来说，衣摆经历了从拼接较多到仅侧缝拼接，服装线条从烦琐发展到极简。战国时期，布幅较小、衣片较多，衣摆的拼接也较多（图2-29）。西汉时衣片拼接较少，曲裾流行，缘饰随下摆包裹全身。而到明代褙子的出现，服装开始了仅两侧开衩，下摆缘饰也多集中于开衩处（图2-30）。

图2-27　直裾图示[2]

从衣摆的形态角度来看，衣摆形态主要有A形、H形、圆弧形、倒梯形（图2-31）。A形下摆在各代服饰发展中占主要地位，明代以前均是A形；明代褙子出现后H形也逐渐进入主流；民国衣摆形态最为丰富，除了开始有圆弧形衣摆的袄裙，还有下摆逐渐内收而出现倒梯形衣摆的旗袍。笔者认为，A形下摆在各代服饰发展中占主要地位，这是因为A形下摆对身材的包容性和修饰性最好，而H形下摆则是因人们追求极简、纤细的美而产生的。民国时西方服饰的传入，服饰从平面逐渐走向立体，从宽大隐藏身体曲线到凸显身材，故而出现了圆弧形下摆和倒梯形下摆。

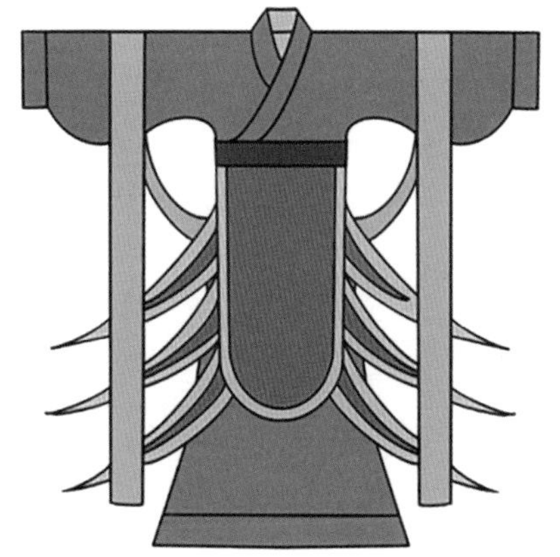
图2-28　杂裾图示[3]

[1] 图片来源：王方．汉服是如何演变和传播的？[EB/OL]．微博．

[2] 图片来源：佚名．说说汉代服饰的流行色是什么？[EB/OL]．搜狐网．

[3] 图片来源：陈晓宇绘制。

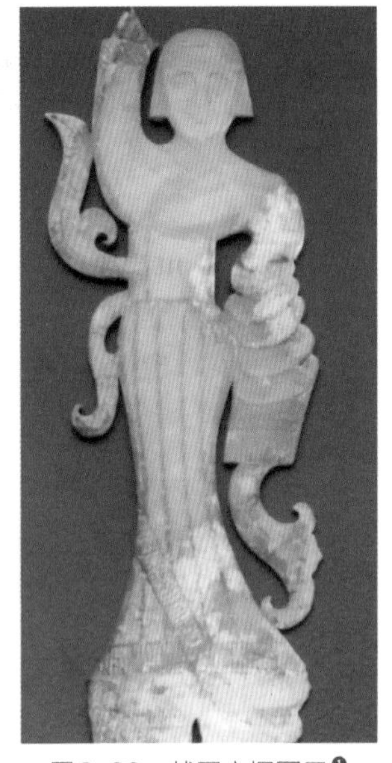

图2-29 战国衣摆图示[1]

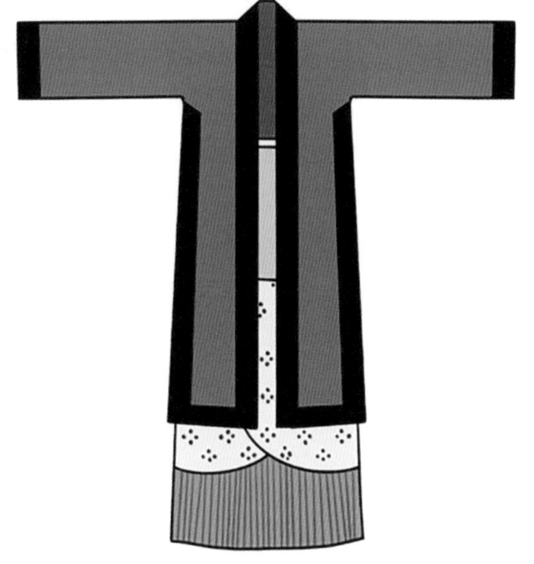

图2-30 明代褙子衣摆图示[2]

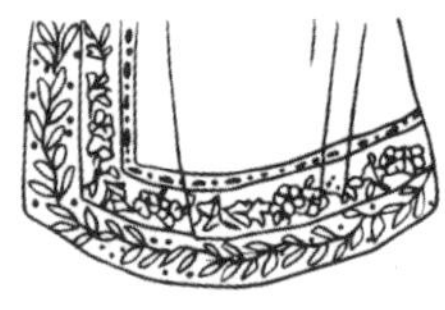

（a）A形

（b）H形

（c）圆弧形

（d）倒梯形

图2-31 衣摆形态图示[3]

从工艺角度来看，衣摆装饰工艺主要有印金、刺绣、彩绘、织锦（图2-32）。印金工艺主要因其贵金属的属性和金光闪闪的装饰性而被人喜爱，自汉代开始就有使用印金工艺装饰皇家衣物，至宋代印金工艺已经发展到相对成熟阶段，金箔可以制成各种图案装饰在服装缘边，并且不再是皇族专属，普通百姓也可以穿着印金服装，但随着金线绣和织金的发展，在清代印金工艺逐渐被淘汰。刺绣是自远古时就出现的装饰工艺，衣边中常用的有平绣、锁绣、打籽绣、布贴绣、十字绣等，刺绣图案色彩丰富、装饰性强。彩绘工艺最为常用，且多与印金、印花、敷彩等工艺组合使用，起到平面装饰与立体装饰相结合的作用。织锦装饰缘边的工艺在各朝各代都极为普遍，特别是在少数民族中仍在使用。

❶ 图片来源：佚名.古玉界：国外博物馆馆藏中国玉器精萃[EB/OL].搜狐网.

❷ 图片来源：陈晓宇绘制。

❸ 图片来源：陈晓宇绘制。

从纹样角度来看，衣摆的装饰纹样主要有几何纹样、动物纹、植物纹、吉祥文字纹（图2-33）。几何纹样从古至今一直深受人们喜爱，从商代起就开始使用，隋唐时开始变得华丽繁复，至宋代时题材虽丰富，但是几何纹样恢复到严谨、端庄的审美风格，几何纹样主要包含波浪纹、回形纹、漩涡纹、三角纹、卷云纹、菱形纹、云雷纹等，在构图时采用二方连续和四方连续构图，并以线条疏密来展现装饰的节奏韵律，具有平衡、严谨的秩序美。商周时动物纹样便开始使用，此时多使用具有神话色彩的猛兽，其中最为常见的就是龙凤纹样；汉代是动物纹的分水岭，汉代以前动物纹主要是传统神兽，如龙凤、仙鹤等；汉代以后，自魏晋南北朝起，动物纹就受到异域文化影响出现众多珍禽异兽，如孔雀、大象、狮子等。植物纹可以分为两大类，第一类是本土植物纹，第二类是受印度与阿拉伯文化影响的忍冬纹和缠枝花纹。植物纹自春秋战国时期就开始出现在服饰上；魏晋南北朝后流行；隋唐时植物纹从陪衬地位转为主要的装饰纹样；宋代时工笔花鸟画盛行，植物纹样以写实花卉为主；明清时借物喻情，以花草品性等传递自己的思想。笔者认为，植物纹逐渐替代动物纹并成为主流装饰纹样的原因是由于人们对于现实世界的理解加深，思想逐渐脱离神鬼崇拜，而更注重纹样本身的装饰性。从色彩搭配角度来看，衣摆色彩多与衣身成同色搭配、对比色搭配、邻近色搭配。吉祥文字纹使用较少，且多与其他纹样搭配使用，特别是明清时期使用较

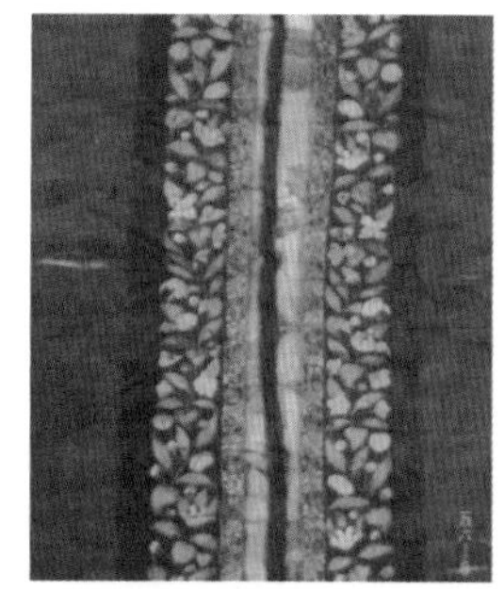

（a）印花、彩绘

（b）刺绣

（c）织锦

图2-32 衣摆装饰工艺示意图[1]

[1] 图片来源：（a）福建省博物馆.福州南宋黄昇墓[M].北京：文物出版社，1982：57.
（b）佚名.针线活留下的不仅是历史[EB/OL].360doc个人图书馆.
（c）陈晓宇绘制。

多，主要有“福、禄、寿、喜”和佛教“卍”纹，是吉祥美好的寓意。

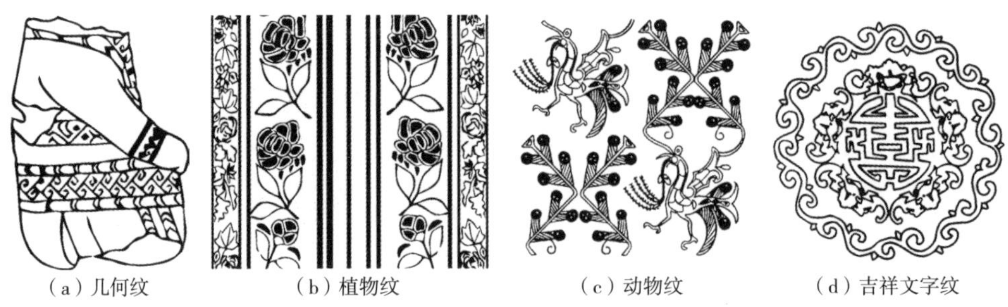
（a）几何纹　（b）植物纹　（c）动物纹　（d）吉祥文字纹

图2-33　衣摆纹样示意图❶

从装饰的材质来看，衣摆的装饰材质有丝绸、棉麻葛、裘皮（图2-34），通常与衣身材质相同，而不同材质的衣摆装饰主要是用在冬季服装上。丝绸的光泽感与精细度可提升服装的装饰效果，物美价廉的棉、麻、葛材质的面料多为平民百姓使用，缘边可起到防止衣服磨损的作用，其次才是注重装饰效果。裘皮衣摆多为生活在严寒地区的少数民族使用，特别是清代满族人喜爱以裘皮装饰缘边，也可起到御寒作用。

（a）丝绸　（b）棉麻葛　（c）裘皮

图2-34　衣摆装饰材质图示❷

② 衣裾蕴含的文化内涵与功能

衣裾作为服装的一部分，成为思想文化的物质承担者，蕴含了中国的传统造物思想，起到了装饰身体、保护服装、阶级划分、自我风格展现的作用。

衣裾展现了实用为主、以人为本、天人合一的造物思想[78]。首先，实用为主。

❶ 图片来源：陈晓宇绘制。

❷ 图片来源：（a）佚名.清代服饰[EB/OL].腾讯网.

（b）中国客家博物馆.魏金华藏客家服饰展[EB/OL].中国客家博物馆官方网站.

（c）故宫博物院.故宫博物院官方网站。

衣裾的出现就是从实用性出发，防止衣物缘边的磨损和抽丝；其次，以人为本。衣裾均采用平面裁剪方式，对身材具有极强的包容性，采用的面料虽然丰俭由人，但都极具装饰性。与此同时，衣裾的装饰均以展现穿着者的内在想法，如以素色棉麻装饰以展现朴素高洁的意蕴，以吉祥纹样装饰展现对美好生活的追求与向往，等等；最后，天人合一。在衣裾的材料选择上均为天然材料，色彩选择上均以传统五色为主，纹样装饰上注重整体服装的平衡感与秩序感，使人在穿着服装时更舒适、更具整体感。

从装饰身体角度来看，衣裾的装饰手法多样、面料色彩丰富，对服装起到了锦上添花的作用；从保护服装角度来看，衣裾的包裹可以有效防止衣物缘边磨损抽丝，磨损后亦可采用刺绣等装饰手法进行巧妙修复；从阶级划分角度来看，衣裾因装饰丰富，人们开始从材料、色彩、纹样等方面划分等级，衣裾装饰不可越矩；从合乎礼法的角度来看，衣裾满足了服装美与道德的统一，既防止身体外露、衣料破损，对于等级的划分也是一种合乎礼法的表现。

“温生绝裾”表现出衣裾在中国服饰中的礼法作用，绝裾这种不合礼法的行为，能展现出温公完成任务的坚决，也是舍己为公的一种体现。衣裾按下摆样式可分为直裾、曲裾、杂裾、燕裾；从衣片拼合角度来看，衣摆经历了从拼接较多到仅侧缝拼接，服装线条从烦琐发展到极简；从衣摆形态角度来看，衣摆形态主要有A形、H形、圆弧形、倒梯形，其中A形贯穿古今；从工艺角度来看，衣摆装饰工艺主要有印金、刺绣、彩绘、织锦，而组合装饰最为普遍；从纹样角度来看，衣摆装饰纹样主要是几何纹样、动物纹、植物纹、吉祥文字纹。纹样经历了从抽象到具象的发展，并且动物纹和植物纹受到异域文化影响较多；从装饰材质角度来看，衣摆装饰材质有丝绸、棉、麻、葛、裘皮，与衣身材质相同。衣裾装饰注重对服装的保护、对人舒适度的提升、对礼法的遵循，展现了实用为主、以人为本、天人合一的造物思想，起到了装饰身体、保护服装、阶级划分、合乎礼法的作用。

综上所述，“彩衣娱亲”与“温生绝裾”为意境相反的成语。通过对彩衣的不同称谓、染色工艺、服装色彩、服装形制和服装纹样的分析得出，彩衣可给人带来五彩斑斓的视觉美感，以及乐观积极、欢庆娱乐的心理感受。因此，“彩衣娱亲”是突显服装的色彩功能，表现出子女与父母之间良好的互动效果。“温生绝裾”则是通过对衣裾的形态、工艺及纹样分析，道出服装部件中衣裾所蕴含的文化与功能，反映了服装中衣裾的局部细节也可成为行为决断的表征。因此，“温生绝裾”是突显服装的局部功能，表现出子女与父母之间不良的互动方式。

友情篇小结

友情与亲情是真挚、坦率、热烈的深厚情感与高尚品格，友情和亲情均为中国古代儒家学说中的一大支柱。友情可为社会生活增添光彩，亲情会使社会变得井然有序，反之，如果没有这些情感，社会生活将会变得暗淡无光、紊乱无序。以服饰作为歌颂友情和亲情的物质载体，可展现兄弟之间的友情以及父母与子女之间的亲情。将友情与服饰联系起来的成语可分为两类，第一类是表达同一阶层之间友情的成语，如“无衣之赋、同袍同泽”“缟纻之交、布衣之交”，等等；第二类是反映不同阶层之间友情的成语，如“弹冠相庆、乘车戴笠”“解衣推食、绨袍之义”，等等。通过建立真诚的友谊，才有助于构建和谐的人际关系，所以诚信与平等在友情中就显得弥足珍贵。将亲情与服饰联系起来的成语有“彩衣娱亲、温生绝裾”等，子女孝顺父母是中华民族自古以来的传统美德，是“孝悌也者，其为仁之本欤”的为人准则，其核心就是德性与仁性。可见，中国古代的友情观与爱情观是亘古不变的真情流露，进而可折射出人性的温暖与光芒。

参考文献

[1] 柳宗元. 柳宗元文集 [M]. 彭嘉敏，注. 北京：北京联合出版公司，2018：151.

[2] 袁愈荌. 诗经全译 [M]. 唐莫尧，注释. 贵阳：贵州人民出版社，1981：164-165.

[3] 孙庆国，刘绍文. 蔽膝的形制与功能 [J]. 浙江纺织服装职业技术学院学报，2020（2）：46-50.

[4] 陆笑笑，潘健华. 漫议中华古代女性的贴身秘密：内衣 [J]. 艺术品，2018（2）：88-93.

[5] 徐茂松，白树敏. 古代女子内衣的造型功能与思维 [J]. 邢台职业技术学院学报，2010（2）：100-101.

[6] 范洪梅. 服装起源与内衣功能的演变 [J]. 浙江纺织服装职业技术学院学报，2007（1）：24-25.

[7] 毕亦痴. 从覆体部位谈亵衣 [J]. 文艺争鸣，2011（12）：76-78.

[8] 孙庆国，刘绍文. 蔽膝的形制与功能 [J]. 浙江纺织服装职业技术学院学报，2020（2）：46-50.

[9] 孔颖达. 十三经注疏：毛诗正义 [M]. 北京：中华书局，1980：489.

[10] 王圻，王思义. 三才图会（中）[M]. 上海：上海古籍出版社，1988：1508.

[11] 田合伟，涂红燕. 中外男性内衣历史文化及影响研究 [J]. 南宁职业技术学院学报，2011，16（2）：30-33.

[12] 李斌，杨振宇，李强，等. 服装起源的再研究 [J]. 丝绸，2018，55（9）：98-105.

[13] 孔颖达，郑玄.礼记正义[M].上海：上海古籍出版社，2008：888.

[14] 宋应星.天工开物[M].沈阳：万卷出版公司，2008：56.

[15] 陈叶斐.汉日隐性性别词语对比研究[D].上海：华东师范大学，2013：81.

[16] 李金莲.女性、污秽与象征：宗教人类学视野中的月经禁忌[J].宗教学研究，2006（3）：152–159.

[17] 刘安定，杨振宇，叶洪光.基于古汉字字源学的中国远古至先秦时期服装文化[J].服装学报，2018，3（4）：351–356.

[18] 王守谦，金秀珍，王凤春.左传全译[M].贵阳：贵州人民出版社，1990：513.

[19] 黄金贵.“衵”和“襌”[N].中国社会科学报，2018-10-30（3）.

[20] 许嘉璐.后汉书全译[M].上海：汉语大词典出版社，2004：1610.

[21] 朱熹.新刊四书五经·诗经集传[M].北京：中国书店，1994：81.

[22] 黄能馥，陈娟娟.中国服饰史[M].上海：上海人民出版社，2004：137.

[23] 朱和平.中国服饰史稿[M].郑州：中州古籍出版社，2001：102.

[24] 赵波.先秦袍服研究[J].服饰导刊，2014（3）：61–65.

[25] 范晔.后汉书·舆服志[M].北京：中华书局，1965：3666.

[26] 沈从文.中国古代服饰研究[M].上海：上海书店出版社，2011：95–96.

[27] 刘彬徽.关于先秦汉初袍服的定名问题[J].江汉考古，2000（1）：72–74.

[28] 王守谦，金秀珍，王凤春.左传全译[M].贵阳：贵州人民出版社，1990：1037.

[29] 周汛，高春明.中国衣冠服饰大辞典[M].上海：上海辞书出版社，1996：143.

[30] 朱和平.中国服饰史稿[M].郑州：中州古籍出版社，2001：92.

[31] 黄能馥，陈娟娟.中国服装史[M].北京：中国旅游出版社，1995：3.

[32] 袁杰英.中国历代服饰史[M].北京：高等教育出版社，1994：12.

[33] 朱和平.中国服饰史稿[M].郑州：中州古籍出版社，2001：95.

[34] 夏添.先秦至汉代荆楚服饰考析[D].无锡：江南大学，2020：15.

[35] 薛洁阳.夏布研究及在女装设计中的创新应用[D].北京：北京服装学院，2018：14.

[36] 缪文远.战国策·齐策三[M].北京：中华书局，2012：294.

[37] 臧克和，王平.说文解字新订[M].北京：中华书局，2002：512.

[38] 陈桐生.盐铁论[M].北京：中华书局，2015：298.

[39] 詹福瑞.布衣及其文化精神[J].清华大学学报（哲学社会科学版），2011，26（2）：107–117，159.

[40] 阮元.十三经注疏[M].北京：中华书局，1982：1346.

[41] 李湛军.酒颠译注[M].北京：中国书店出版社，2018：105.

[42] 许慎.说文解字[M].杭州：浙江古籍出版社：2016：248.

[43] 范晔.后汉书（下）[M].郑州：中州古籍出版社，2008：1289.

[44] 阮元.十三经注疏[M].北京：中华书局，1982：1346.

[45] 原田淑人.中国服装史研究[M].常任侠，等译.合肥：黄山书社，1988：38.

[46] 巴城.中华成语典故4[M].北京：线装书局，2017：678.

[47] 邢德昭.浅析中国原始服装的活化石——蓑衣[J].中小企业管理与科技（下旬刊），2012（1）：173-174.

[48] 王允丽，陈杨，房宏俊，等.清代羽毛纱纤维材质研究[J].故宫学刊，2011（00）：319-338.

[49] 司马迁.史记・淮阴侯列传[M].韩兆琦，译注.北京：中华书局，2010：5794-5795.

[50] 蔡磊.名人智慧文库・3[M].北京：大众文艺出版社，2007：387-388.

[51] 宋协周，郭荣光.中华古典诗词辞典[M].济南：山东文艺出版社，1991：389.

[52] 董洪杰.国学知识全知道[M].北京：中国华侨出版社，2014：393.

[53] 沈从文.中国古代服饰研究[M].上海：上海书店出版社，2002：18.

[54] 陈思，袁惠芬.传统衣带元素在新中式男装设计中的应用研究[J].安徽工程大学学报，2017，32（6）：46-50.

[55] 卢翰明.中国古代衣冠辞典[M].台北：常春树书坊，1990：86.

[56] 冯盈之.中国古代腰带文化略论[J].浙江纺织服装职业技术学院学报，2009，8（1）：50-54.

[57] 陈思，袁惠芬.传统衣带元素在新中式男装设计中的应用研究[J].安徽工程大学学报，2017，32（6）：46-50.

[58] 胡星林.古代的腰带[J].文史杂志，1996（4）：7.

[59] 袁仄.中国服装史[M].北京：中国纺织出版社，2005：56.

[60] 朱和平.中国服饰史[M].郑州：中州古籍出版社：2001：34-35.

[61] 臧迎春.中国传统服饰[M].北京：五洲传播出版社，2003：16.

[62] 吴禹.从系带到盘扣——谈中国古人的松与紧[J].黑龙江史志，2014（16）：24-26.

[63] 潘玲.两汉时期北方系统腰带具的演变[J].西域研究，2018（2）：72-100，149.

[64] 刘德凯.魏晋南北朝銙带的考古学研究[D].武汉：武汉大学，2018：8.

[65] 王俊.读成语・识天下走进中国传统文化・情义篇[M].北京：开明出版社，2015：70.

[66] 史东梅.中国历代文化知识精粹[M].呼和浩特：内蒙古人民出版社，2009：245.

[67] 赵红艳，胡荒静琳，郭可滩，等.海上丝绸之路视域下中国南路棉花传播研究[J].丝绸，2019，56（8）：99-105.

[68] 张彦.唐诗“老莱子”典故探析[J].湖北师范学院学报（哲学社会科学版），2009，29（6）：27-30，71.

[69] 李昉.太平御览（卷四一三）[M].北京：中华书局，1960：1907-1908.

[70] 欧阳询.艺文类聚（卷二十）[M].上海：上海古籍出版社，1982：369.

[71] 戏彩娱亲（“二十四孝”故事介绍之一）[J]. 古典文学知识，2011（1）：161.

[72] 徐坚，等. 初学记 [M]. 北京：中华书局，1982：418.

[73] 周汛，高春明. 中国衣冠服饰大辞典 [M]. 上海：上海辞书出版社，1996：147.

[74] 朱和平. 中国服饰史稿 [M]. 郑州：中州古籍出版社，2001：71.

[75] 朱和平. 中国服饰史稿 [M]. 郑州：中州古籍出版社，2001：85，86.

[76] 朱和平. 中国服饰史稿 [M]. 郑州：中州古籍出版社，2001：87.

[77] 刘义庆. 世说新语 [M]. 朱孟娟，编译. 西安：三秦出版社，2018：176−177.

[78] 魏娜. 中国传统服装襟边缘饰研究 [D]. 苏州：苏州大学，2014：165−177.

现象篇

服饰是一种文化现象，中华民族服饰文化从原始社会的自然状态转变为制度形态和自由形态，反映了中华服饰文化的统一性、标识性和多样性特征。在古代的服饰现象中，首先，最为突出的就是服饰在政治诉求中的表现，这是一种隐性文化，是贵贱有别的等级制度在服饰中的表征。不同等级的人所穿着的服饰有所不同，不可有越礼、越级现象产生，以阶级力量保证“君臣”“兵民”“囚犯”的等级尊卑制度，如君臣可穿锦衣、戴冠，兵民可穿短衣、铠甲、袍服，囚犯可穿赭衣等。同时，还反映了古人“崇文重教”“崇良缘重婚嫁”的态度，如文人使者可穿朱色衣，婚嫁男女可穿嫁衣和纁裳等。其次，服饰是经济发展的一种表现，随着社会物质财富的积累，丝织技术也向着丰富多元方向发展，为服饰的精细程度奠定了基础，阶级服饰更加奢华，平民服饰也更为完善，特别是在军队服饰中，展现出高超的手工技艺。毫不夸张地讲，社会经济的发展推动了服饰的繁荣与发展。最后，服饰中的传统礼教表现出了道德伦理现象，衣服有上衣下裳之制，但自上而下的制度形态也无法阻止人们对着装自由的追求，在服饰上也就出现了“披襟解带”“蒙袂辑屦”的自由形态。因此，从服饰中可对当时的社会现象略窥一二。

15. 衣冠禽兽、衣锦还乡

成语“衣冠禽兽”与“衣锦还乡”都是权势与高贵的身份象征，也是古代官员身份与等级的标识，但两者都具有贬义词性。“衣冠禽兽”作贬义词时，形容一个人的品德败坏，如同穿着衣物的禽兽，表达了一种极度的鄙夷与痛恨。“衣锦还乡”也带有贬义词性，指当一个人富贵、功成名就后，回到故乡，本质上体现了古代社会一种夸富的社会现象。

（1）衣冠禽兽

成语“衣冠禽兽”出自明代陈汝元（生卒年均不详，约1580年前后在世）的《金莲记・构衅》中所言：“人人骂我做衣冠禽兽，个个识我是文物穿窬。”[1]“衣冠禽兽”泛指外表衣帽整齐，行为却如禽兽的人，比喻其道德败坏。这个词最初源于明代的官服制度——补子，自明末以来渐成贬义。明代官服中用缝缀补子来区分官员等级，似源于武则天以袍纹定品级，明代补子以动物作为标志，文官绣禽、武官绣兽[2]。

① 补子的起源

“补子”作为服装的一部分最早出现在唐代武则天（690～705年在位）时期。武则天知人善任赏罚分明，在官员中建立了给予功高望重者特殊赏赐的制度。武则天的奖罚形式多种多样，除了根据功绩大小分别赐予金银财物、赐姓封地、封爵加级之外，武则天又极有创意性地发明了“袄子锦”的褒奖形式。“袄子锦”是以优质的丝织锦纹为原料，再加上了精良绣工制作而成的装饰锦片，“袄子锦”上多以自然界的动物花草类为主要设计图案，看起来华丽异常。因此，盛唐官员们都会把皇帝赐予的“袄子锦”缝缀在官袍的前胸后背处，不但可以炫耀皇帝的恩典，同时也是一种值得炫耀的政治荣誉。当时“袄子锦”因补于服装之上亦被人称作“补子”，这种褒奖制度一直沿用到晚唐[3]。真正作为代表官位的补子制度则定型于明代。

② 明代补子

明代官服上最有特色的装饰就是补子。所谓补子，就是在官服的胸前和后背补上一块表示职别和官阶的标志性图案，补子一般长34厘米，宽36.5厘米，上面织有禽兽两种图案，文官用禽，武职用兽[4]（表3-1）。

一品用仙鹤，二品用锦鸡，三品用孔雀，四品用云雁，五品用白鹇，六品用鹭鸶，七品用鸂鶒，八品用黄鹂，九品用鹌鹑，杂职用练鹊，武官一品二品用狮子，三品四品用虎豹，五品用熊罴，六品七品用彪，八品用犀牛，九品用海马。

表3-1 明代官员补子图案表

官品	补子	官品	补子
文一品	仙鹤	武一品	狮
文二品	锦鸡	武二品	狮
文三品	孔雀	武三品	虎豹
文四品	云雁	武四品	虎豹
文五品	白鹇	武五品	熊罴
文六品	鹭鸶	武六品	彪
文七品	鸂鶒	武七品	彪
文八品	黄鹂	武八品	犀牛
文九品	鹌鹑	武九品	海马
杂职	练鹊		
法官	獬豸		

③清代补子

清代补服从形式到内容都是对明朝官服的直接承袭，补服是清代文武百官的重要官服，也是清代的礼服。补服以装饰于前胸及后背的补子上不同图案来区别官位高低。皇室成员用圆形补子，各级官员均用方形补子。补服的造型特点是：圆领，对襟，平袖，袖与肘齐，衣长至膝下。门襟有五颗纽扣，是一种宽松肥大的石青色外衣，当时也称为“外套”。

清代补服的补子纹样分皇族和百官两大类。皇族补服纹样为五爪金龙或四爪蟒。各品级文武官员的纹样为：文官一品用仙鹤；二品用锦鸡；三品用孔雀；四品用雁；五品用白鹇；六品用鹭鸶；七品用鸂鶒；八品用鹌鹑；九品用练雀（表3-2）。

表3-2　文官补子[1]

官员品阶	补子名称	纹样图案	寓意
一品	仙鹤补子		《诗经·小雅》中的“鹤鸣九皋，声闻于天”，取其奏对天子之意
二品	锦鸡补子		锦鸡亦称“金鸡”“玉鸡”，有一呼百应的王者风范，其羽毛色彩绚丽，传说还能驱鬼辟邪，是吉祥的象征
三品	孔雀补子		孔雀羽毛美丽，而且有品性，代表大贤大德、吉祥富贵
四品	云雁补子		云雁飞行时羽毛上耸，代表着坚定忠心，做事情兢兢业业

❶ 图片来源：臧诺.清代官补[M].北京：华夏出版社，2016.

续表

官员品阶	补子名称	纹样图案	寓意
五品	白鹇补子		白鹇被人们称为“义鸟”，取其行止文雅，为官不急不躁，是忠诚高雅的象征
六品	鹭鸶补子		鹭鸶亦称白鸟，羽毛洁白，飞行有序，寓意廉洁守法
七品	鸂鶒补子		鸂鶒是一种水鸟，也叫“紫鸳鸯”，鸳鸯成双成对，鸳鸣鸯和，象征坚贞忠心
八品	鹌鹑补子		“鹌”发音同“安”，具有“事事平安”和“安居乐业”的象征意义

续表

官员品阶	补子名称	纹样图案	寓意
九品	练雀补		练雀也叫作绶带鸟，绶带是权力和富贵的象征，并且绶带鸟有报喜的含义

武官一品用麒麟；二品用狮子；三品用豹；四品用虎；五品用熊；六品用彪；七品和八品用犀牛；九品用海马[5]（表3–3）。

表3–3　武官补子❶

官员品阶	补子名称	纹样图案	寓意
一品	麒麟补子		麒麟是一品武官的官阶形象，象征着掌权者的仁慈以及“武备而不为害”的王道君风范
二品	狮子补子		狮子是万兽之王，是武力和权威的象征

❶ 图片来源：臧诺.清代官补[M].北京：华夏出版社，2016.

续表

官员品阶	补子名称	纹样图案	寓意
三品	豹子补子		豹子身形矫健，但从不张扬，形容君子的品德
四品	老虎补子		虎是百兽之王，自带王者之气，在古代很多将军称为“虎贲”“虎士”，代表着威猛
五品	熊补子		熊体形大而且勇猛，它作为武官官阶的形象，是取其阳刚之意
六品	彪补子		彪在古代是一种非常神秘的动物，是凶悍残暴的猛兽，代表着对敌人凶狠残暴的意思

续表

官员品阶	补子名称	纹样图案	寓意
七品 八品	犀牛补子		犀牛角锐皮厚，角可制矛，皮可制铠甲，代表着兵器犀利的意思
九品	海马补子		海马并不是我们平时常见的形体很小的海洋动物，而是传说中和马模样相同、背上长出两只翅膀的神兽。传说这种神兽能水陆双行，用海马作武官官阶形象，是取其在水陆皆可勇猛杀敌之意

由此可知，补服中的禽兽纹样分为三大类。现实生活中存在的禽兽，具有某种优良的特征，如文官补子中的禽类，武官补子中的豹、虎、熊；神话中出现的瑞兽，如龙、麒麟、彪只存在于神话传说中，人们利用现实中的动物原型进行夸张与拼接式的创作而产生；现实生活中存在的禽兽，但与补子中的纹样完全不同。如犀牛与海马在补子中就与现实生活中的相差甚远，甚至完全不同。

明清两朝文武官员为“衣冠禽兽”，原本是一个充满敬畏与羡慕的褒义之词，也是官员身份、官阶与地位的象征。然而，到了晚明时期（1621～1644年），随着官商勾结，官场腐败，再加上社会风气的浮华奢靡，大多数地方官员道德败坏、思想堕落。同时，明代官员的薪俸极低，也是导致官员鲸吞公款、强取豪夺的重要原因之一，因此，“衣冠禽兽”由褒赞之词迅速转变成贬损之词，可见苛政猛于虎。

（2）衣锦还乡（衣锦夜行、衣绣昼行）

“衣锦还乡”源于《史记·项羽本纪》：“项王见秦宫室皆以烧残破，又心怀思欲东归，曰：‘富贵不归故乡，如衣锦夜行，谁知之者。’”[6]“衣锦夜行”指穿着锦绣衣裳走夜路无人能看见穿着者的荣耀，失去了炫耀与夸福的作用，毫无意义。到了三国时期“衣锦夜行”演变为“衣绣昼行”，据《三国志·魏书·张既传》：“魏国既建，为尚书，出为雍州刺史，太祖谓既曰：‘还君本州，可谓衣绣昼行矣。’”[7]直至唐代，成语“衣锦还乡”才最终出现。据《旧唐书·姜暮传》记载：“及平薛仁杲，拜暮秦州刺史，高祖谓曰：‘衣锦还乡，古人所尚；今以本州相授，用答元功。’”[8]由此可知，“衣锦还乡”经历了“衣锦夜行”与“衣绣昼行”两个阶段。“衣锦还乡”意思是指功成名就后穿着华丽的衣服回到故乡，荣耀乡里。笔者从“衣锦还乡”中“锦”的含义、历史、纹样以及“锦衣”的形制等方面说明这种服装面料所展现的织物特点与衣着形象。

①“锦”的含义

“锦”字的含义是“金帛”，意为“像金银一样华丽高贵的织物”。事实上，锦是以彩色的丝线用平纹或斜纹的多重或多层组织，织成各种花纹的精美丝织物。它是非常豪华贵重的丝帛，其价值相当于黄金，在古代只有贵人才能穿得起[9]。锦的品种非常多，以产地命名，如蜀锦、鲁锦、荆锦等；以民族命名，如壮锦、黎锦、土家织锦等；以朝代命名，如汉锦、宋锦等；以花型图案命名，如云锦、团花锦、花卉锦、兽纹锦等。从组织结构上看，唐代以前的锦多为重经组织的经锦，唐代以后由于提花织造技术的发展，有了纬重组织的纬锦。

②“锦”的历史

锦在中国已有3000多年历史。古代文献对锦的解释多种多样，概括起来是“织采为文，其价如金”。隋唐之前，中国织锦的显花主要是经线显花，由于经线显花的局限性，导致隋唐之前的织锦色彩主要以三色为主，最多不超过五色。如“五星出东方利中国”锦护膊就是中国经锦中的精品，它属于汉晋时期（前3世纪~5世纪）的织物，长18.5厘米、宽12.5厘米，呈长方形，圆角，四边用白绢包缘，长边各缀有三根黄绢带。锦为蓝、黄、绿、白、红五组彩色经线和两组纬线交织而成的经二重平纹织物。蓝色为地，花纹主体为平行排列的孔雀、仙鹤、辟邪、夔龙和虎等祥禽瑞兽。以卷曲的植物蔓藤及两蕾一花作间隔。在花纹中间织出隶书“五星出东方利中国”[10]。隋唐以来，随着丝绸之路的畅通，西方（西亚）的纬线显花技术传播至中国。同时，隋唐时期从统治阶级到平民阶层，在各个层面上高度自信，对外来文化采取兼容并蓄的态度。因此，西方的纬线显花织锦在中国流行开来，并成功进行了仿制。笔者认为，纬线显花技术的流行不仅促进了中国古代织物纹样的具象化，同时也通过纹样促进了中国古代花楼织机的产生与发展。

③“锦”的纹样

通过对古代文献与纺织品考古相结合的考察，大致可以将织锦纹样分为五大类：

几何纹。商周时期以几何纹为主，在不断发展变化中流传至今。

龙凤动物纹。春秋战国时期的动物纹样开始增多，动物与各式几何纹、几何骨架组合在一起。

嘉气祥云纹。秦汉时期的嘉气祥云和动物纹组合成一体。

花草植物纹。隋唐之前以动物纹为主，到隋唐时转为动、植物纹并重，而宋代则以植物花卉纹为主。在这个演变过程中，动、植物纹本身也发生了一些变化，动物纹从禽兽类转为鸟蝶类为主，植物纹从草叶类转为以花卉类为主。

器物杂宝纹。明清时期开始流行器物杂宝纹。明清时期纹样题材丰富，样式齐全。

在纹样的表现形式方面，总的来说从抽象到具象，再到现代抽象，经历了由简到繁再趋简的变化过程（表3-4）。纵观历史，来自西域和北方的外来文化不断进入中原，和中原本土文化相融合，丰富了锦纹样的题材和表现手法[11]。

表3-4　中国传统锦的主要品种及其纹样特点

年代	主要品种	纹样和风格特点	织物图例
战国时期（约前453～前221年）	平纹经锦	几何纹为主，常见菱形纹（又称耳杯纹）、Z字纹、S形纹、T形勾连纹、磬形纹、三角纹等，花纹单位很小	舞人动物纹锦❶
秦汉时期（前221～220年）	平纹经锦	主要有几何纹、波纹、菱形纹。菱形纹有两种，一种是杯纹，常做骨架，其中填充花鸟兽纹；另一种是在菱形格内填入几何纹和动植物纹	“延年益寿长葆子孙”锦❷
魏晋（220～420年）、南北朝时期（420～589年）	平纹经锦、平纹纬锦（北朝）	棋格、菱格、条、波折、圆珠等几何纹屡见不鲜。魏晋南北朝时期，联珠纹出现并流行，有大窠联珠、小窠联珠及团窠环等变形的联珠纹	胡王牵驼锦❸

❶ 图片来源：印象浙江。

❷ 图片来源：腾讯网。

❸ 图片来源：民族服饰博物官方网。

续表

年代	主要品种	纹样和风格特点	织物图例
隋唐（581～907年）、五代时期（902～979年）	斜纹经锦、斜纹纬锦、锻纹经锦、双层锦	题材从动物纹为主转向动、植物纹并重，动物纹从兽类转向飞禽类纹样	舞凤唐草宝花团纹纬锦[1]
宋（960～1279年）、辽（907～1125年）、金（1115～1234年）时期	辽式纬锦、宋锦	这个时期琐纹等几何纹样流行，如Y形琐子纹、龟背纹、曲水纹、卍字纹、工字纹等，风格精细是宋锦的典型特征。此外还有球路纹、盘绦纹、方胜纹等	球路双鸟纹锦[2]
元代（1271～1368年）	织金锦	常见纹样有菱纹、回纹、方胜、龟背、卍字纹等，吉祥图案开始被创作	龟背地鸟头兽身团花锦[3]
明代（1368～1644年）	宋锦、妆花、双层锦	宋式锦常用几何纹样为骨架，具有民间意义的吉祥纹样也开始流行	盘绦四季花卉宋式锦[4]

❶ 图片来源：张晓霞.中国古代染织纹样史[M].北京：北京大学出版社，2016：190.

❷ 图片来源：搜狐网。

❸ 图片来源：百度。

❹ 图片来源：故宫博物院官方网站。

续表

年代	主要品种	纹样和风格特点	织物图例
清代（1636~1912年）	宋锦、云锦、蜀锦	清初承袭明代色彩的传统特色，并追摹宋、明清秀淡雅之遗风，清后期纹样整体效果比明代秀气，纹样富丽精致，吉祥纹样继续流行	云锦花纹❶
民国时期（1912~1949年）	织锦缎、丝织像景	随着中西方的交流，西方文化深入影响锦的纹样设计，传统纹样构图趋于简化	花卉纹样❷

④“锦衣”的形制

关于“锦衣”的形制，学术界有三种解释：第一，有彩色织文的衣服。如《诗经·秦风·终南》：“君子至止，锦衣狐裘，颜如渥丹。”[12]汉代《毛传》中所言：“锦衣，采衣也。”又如唐代孔颖达疏：“锦者，杂采为文，故云采衣也。”[13]由此可知，锦衣为有纹样图案的彩衣。第二，同“景衣”。古代妇女出行时用于御尘的大幅披巾。据《诗经·卫风·硕人》：“硕人其颀，衣锦褧衣。”[14]又如清代王先谦疏：“今锦衣者，在涂之所服也。”[15]第三，道士之服。这一说法在道教产生之后，其法衣因备有五彩五色，故名。据《黄庭内景玉经诀》卷上：“黄庭内人服锦衣。注：锦衣具五色也。”[16]。综上所述，笔者倾向于锦衣是彩色织文的衣服，其形制应该是袍服类型，据《礼记·玉藻》记载：“纩为茧，缊为袍。”[17]可见“锦衣”的形制至少在春秋时期就已为袍服无疑。

袍服是中国最早的服装之一，先秦时期就已出现，由于春秋战国时期，诸国变法，提倡耕织，私营的手工作坊和官营并存，农村男耕女织，所以手工业得到很大的发展，其中染织业的发展对服装的发展起到很大的推进作用。辽宁朝阳西周墓和山东临淄郎家庄一号东周墓都曾发现过织锦的残片，可以证明周代就已出现了锦。

❶ 图片来源：搜狐网。

❷ 图片来源：百度网。

战国袍服按袖子的宽窄不同分为三类：小袖式、宽袖式、大袖式。湖北江陵马山楚墓出土的素纱锦袍（图3-1）和浅黄绢面锦袍（图3-2），其共同特点是交领、右衽大襟、无收腰、上下分裁、无开衩、直摆。少部分袍服出现纹饰和彩绣。先秦时期袍服按功能可分为常服之袍和内衣之袍两种，男女皆可穿。贵族常服袍多趋于瘦长，衣领趋宽，衣上织或绣有纹样，边缘较宽，边缘多用厚质地的织锦，既能保证衣服的造型美又能避免行走的不便[18]。

图3-1 素纱锦袍（湖北江陵马山楚墓出土）❶

图3-2 凤鸟花卉纹绣浅黄绢面锦袍（湖北江陵马山楚墓出土）❷

史籍记载，秦汉时期的袍服按材料主要分有锦袍、布袍、绨袍、棉袍、缊袍五种，锦袍是用彩色花纹的丝织物所制成的袍，色彩斑斓且面料华美，历代都将其视作珍品，常用作朝廷对近臣、外邦的赏赐之物。《史记·匈奴传》记载："汉与匈奴约为兄弟，所以遗单于甚厚……服绣袷绮衣、绣袷长襦、锦袷袍各一……"[19]锦袍又称衲袍，僧侣所服之袍，因其色艳如锦，故名[20]。

通过对成语"衣锦还乡"的分析可知，"衣锦还乡"是中国古代的一种夸富现象，体现了人们追求世俗富贵的愿景。我们能得到如下几个结论：第一，"锦"是中国古代较为昂贵的丝织物，它是身份与地位的象征，"衣锦"能给人带来心理上的极大满足，让家乡人看到自己的成就是一种光宗耀祖的事情。另一个成语"锦衣夜行"则与之相反，从反面说明"锦衣"具有的社会功能。第二，锦衣上的纹样一般为几何纹、龙凤动物纹、嘉气祥云纹、花草植物纹、器物杂宝纹等，遵循从简单到复杂，从抽象到具象演变，体现了中国古代织造技术与审美意识的变迁。第三，锦衣的形制至迟在春秋时期就已经为袍服样式，它又分为常服之袍与内衣之袍。

综上所述，成语"衣冠禽兽"与"衣锦还乡"是官员身份、官阶与地位的象征。"衣冠禽兽"这种衣冠服饰主要体现在明清时期的补子上，通过绣禽纹和绣兽纹来表明

❶❷ 图片来源：贾玺增，李当岐.江陵马山一号楚墓出土上下连属式袍服研究[J].装饰，2011（3）：77—81.

文武官员的官阶。“衣冠禽兽”原本是一个充满敬畏与羡慕的褒义之词，到了明清时期却成为道德败坏、思想堕落的贬义词性。“衣锦还乡”是指功成名就后穿着华丽的衣服回到故乡，这种华丽的着装从“锦”的纹样及“锦衣”形制中得到体现。因此，服饰是一个人的第二面镜子，从服饰中可展现出一个人的职业操守和道德品性，当个人品德与华丽的着装不相匹配时，再光鲜亮丽的表面形象也会变得不堪入目，遭人唾弃。

16. 弹冠振衣、振衣濯足

成语“弹冠振衣”和“振衣濯足”都作抖去衣物上的灰尘之状，以除去身上污垢，追求干净整洁的着装状态。“弹冠振衣”是为了进入官场而整理的衣物，是对官场、富贵的追求，而“振衣濯足”则形容放弃荣华富贵的生活，以求得在山中隐居，二者分别表现出“出仕”与“退隐”的两种不同状态。

（1）弹冠振衣

成语“弹冠振衣”语出《史记·屈原贾生列传》：“屈原曰：‘吾闻之，新沐者必弹冠，新浴者必振衣。人又谁能以身之察察，受物之汶汶者乎？’”[21]所谓“沐”即洗头发，“浴”就是洗澡。那么，洗头和洗澡后的弹冠振衣有何喻义呢？根据《文选·潘岳·西征赋》中“端策拂茵，弹冠振衣。”[22]，不难看出，应该是准备出仕为官，拂除冠上的灰尘，清洁服装，表示要洁身自好。

① 中国古代“冠”的释义

有关“冠”的解释，中国古代就有详细的解释：第一，礼仪制度中的重要道具，正如《礼记·王制》中所言：“有虞氏皇而祭，深衣而养老；夏后氏收而祭，燕衣而养老。殷人冔而祭，缟衣而养老。周人冕而祭，玄衣而养老。”[23]此处的“皇”“收”“冔”“冕”分别为原始社会、夏、商、周不同时期用于祭祀时所戴“冠”的称谓。由此可知，“冠”曾是礼仪制度的重要道具，在《礼记》《仪礼》中均有“士冠礼”（成人礼）的篇章，详细记录了其冠服以及行礼的步骤与过程，充分说明了“冠”在礼仪过程中的重要象征意义与作用。第二，统治阶级身份地位的象征。纵观中国古代服装史，“冠”的称谓总是与身份地位相联系。如《晋书·舆服志》：“进贤冠……有五梁、三梁、一梁。人主元服，始加缁布，则冠五梁进贤。”[24]由此可知，“冠”的形制与其佩戴者的身份地位相一致。又如唐代品官服制中，明确规定一至三品戴三梁冠，四、五品戴两梁冠，六至九品戴一梁冠。因此，冠是统治阶级身份地位的象征。如图3-3所示为中国古代名冠形制图，我们大概能窥见中国古代“冠”的基本形制。那么，平民百姓是否着“冠”？事实上，中国古代平民也有首服，但不能称为“冠”，只能称为“巾”“帽”等，这是由中国古代社会的阶级性所决定的。第三，首服的统称。中国封建社会随着“科举制”的推行，阶级之间流动性增强，阶级之间的升降成为可能。同时中国封建社会后期，随着社会的世俗化，“冠”的概念延展成首服的统称。正如钱玄（1910～1999年）《三礼·名物通释·冠冕》中指出：“冠，首服之总称。”[25]可见，“冠”从统治阶级的特有之物下移至首服的总称，深刻反映了中国古代社会从阶层固化到阶层融合转型的事实，其中阶层融合的关键性因素应该是科举制的推行与完善。

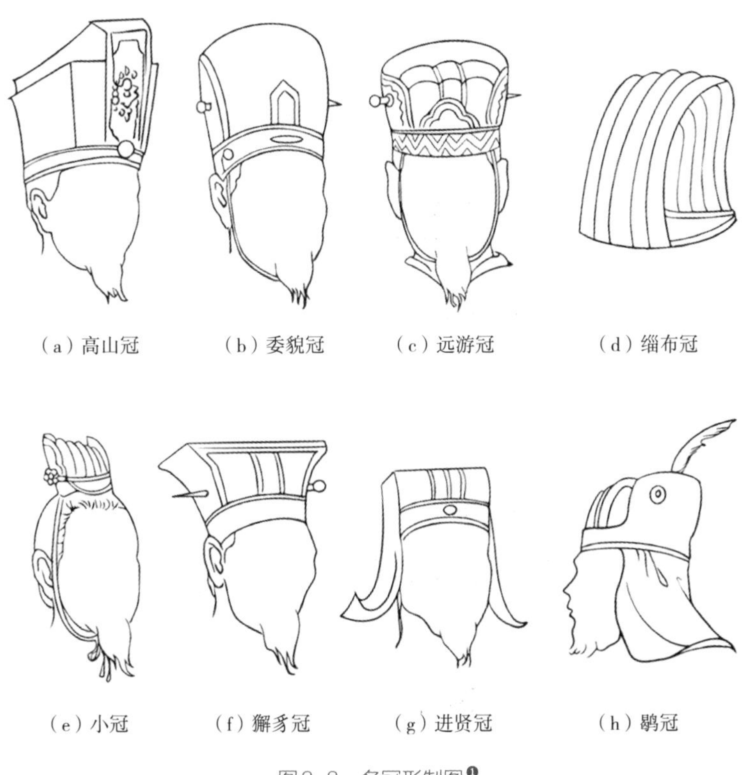

图3-3 名冠形制图❶

② 中国古代“冠”的分类

从形制上看，中国古代冠类首服可分为“单体式”“分体式”“复体式”三类，见表3-5[26]。单体式冠类又可以分为展簪式和发罩式两种，但作用都是罩住发髻，冠体较

❶ 图片来源：柴瑾绘制。

小。东汉至南北朝时期，随着平巾帻使用的流行，冠的形态转变为分体式。隋唐以后，冠的形态逐渐简化。复体式冠类一直是中国礼仪中重要的冠类，延续至明代。

表3-5　冠的形态特征[1]

大类	代表性的冠及流行的时间	代表冠及其形制图片	特点介绍
单体式：展筩式、发罩式	秦冠（流行于西汉初）	（a）陕西咸阳秦始皇陵兵马俑坑出土的陶俑所戴之冠	展筩式，指仅以侧面透空的“之”字形或“三角形”展策构成。笄的作用不是很明显，多用于贯固头顶、束起发髻之用
	小冠（东晋末年）、束发冠（五代）、梁冠（明代）	（b）梁冠	发罩式，冠体倒扣在戴者头部发髻之上的发罩，用笄固冠的单体式冠类首服。该类首服主要受佛教和道教影响，具有“修敬”清欲的美感
分体式	笼冠（魏晋南北朝）	（c）笼冠	该阶段随着平巾帻的使用，形成了颜题和展筩结合的冠体造型，复体式首服结构初步成型。该时期，冠的形制主要发生以下变化。首先，帻的作用逐渐提高，孙机先生称当帻与冠相结合以后，一方面由帻代替了冠的功能，成为承冠和固冠的基座；另一方面又由于帻蒙覆整个头顶，反而把冠架空了，使原本作为发罩的冠与发髻相脱离。其次，冠耳的出现改变了展策的形状，这是由于冠耳逐渐增高、增大，逐步成为冠的后壁，从而导致展的第三个边呈现斜俎形，演变为两个边的“人”字形

❶ 图片来源：（a）秦冠：胡涵涵绘制。

（b）小冠：明代梁冠[EB/OL]. 山东博物馆官方网站.

（c）笼冠：作为帝王背后的女人，曹皇后真的只是宋仁宗的“花瓶”吗[EB/OL]. 搜狐网.

（d）冕冠：山东博物馆官方网站。

续表

大类	代表性的冠及流行的时间	代表冠及其形制图片	特点介绍
复体式	冕冠、皮弁冠、韦弁冠、爵弁冠	（d）冕冠	复体式首服的冠体逐渐增大，装饰趋于华丽，帻与冠体合二为一，呈帽状外形。展策同冠之圈口连成包杯立式，冠体的装饰也逐渐增多，冠体逐渐呈现复体式

虽然冠的形制大体分为三类，但每个时代的冠都受到时代背景的影响而多有改变，并逐渐趋于简化。夏（约前2070～约前1600年）商（约前1600～约前1046年）以前的人并不佩戴头饰，后来为了礼仪和装饰的需要而形成了冠。初始的冠是模仿鸟兽头部造型。随着周礼的诞生和社会的发展，中国古代服饰制度也基本成型，冠的作用更加重要，除了礼仪需要，还有区别身份地位、区分地域、区分官职等功能。冠主要为汉人使用，元朝和清朝是少数民族政权，发型不再束于头顶，冠也就被帽取代了。

③ 中国古代“冠”的嬗变

中国古代“冠”的嬗变详见表3-6，周代冠主要是统治阶层在祭祀朝会的正式场合使用，祭祀的冠是冕，朝会的冠是弁，主要是礼仪所需。春秋战国时期，冠因地域、政治、文化等因素，而呈现出各诸侯国各不相同的特点，其主要作用是区分地域阶层和礼仪所需。按地域不同，鲁国有“巨冠”、楚国有“南冠”、吴国有“鳀冠”。秦朝大一统将各国的首服收而用之，上以供至尊，下以赐百官[27]。至此，冠区分地域的作用逐渐消失。汉代冠的作用更为完善，冠开始作为等级区分、辨识社会地位的主要标志。西汉时期，冠只是为束髻的发罩，在其下有一带状的頍与冠缨相连，结在颔下。至东汉，则先以帻包头，而后在帻上加冠[28]。魏晋南北朝时，冠的造型趋于简化，形态从前高后低，慢慢变为前低后高状。受魏晋风骨的影响，人们追求潇洒脱俗之态，小冠受到士族追捧，被广泛使用，而其他冠的使用频率也逐渐减少，冠的形制也趋于相同，如小冠、平巾帻和进贤冠在外形上都有着共同之处。隋唐时期的冠式继续简化。明代因幞头的流行而废除了多种冠式，仅有冕冠、通天冠等10余种汉代名冠继续使用，各种冠的服饰搭配也有了明确的规范，明代恢复了中原服饰文化，冠虽仍为唐制，但也保留了一些少数民族形制特征。

表3-6 中国古代“冠”的嬗变

朝代	冠名	特征及作用
秦及秦以前	委貌冠	诸侯王佩戴。区分地域与阶层，主要做祭祀之用和朝会之用
	大帛之冠	
	高冠	
	鲜冠组缨	
	皮冠	
	危冠	士阶层佩戴。区分地域与阶层，主要做祭祀之用和朝会之用
	遂之冠	
汉代	长冠（斋冠、鹊尾冠、刘式冠、竹皮冠）	为汉高祖刘邦所创，前长7寸、宽3寸，像一块板子扁平直立，主要在祭祀时佩戴，刘邦平常也佩戴。长冠是官吏身份的象征
	委貌冠（进贤冠）	诸侯大夫佩戴。长7寸、高4寸，前半部分较高较宽，后半部分较低较窄，形状像倒扣的杯子，采用皂绢制作
	皮弁冠	执事者佩戴，形制如委貌冠，采用皮制作
	建华冠（鹬冠）	以铁为柱卷，装饰九颗铜珠，形状像装丝的笼质容器，上小下大。祀天地、五郊、明堂之时，或《育命舞》之时，舞人所戴
	方山冠	形状类似进贤冠，五彩的縠制成（縠：质地轻薄纤细透亮、表面起皱的平纹丝织物，也称绉纱），是祭宗庙时乐舞人所戴之冠
	巧士冠	高为7寸与后面相连的直竖冠，只有两种使用情况：一种是黄门侍从官在郊外祭祀天地时穿着；另一种是“次乘舆车前”时使用
	高山冠	朝服冠的一种，形制像通天冠，为直立状，没有山述展筩（山述展筩：礼冠上的一种饰物），是中外官、谒者、仆射所穿的，天子也会佩戴
	法冠	执法者穿戴的冠。也叫柱后、獬豸（xiè zhì）冠、铁冠，高5寸，纚（纚：古代用来系束头发的布帛）为展筩，铁柱卷
	却非冠	仆射佩戴的冠。其形制与长冠相似，下半部分狭小，冠后有两条红色装饰带，装饰带一左一右分列像燕尾
	却敌冠	卫士穿戴。前高4寸，后高3寸，冠呈倒梯形上博下狭，形制像进贤冠
	樊哙冠	司马、王宫外门卫士穿戴。宽9寸、高7寸，前后各凸出4寸，形制像冕，比冕宽2寸。历史记载为樊哙以铁楯裹布创造的
	术士冠	司天官穿戴。前圆、吴制、差池逦迤四重，赵武灵王喜欢戴
魏晋南北朝	小冠	文人戴。无梁像汉代平巾帻，后部略高缩小至头顶，形制像进贤冠靠拢

续表

朝代	冠名	特征及作用
魏晋南北朝	远游冠	皇帝平日所戴，太子公王正式场合穿戴。形制像通天冠，前面无山述，有展箫横于冠前，并且冠的前面没有装饰金博山。该时期也有特例加金博山装饰的，如十六国北燕冯素弗墓出土的嵌玉金冠饰有金博山。墓主为北燕主冯跋之弟，地位特殊。还有南朝梁武帝为太子萧统举行冠礼，特别下诏在太子所戴远游冠上加金博山
	高山冠	高山冠是中外官、谒者、仆射所戴的冠。形制似通天冠、远游冠，但降低了高度。该冠式高度降低后，加了介帻，帻上加物以象山，供行人、使者等官员使用
	笼冠	颜题和展筩结合的冠体造型，冠耳的出现改变了展箫的形状。由于耳逐渐增高、增大，逐步成为冠的后壁，从而导致展的第三个边斜俎形，演变成两个边的“人”字形
隋唐五代	皮弁冠	形制和材质同汉代，固定方法升级了，采用笄导固定更为稳固
	通天冠	金博山与冠体分离，成为单独的装饰物。冠体部分呈卷筒状，向后上方高耸，两侧不闭合，呈S形装饰
	进贤冠	冠耳逐渐扩大，并由尖角形变成圆弧形，展箫也逐渐降低缩小，由卷棚形最终演变成球形冠顶
	笼冠	形制同魏晋南北朝时期的样式，垂耳有长有短
	进德冠	唐时赏赐宠臣的冠，冠以薄塑金铜叶作骨架，皮革张形，外贴薄皮革镂空花饰，顶部有鎏金铜梁，冠前面有五山、三云朵，冠后有软脚
	武弁（含鹖冠）	武官朝参、殿庭武舞郎、堂下鼓人、鼓吹、按工所戴。武弁有两种发展形制：第一种是由笼冠形制发展而来，头戴平巾帻，外罩笼冠；第二种是自战国时期已经使用的鹖冠演变而来，正面为鹖鸟形。鹖冠，也为隐士之冠，以鸟或羽为饰
宋代	通天冠（卷云冠）	是舞乐者所戴的彩冠，形制基本与隋唐五代相同，只是更为繁复，通天冠有24梁对应了冕旒的数量
	进贤冠	前屋造型饱满，且附梁于其上，后衬一横向山墙，从后面向前包，与汉代纳言式样成反例。其额前，又衬额花装饰。宋以后进贤冠外面还罩有笼巾
	笼冠（笼巾、貂蝉巾）	笼巾是朝服冠制中的一种，用金属作骨架，漆纱制成，顶部已变成方式，形象与前朝区别较大，仅留存一些形制上的特征。按照官品等级于笼巾下附有不同的卷梁装饰，耳侧附雉尾或貂尾
	小冠	日常使用的便冠，形状矮小，作束发用，可单独戴，也可以戴在巾帽里，戴在巾帽里若隐若现，给人一种清欲的美感
	道冠	文人士大夫的便冠，用金属或木材制作，颜色多为黄色，也叫黄冠

续表

朝代	冠名	特征及作用
宋代	袴褶冠	是鼓吹令、丞所戴之冠，形制同委貌冠（进贤冠）
	铁冠	隐士所戴，形制同法冠
元代	钹笠冠	为忽必烈的皇后察必所发明，主要为贵族所戴。冠体更像帽子，中间高的半圆状将整个脑袋都罩住，最顶上有金属尖纽，冠底有一圈圆沿
明代	燕弁冠	形制与皮弁相同，外冒乌纱，弁身前后各分十二缝，每缝压以金线（不缀玉珠）。冠前装饰五彩玉云各一，冠后列四山。五玉云象征五行，四山取其“镇静”之义
	忠靖冠	忠靖冠仿古玄冠，冠顶微起，三梁各压以金线，边缘以金线缘之。四品以下，去金，缘以浅色丝线
	保和冠	保和冠款式同燕弁冠，亲王用九襹，即冠上作九缝，王世子八襹，郡王七襹，不用簪，冠的后山为一整扇，分画为四山形

因此，“冠”作为头衣，符合传统礼仪与审美的需要。此外，中国古代的“冠”制与封建专制统治密切相关，冠的形态趋于复杂，在装饰上也较为烦琐，尽显华贵，专为统治阶级服务，具有等级划分作用。因此，“张冠”绝不允许“李戴”，是中华服饰文化中不可或缺的服饰，对于继承与发扬我国的衣冠文化具有重要意义。

（2）振衣濯足

成语“振衣濯足”出自晋代左思（约250～305年）《咏史》诗之五❶：“振衣千仞冈，濯足万里流。”意为抖掉衣服上的灰尘，洗去足上的污垢，去除尘世的污秽，升华自身的心灵[29]。本质是放弃物质享受，追求精神境界。我们可以从“振衣濯足”中引申出中国古代清洗衣物的方法与方式。

① 中国古代的洗衣方式

中国古代水源丰富的地方，洗衣服常被称为“捣衣”，反映了在缺乏清洗剂的情况下，采用物理的方法——“捣衣”来去除衣服上的污物（图3-4）。古代诗人曾留下大量关于“捣衣”的诗句，如李白在《子夜吴歌》的第三首《秋歌》❷中描绘到“长安一片月，万户捣衣声”。由此可知，唐代的长安，秋夜时的妇女们几乎统一从事

❶《咏史》之五：“皓天舒白日，灵景耀神州。列宅紫宫里，飞宇若云浮。峨峨高门内，蔼蔼皆王侯。自非攀龙客，何为欻来游。被褐出阊阖，高步追许由。振衣千仞冈，濯足万里流。”

❷《秋歌》：“长安一片月，万户捣衣声。秋风吹不尽，总是玉关情。何日平胡虏，良人罢远征。”

"捣衣"活动，可见捣衣的规模很大，几乎形成一种习俗。那么"捣衣"是如何进行的呢？据汉代班婕妤（前48～2年）[1]的《捣素赋》中所描绘："投香杵，加纹砧，择鸾声，争凤音……调无定律，声无定本。任落手之参差，从风飙之远近。或连跃而更投，或暂舒而长卷。"可见，"捣衣"是在"杵"与"砧"之间舒缓与轻柔的碰击中完成。

事实上，笔者认为"捣衣"不仅是洗衣的方法，而且是使衣物柔软舒适的方法。众所周知，在元代之前中国平民的衣料主要是葛麻之类的织物，这一类衣物纤维比较挺括、粗硬，需要用对衣物进行柔软化。因此，捣衣也有对衣物进行柔化的作用。如杜甫的《秋兴八首·其一》所载："寒衣处处催刀尺，白帝城高急暮砧。"[2]白居易（772～846年）的《江楼闻砧》："江人授衣晚，十月始闻砧。一夕高楼月，万里故园心。"其中均有秋季捣衣女为即将出征的丈夫柔化秋衣场景的描述。唐代张萱《捣练图》（图3-5）

图3-4　捣衣图[3]

图3-5　张萱《捣练图》

[1] 班婕妤（前48年～2年），名不详，汉成帝刘骜妃子，西汉女作家、著名才女，中国文学史上以辞赋见长的女作家之一。善诗赋，有美德。初为少使，立为婕妤。《汉书·外戚传》中有她的传记。她也是班固、班超和班昭的祖姑。她的作品很多，但大部分已佚失。现存作品仅三篇，即《自伤赋》《捣素赋》和一首五言诗《怨歌行》（亦称《团扇歌》）。

[2] 唐代杜甫《秋兴八首·其一》："玉露凋伤枫树林，巫山巫峡气萧森。江间波浪兼天涌，塞上风云接地阴。丛菊两开他日泪，孤舟一系故园心。寒衣处处催刀尺，白帝城高急暮砧。"

[3] 图片来源：博客中国。

中形象地将这种工艺运用到丝织物当中，不过其原理应该是一致的。

此外，在中国缺水地区，通过对陕西渭北乡村传统洗衣方式的记载可知，洗衣一般在黄土塬上的涝池中进行。首先，在涝池的水边摆一圈石头，做好准备工作；其次，将脏衣服卷起放入草笼里，用一根绳子将草笼拴好；再次，在摆好的一圈石头中选择一块平整石头，在石头前面挖出一个深厚的洞可以浸透衣物，将草笼放入洞中将衣服浸湿；最后，用棒槌将皂荚砸成碎末，洒落在湿衣上，放在石头上，用棒槌反复击打它。如此反复，当溢出绿汁，证明皂荚开始发挥作用。最后，对衣物进行浸透，清洗污物[30]。总而言之，几千年来在中国人的生活中，洗衣用到的工具主要有杵、砧、石板以及天然的洗衣剂等。

② 中国古代清洗衣物的洗涤剂

"振衣"就让我们联想到古人清洗衣物的方式，那么古代是否存在类似现代洗衣粉与洗衣液的东西？事实上，中国古人很早就发现了一些类似的洗涤用品。

草木灰（图3-6）。早在周代，华夏先祖们就已经认识到草木灰具有去污的作用，据《周礼·考工记》："㡛氏湅丝。以涚水沤其丝，七日。"[31]本质就是利用草木灰水浸液中的碳酸钾进行洗丝。最早、最直接的用草木灰清洗衣物的方式在《礼记》中有所指出，其中内则篇明确指出："冠带垢，和灰清漱，衣裳垢，和灰清浣。"[32]由此可知，周代礼制要求是用草木灰来洗涤衣帽，事实上，草木灰中具有去污作用的成分是碳酸钠，据汉代的《神农本草经》中称碳酸钠为"卤碱"[33]。

图3-6　草木灰

草木灰加贝壳灰。这种方法是利用草木灰与贝壳灰融合其帛，产生出一种强碱——氢氧化钾反应，从而达到去污的效果。据《周礼·考工记》记载："练帛。以

栏为灰，渥淳泽器，淫之以蜃，清其灰而盝之……”[34]此处“栏”是苦楝树，楝树叶灰呈碱性（碳酸钾）；“蜃”就是蚌壳（碳酸钙）。由此可知，至迟在周代，中国人就认识到利用草木灰加上灼烧的蚌壳粉产生碱性较强的氢氧化钾，能有效地去除织物上的污物。

图3-7　石碱

石碱（图3-7）。早在汉代，中国人就已经知道用天然石碱洗涤衣物，天然石碱成分为碳酸钠。然而，还有一种人工制作石碱的方法，据《本草纲目》记载，人造石碱是蒿蓼等植物的灰汁加面粉制成的石块，山东济宁有出产。事实上，直到解放初年，全国各地都有石碱出售，用作清洗用品。

图3-8　皂荚

皂荚（图3-8）。除了草木灰、贝壳灰、香碱等外，古人还选择一些植物性材料作为洗涤用品。早在宋代，皂荚就成为中国最重要的洗涤用品，当时南宋（1127～1279年）都城临安（今杭州）城中就有用皂荚粉做成的橘子大小的肥皂团。据周密（1232～1298年或1308年）在《武林旧事》中记载了它的名字——肥皂团。皂荚的去污原理是：皂荚水溶液中的皂苷是一种天然的非离子表面活性剂，它呈中性、无毒并易降解，是一种天然的去污品。同时，皂苷还具有低发泡和乳化剂作用的特点，能有效清除织物上的污迹[34]。因此，皂荚这种天然的植物去污品很容易就成为古人的洗涤用品了。

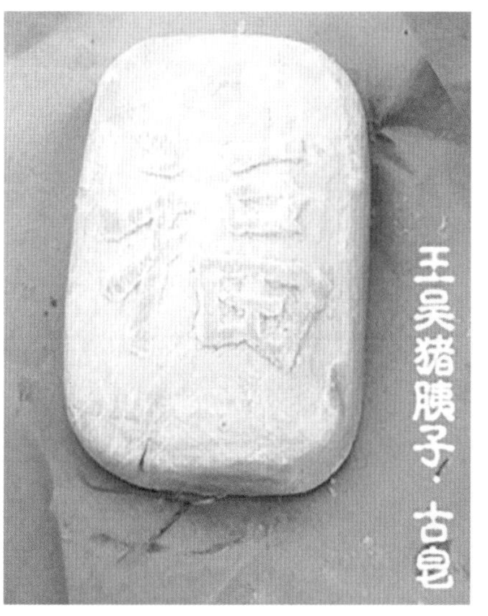

图3-9　胰子

胰子（图3-9）。肥皂在中国很多地方的方言中被称为“胰子”。事实上，“胰子”主要成分是猪羊等动物的胰腺。动物胰腺的去污作用很早就被中国人知晓，南北朝时期，贾思勰（生卒年不详）已经指出用猪胰去垢。唐代“药圣”孙思邈（541～682年）的《千金方》中记载了制作“胰子”的配方与方法：用洗干净的猪胰晒干后磨成粉状，为了增加黏合度，加入一些豆粉香料制作成颗粒状——这就最早的胰子。在肥皂传入中国之前，中国人继续改进了胰子的配方，为了增加清洁效果将香碱也加到胰子中，并且将其制成汤圆大小[35]。

成语“振衣濯足”引申出与中国古代洗衣有关的联想。总体上看，由于古代洗涤剂的缺乏以及效用性不强，基本上以物理方式为主、化学方法为辅的方式来清理衣物上的污迹。具体来看：一方面，“捣衣”是中国古代妇女最为普遍的洗衣方式，它是在杵与砧的物理作用下来清理衣物上的污迹。此外，“捣衣”也是物理方法软化衣物的一种常见方法。另一方面，中国古代也有一些常见的洗衣辅助用品，如草木灰、贝壳灰、石碱、皂荚、胰子等，它们或单独使用或混合使用，能在捣衣的基础上更加有效地清洗衣物上的污迹。

综上所述，成语“弹冠振衣”是准备出仕为官，从而清洁服装的一种表现。从冠的释义中可知冠为中国礼仪制度中的重要道具，彰显了当官者的重要身份，后来冠由统治阶级的特有之物下移为首服的总称，反映了阶级固化的改变以及为统治阶级服务的表现。“振衣濯足”也指清洗衣物的一种表现，反映了官者退出官场、追求隐居生活的一种选择，从“振衣濯足”中还可引申出古人的洗衣方式和天然材质制成的清洁剂，充分展现了古人的聪明才智。

17.毁冠裂裳、裂冠毁冕

成语“毁冠裂裳”与“裂冠毁冕”都是对冠帽与衣裳的毁坏行为。从“冠”“冕”“裳”的称谓与种类中，我们可以发现“冠”和“冕”在中国古代除了束发功能外，更重要的作用是象征意义，标志着各阶层的身份地位；“裳”作为成年男子所着的下衣，后逐步演变为裙，为遮蔽下体的服装之一。“冠”“冕”和“裳”作为中国古代的重要服饰，对个人的行为起到一定的影响和制约作用。

成语“毁冠裂裳”出自《后汉书·周燮传》：“奉檄迎督邮，即路慨然，耻在厮役，因坏车杀马，毁冠裂裳，乃遁至犍为，从杜抚学。”[36]在周燮传中讲到，周燮（生卒年不详）与冯良（生卒年不详）品行贤良，冯良年少有为，侯奉檄迎接督邮❶，在路上为其所在的职位感到耻辱，于是乎毁掉车马，撕烂衣冠，逃跑至犍为，至杜抚（生卒年不详）之处去学习。成语词典中对“毁冠裂裳”解释是毁掉帽子和衣裳，后用

❶ 督邮，古代官职名，是督邮书掾、督邮曹掾的简称。汉代各郡的重要属吏。代表太守督察县乡，宣达政令兼司法等。每郡分若干部，每部设一督邮。

作表示彻底决裂之意[37]。“裂冠毁冕”出自春秋左丘明《左传・昭公九年》：“伯父若裂冠毁冕，拔本塞源，专弃谋主，虽戎狄，其何有余一人？”[38]周对晋的关系，就如同衣服有冠冕，而晋国率领戎狄进攻周，就好比毁坏冠冕、抛弃谋主的行为。因此，借用“裂冠毁冕”比喻背弃礼法、背叛王室。可以看出，中国古代服饰中首服与衣裳对人们来说具有十分重要的意义，由此整理历史各个时期冠帽与衣裳的不同形制。

（1）古代冠的称谓

中国古代的冠除了束发功能外，更重要的作用是其象征意义，标志着各阶层的身份地位。根据中国古代冠帽的象征意义及功能进行分类整理，统治阶级的冠帽包括弁、冠、冕、幞头、顶等，平民阶层的帽巾包括巾、帽、帢、帻、笠等。

① 统治阶层的冠帽

弁：中国古代男子的礼冠。根据所用材质、形制的不同具有不同的象征意义，包括皮弁、韦弁、冠弁、琼弁、青弁、爵弁、素弁等。《礼记・郊特牲》记载：“周弁、殷冔、夏收，三王共皮弁素积。”[39]可见冠礼在夏商周时期已为统治阶级所用，周代时所用礼冠即为弁。

冠：早在夏代，随着礼服制度的出现，礼冠制度也随之发展。一般冠的解释有二，一指古代贵族男子所用的特殊头饰，是贵族服饰的主要标志之一。古人因蓄长发用，多用冠束住。二指中国古代首服的统称[25]。

冕：即“冕冠”，古代帝王、诸侯及卿大夫所戴的礼冠。其冠顶盖有一块木板，名“延”，“延”的前后垂有“旒”，一般分为十二旒、九旒、六旒、三旒，以十二旒为最尊，专用于帝王。冠侧面有两个小孔，名“纽”，两耳旁垂有丝绳，名“纮”。各个朝代的冕冠根据时代的变迁略有不同[40]。

顶：亦称“顶珠”。顾名思义是冠顶上的装饰品，通常用金银做成底座，上方镶嵌有华丽的珠宝，珠宝的形状多样，或为方形，或为菱形，或为锥型等，除装饰作用外，更重要的是戴冠者的身份象征[41]。

幞头：古代男子的黑色头巾。基于东汉的幅巾演变而来，最初以皂绢三尺裹发，有四带，其中二带系脑后垂之，二带反着系在头上。北周武帝将其做了改制，裁出脚后幞发，开始名为“幞头”，后随着朝代的更迭，形制赋予了变化[42]。

② 平民阶层的帽巾

巾：巾指裹头束发的巾子，主要功能有二：保暖和防护。既为士庶所用，又是官庶的标志之一[43]。为便于劳动，各朝代形制各异，包括乌纱巾、菱角巾、折上巾等。至清朝时，因剃发令，巾子随之消失[44]。

帽：又称“帽子”，在巾的基础上演变而成，帽的出现比冠、冕要早，又因其便于束发，逐渐取巾而代之。《说文解字》云：“冃，小儿、蛮夷头以也。”[45]《仪礼·士冠礼》：“皮弁，服素积，缁带，素韠。”[46]自周以来，统治阶级以冠、冕为贵，帽则是游牧民族的象征。根据出土的实物资料来看，帽在很早以前就已出现，如新疆楼兰罗布泊孔雀河北岸古墓沟出土3800年前的毡帽和陕西扶风西周宫室遗址出土的蚌雕人头上也带有帽的形象[47]。

帢：古代平民阶层的便帽，材质为缣帛，形制为尖顶，口阔，无檐，正中留有一道缝隙，区别前后[48]。《三国志·魏书·武帝操》之中：“太祖为人佻易无威重，好音乐，倡优在侧，常以日达夕。被服轻绡，身自佩小鞶囊，以盛手巾细物，时或冠帢帽以见宾客。”[49]可知，三国魏国时期在军旅中便开始使用，后因幞头等冠帽的流行，逐渐消失[50]。

帻：古代男子包髻之巾。使用时绕髻一圈，在额头上朝上翻卷，下至眉毛。刘熙《释名·释首饰》：“帻，迹也，下齐眉迹然也。”[51]最初出现时为平民阶层所用，西汉末时，贵族在帻上加冠戴之。帻的形制大致可分为两种，一为尖顶，称为“介帻”，二为平顶，称为“平上帻”。人们的身份不同，所戴帻的形制略有差别[52]。

笠：又称“笠子”“斗笠”。形制为尖顶宽檐，多用于农夫、渔人及行者，雨天可蔽雨，夏天可蔽暑。材质一般用竹篾编成，上覆竹叶、笋壳等不易渗水的材料[53]。笠主要为平民阶层所用，南北朝后，文人儒士崇尚，后至唐代，随着西域文化的传入，在少数民族中作为礼帽使用[54]。

根据以上的统治阶层和平民阶层冠的大致分类来看（表3-7），统治阶层的冠帽多繁缛华丽，运用冠帽来区分身份等级，以示阶级尊贵；反之，平民阶层注重其功能性，主要作用于劳动和身体保护。

（2）各时期冠的特点

中国历代冠帽各有特点，各时期最具代表性的冠帽形制如下：

商周时期：随着纺织业的不断发展，统治阶层的冠帽多有冕、弁、冠等，帻巾的使用也十分普遍。同时，这一时期百家争鸣，诸国交流频繁，诸侯百官上朝需着朝服头戴冠，因此在众多思想的冲击之下，人们对冠帽也开始加重其统治意味，丰富了冠、弁的形制与其搭配的发式[55]。

表3-7　冠帽的分类❶

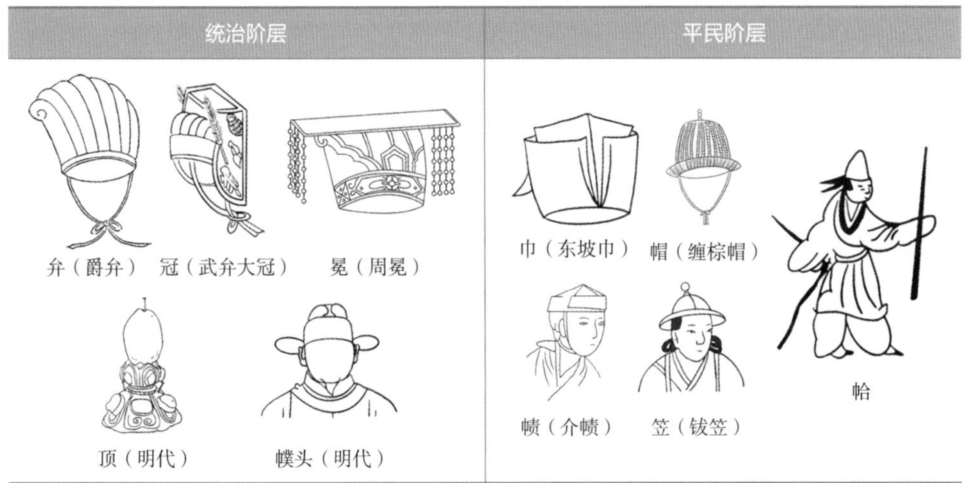

秦汉：秦朝一统六国后，加强了中央集权统治，建立了郡县制。因秦始皇相信阴阳学家的五德说，以黑色为尚，同时秦亲法灭儒，在服饰上表现为冕服制，朝中等级也可以冠式和佩玉加以区分[56]。汉随秦后，故承其旧，许多统治方法承袭秦代。后汉朝国力逐渐恢复，扩大了与周边各民族的文化交流，政权的稳固与经济的发展，社会风尚随之发生了变化，人们的审美打扮趋向华丽，至东汉制定了详细的服饰制度，包含从冠帽上开始区分统治者的身份地位。汉代的祭服、朝服、常服等，所着冠帽各异，祭服一般搭配冕、长冠、爵、皮弁等，朝服一般搭配通天冠（图3–10）、远游冠、进贤冠、高山冠、法冠等，常服搭配帻（图3–11），包括介帻和平巾帻之分，仅在颜色上有所区分，无贵贱之分。在这一时期后，人们的巾帽也逐渐多样化，多有幞头、折上巾、旄头、斗笠等。

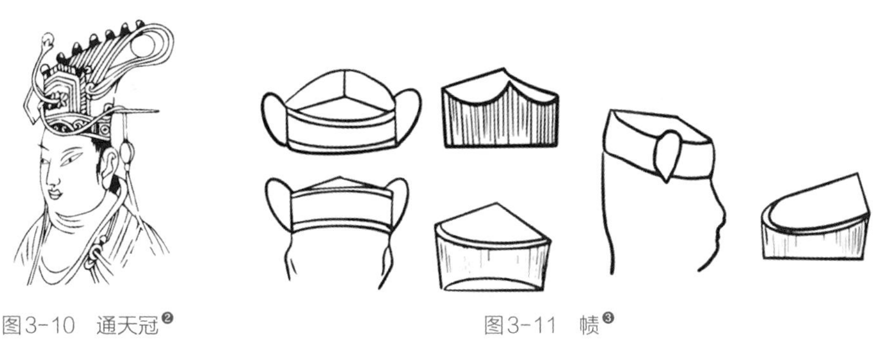

图3-10　通天冠❷　　图3-11　帻❸

❶ 图片来源：陈晓宇绘制。
❷ 图片来源：陈晓宇绘制。
❸ 图片来源：陈晓宇绘制。

魏晋南北朝：魏晋南北朝十分动荡，战乱时期的人们思想不安定，社会思想发展变化较大，后玄学思想和佛教成为主流，与本土文化及审美风尚相结合，冠帽之制变得独树一帜，摆脱了汉代梁冠，多用小冠、笼冠，相较于汉代的大冠，这一时期的笼冠并非顶于头上，而是罩于头上（图3-12），同时，汉代的折上巾也因北周时武帝改制，改名为“幞头”[57]。据魏末晋初的《竹林七贤图》可知，当时的文人志士燕居时仅束发，鲜有戴冠帽之状，这与当时社会向往自由、崇尚自然的思想有关。

隋唐：隋唐作为中国古代经济发展、文化繁荣的鼎盛时期，服饰日趋自由，风格逐渐多样。隋朝的建立，统一加固了集权，深化了社会各种制度的形成与稳固，包括对服制进行了严格的改制。至唐代，各民族之间文化相互影响，促成了大唐独具特色的服饰风格。这一时期的冠帽大多与官服搭配，官服主要包括祭服、朝服、公服、常服、章服，与之搭配的冠帽保留着前朝的样式。值得一提的是，唐代幞头是这一时期男子的主要冠帽（图3-13），在形制上与汉代略有区别。隋初时，基本承袭北周之制，幞头的两脚形制不断变化，或自然垂下，长度或短或长[58]。除此之外，唐代由于受魏晋南北朝时期的影响，人们的巾帽逐渐多样，同时还出现了众多纱制的纱帽。

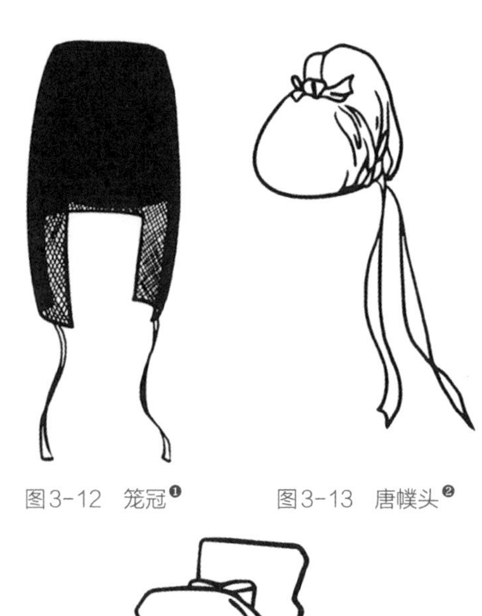

图3-12　笼冠❶　　图3-13　唐幞头❷

宋代：宋代重文治，在服饰制度上十分严苛，冠帽的发展也已趋于稳定，统治阶级多受唐五代的影响，冕冠多繁缛华丽。反之，其他的冠帽在受到程朱理学“存天理，灭人欲”的思想影响后，相较于唐代更为保守。[59]至宋代，幞头变化较大，形制由唐代的自然垂下变为直角，两脚向旁边伸展延长，最长达到数尺，两脚展开是为了防止臣僚在上朝时窃窃私语（图3-14）。同时幞头

图3-14　宋幞头❸

❶ 图片来源：陈晓宇绘制。

❷ 图片来源：陈晓宇绘制。

❸ 图片来源：陈晓宇绘制。

也成为这一时期男子的主要冠帽，朝廷官员甚至平民百姓均可戴之。文人儒士多以幅巾为雅，形制多样，幅巾的使用逐渐成为风尚，还包括程子巾、山古巾、高士巾、逍遥巾等[60]。

图3-15　明乌纱帽❶

明代：明代成立后恢复汉族礼制，冕服制度更为严苛，同时带有唐宋之审美，多以祭服、朝服、公服为主，冠帽之制与官服相搭配，统治阶级的冠帽较宋代造型更为华丽，诸如着朝服时，文官一品冠七梁，随着官阶的不同，七冠梁逐渐递减，至八九品为一梁之冠[61]。值得一提的是，明朝时乌纱帽盛行（图3-15），为明代百官常服所戴，形制为前高后低，两翅平直，根据官员的等级略有不同。与此同时，平民百姓的巾帽种类也十分多样，出现了诸如四方平定巾、六合一统帽、汉巾等样式，网巾也开始普及，平民的巾帽帻保持其实用性，形制简单，功能性强。

综上所述，自商周以降，政治制度逐步完善，分封制、世袭制等都初步确定，奴隶制日益完备，奴隶主王权不断加强，等级差别日益明显，同时确立了冠服制度和章服制度，在此基础上冠帽之制也不断发展。商周作为冠帽之制的开始，冠帽的形制对后世的形制都有着十分重大的影响。在秦汉后，随着中央集权制度的强化、国力的强盛，统治阶层为了强化自身地位，完善了整体的服饰制度，冕冠在服制中的作用逐渐明显。在之后的朝代中，冠帽之制虽在形制上做了一定改变，但其表达的阶级意味基本没有改变，因而带有汉代冠帽之制的影子。

（3）古代裳的称谓

自远古时期，“裳”制就已出现，作为蔽体的重要服装之一，形制多样，包括裳、袴、裈、裙等（表3-8）。

裳：亦称“下裳”。男女尊卑，均可穿着。根据形制、色彩、用途等不同，名称不一，包括纁裳、素裳、玄裳、黄裳、杂裳、蚁裳、帏裳、赤裳、雨裳等[62]。《周易·系辞下》云：“黄帝尧舜，垂衣裳而天下治。”[63]可知，在远古时期衣裳在统治阶层就已十分重要。

❶ 图片来源：陈晓宇绘制。

袴：古代的下体之服。秦汉时多指胫衣，形制类似现代的套裤，无裆，上至膝盖，下至脚踝。包括冕袴、绸袴、皮袴及锦袴等，根据材料的不同名称有所区别。如袴褶、大口袴、小口袴、汗袴、合欢袴、锦袴、虎文袴、复袴、皮袴等[64]。

裤：裤即为"袴"后起字，也是下体之服。现代多用"裤"，少用"袴"。宋代张端义（生卒年不详）《贵耳集》卷下中记载："何自然中丞，上疏乞朝廷并库，寿皇从之。方且讲究未定，御前有燕，杂剧伶人妆一卖故衣者，持裤一腰，只有一只裤口，买者得之，问如何着？"[65]可知自宋代开始采用裤表示下体之服。诸如棉裤、锦裤、袷裤、马裤、复裤、缚裤、散脚裤等。

裙：即为"下裳""裙子"。通常为多幅布帛连接制成，穿时上连于腰。魏晋南北朝时期男女均可穿着，唐代以后多见于女性服饰之中，形制多样，种类繁多，有长裙、短裙、纱裙、罗裙、石榴裙、芙蓉裙、郁金裙、宽襕裙、百花裙、千褶裙、凤尾裙、战裙、舞裙、仙裙、娑裙等种类[66]。

表3-8　裳的类别❶

裳	袴	裤（开裆裤）	裙（围裙）

事实上，裳在中国古代并非真正意义上的下衣，在商周时期，"裳"作为成年男子所着的下衣，而后才逐渐演变为裙。在春秋战国之际，出现了上下连属的深衣形制，男女、尊卑均可穿着，魏晋以后才被袍衫代替。

因此，"冠"和"裳"作为区分古代人们身份重要的方式，有着十分重要的意义。"毁冠裂裳"与"裂冠毁冕"中的"毁冠""裂裳""裂冠""毁冕"行为，意即对冠帽、衣裳的毁坏和撕裂，表征着坚决的态度和决裂的行为，带有一种威胁性。从"冠""冕"和"裳"中还可以发现，这类服饰是中国古代冠冕制度和礼制思想的反映，具有证史价值。一方面，可反映古代的统治阶级对于人们服饰行为、服饰表现的严格化和制度化，并促使人治观念的形成；另一方面，这类服饰作为人外在形象的传播媒介，以服饰色彩、款式、面料和工艺将尊卑等级做了明确划分，在礼制

❶ 图片来源：陈晓宇绘制。

思想上达成和谐统一，特别是首服在服饰中的显著地位，强化了等级森严制度下的“角色意识”。因此，从成语中看服饰文化，对其解读不仅局限于色彩、款式、面料和工艺，还需从当时的历史背景、传统文化中发掘其更多可能传递的信息，从而反映当时的社会现状。

18. 作嫁衣裳、缁袘纁裳

成语“作嫁衣裳”与“缁袘纁裳”分别对男女的婚嫁服进行了描述。从“作嫁衣裳”可以发现，女子的婚礼服主要受气候条件、宗教文化与生活习俗的影响较大，女子婚礼服的装饰较多，以织、绣、染为主，随着胡汉文化的融合，少数民族服饰展露出别样的民族风情，丰富了婚服样式，因此，女子婚服展现了一种视觉审美属性。从“缁袘纁裳”中反映了男子的婚服特点，男子婚服相较于女子婚服来说，无论是色彩还是装饰上都更为简单。男子婚服更多体现在服色制度、思想观念、风俗信仰、政治影响以及文化指向中，强调一种社会意识表征。

（1）作嫁衣裳

“作嫁衣裳”语出唐代秦韬玉（生卒年不详）《贫女》[1]诗：“苦恨年年压金线，为他人作嫁衣裳。”这两句诗是描写贫穷绣工的悲苦之情，为了生计，绣工们年年从事繁重的刺绣工作，却只是为他人制作精美的嫁衣裳，反映了唐代贫穷女子贫困的生活与压抑的心情。此处“压金线”是刺绣的一种技法，用来指代刺绣工作。事实上，作者原诗以贫女自喻，表达自己怀才不遇，无人赏识之情。现今用“为他人作嫁衣裳”来感叹自己的辛苦与谋划没有对自己的境况的改变起到任何作用，反倒是被别人利用。

① 汉族女子的嫁衣裳

成语中的“嫁衣裳”对中国女性来说意义深远，并且嫁衣裳因制作精美还可以反映出各时代、各地区的制作工艺与民俗文化。以时间线索来看中国古代汉族嫁衣的演变，经历了简朴庄重到精致奢华的发展历程，明代确立了红嫁衣的习俗并影响至今。汉代嫁衣简单庄严，据《礼记·士昏礼》记载周代嫁衣是玄色纯衣纁袡礼服

[1] 《贫女》：“蓬门未识绮罗香，拟托良媒益自伤。谁爱风流高格调，共怜时世俭梳妆。敢将十指夸针巧，不把双眉斗画长。苦恨年年压金线，为他人作嫁衣裳。”

（图3–16），色彩以红黑为主，新娘穿着装饰有赤色衣缘的黑色上衣，下穿赤色裙裳装饰黑色缘边[67]。贵族采用丝质面料，平民使用麻、葛面料；秦代除了纯衣纁袡的嫁衣，还有衣裳连属的玄纁色深衣也作为嫁衣使用。

图3–16　玄色纯衣纁袡❶

汉代嫁衣为深衣制，但嫁衣逐渐变得隆重且喜穿多重衣。根据新娘身份等级的不同，其嫁衣的隆重程度也不尽相同。在色彩上，公主、贵人、妃子以上和特进、列侯女子出嫁时可以使用"十二彩"❷。六百石以上爵位家庭的出嫁女子可使用"九彩"❸；三百石以上可使用"五彩"❹；二百石以上使用"四彩"❺，贾人只能用缃色和缥色[68]。在面料上，依照阶级的不同选用锦、绮、罗、缯。在层数上，贵族多层，平民至少也是三重[69]。

魏晋南北朝时期的婚服有两种说法，一是"襳髾袿衣"（图3–17），据《隋书·礼仪志》记载："袿大衣，盖嫁衣也。谓之袆衣，皂上皂下。亲蚕则青上缥下。皆深衣制，隐领袖，缘以条。"[70]由此可知，袿衣的形制与深衣一样。"襳"是古代妇女上衣用作装饰的长带，而"髾"则是在衣服下摆施加相连接的三角形装饰。因此，"襳髾袿衣"是在深衣的基础上，从腰部围裳中伸出长飘带，在下摆添加相连接的三角形

❶ 图片来源：柴瑾绘制。
❷ 即丹、紫、绀、青、绛、黄、红、绿、缃、缥、玄、纁十二种色彩。
❸ 即青、绛、黄、红、绿、缃、缥、玄、纁九种色彩。
❹ 即青、绛、黄、红、绿五种色彩。
❺ 即青、黄、红、绿四种色彩。

装饰，层层相叠，提升了深衣的立体感与飘逸感，仙气十足；二是采用白縠、白纱、白绢衫，并装饰紫色结缨的白色婚服。这种说法源自晋代张敞（生卒不详）的《东宫旧事》："太子纳妃，有龙头旧髻枕、银环钩副之。衫有白縠、白纱、白绢衫，并紫结缨……皇太子纳妃，有绛纱复裙，绛碧结绫复裙，丹碧纱纹䍐裙，紫碧纱文双裙，紫碧纱文绣缨双裙，紫碧纱縠双裙，丹碧杯文罗裙……太子纳妃，有绛绫袍一领。"[71]笔者倾向于第一种说法，一方面，从资料的性质上分析，《东宫旧事》是一本野史，其可信度还有待商榷；另一方面，从正史上看，第一种说法较为普遍，而《东宫旧事》中所言的婚服可能是个特例，与中国传统婚服背道而驰，白色在中国传统文化中一般被视为丧服颜色。

图3-17　襳髾袿衣❶

隋唐时期，嫁衣是"钿钗礼衣"，独具一格的使用绿色嫁衣（图3-18）。其形制为宽袖对襟衫、长裙、披帛，头上簪有金翠，脸部贴有花钿。宽袖对襟衫与长裙继承了魏晋时期的特点，这里不再赘述；所谓披帛，是类似于今天的长围巾，只是使用方法与今天有所不同，披帛一般披于肩上，缠在手臂。而花钿是中国古时汉族妇女脸上的一种花饰，唐代花钿的形状有梅花状以及各式小鸟、小鱼、小鸭等，纹样十分可爱、新颖。事实上，不同等级的妇女"钿钗礼衣"制式有所不同，"钿钗礼衣"有很多种颜色和花纹。然而，作为婚礼服则取其青绿色，绿同禄，具有祝福之意[72]。

❶ 图片来源：柴瑾绘制。

图3-18　绿色钿钗礼衣[1]

宋代嫁衣为“凤冠霞帔”，其服装形制主要是对襟大袖衫、褶裥长裙、霞帔（图3-19），上面刺绣吉祥图案，色彩沿袭唐朝特色，红男绿女，有时也有红女绿男；元代蒙古族女性嫁衣则头戴罟罟冠，穿袍服（图3-20），而汉族庶民女子穿长袍，外加半臂，也有上衣下裙。

图3-19　宋代嫁衣[2]

图3-20　元代蒙古族嫁衣

明代平民女子也可穿着凤冠霞帔（图3-21）。皇后嫁衣为袆衣，官宦女子嫁衣是与其母亲等级身份对应的命妇服装，头戴翟冠（凤冠），身穿真红大袖衫或圆领女蟒服，下裳为大红褶裙，头罩红色方形巾帕（称为盖头）。士民女子的嫁衣为大红通袖

❶ 图片来源：柴瑾绘制。

❷ 图片来源：陈晓宇绘制。

袍，配以团花、云纹霞帔、销金盖头。庶民女子婚礼通常戴髻（或金冠），穿大红袍（或袄衫），头上罩红盖头，出嫁时可享受贵妇凤冠霞帔的衣装殊荣，常见真红对襟大袖衫、凤冠霞帔、官绿裙和红缎绣花鞋的组合[73]。由此可知，在明代女子嫁衣中最具特色的是“红盖头”。宋代妇女有头上戴盖头之俗，我们可以在宋代《耕织图》中见到它的原型（图3-22），宋代妇女的盖头佩戴风尚是在唐代风帽的基础上改制而成的。其形式与唐代的风帽相似，宋人李嵩（1166～1243年）《货郎图》（图3-23）和《市担婴戏图》（图3-24）中绘有其样式。随着时代的发展，到了明代，盖头由妇女日常生活服饰转变为“红盖头”，成为婚礼中女子的嫁衣。

图3-21　明成祖仁孝皇后凤冠霞帔❶

图3-22　宋《耕织图》中的盖头❷

图3-23　李嵩《货郎图》❸

图3-24　李嵩《市担婴戏图》❹

❶ 图片来源：明成祖仁孝皇后[EB/OL].

❷ 图片来源：大公网。

❸ 图片来源：故宫博物院官方网站。

❹ 图片来源：中华珍宝馆。

清代汉族女子嫁衣受满族影响，汉族女子婚嫁时穿红喜裙（图3-25），红喜裙是对婚嫁时裙子的统称，式样主要有单片长裙及斓干式长裙，以大红色地绣花，上配石青或大红绣花袄褂，凤冠霞帔，沿袭明代旧制。晚清时期满汉服饰融合嫁衣搭配，最为常见的形式为凤冠、云肩、褂裙、大红盖头。其中凤冠、云肩、大红盖头为汉族服饰，而褂裙就是典型的满汉服饰融合的产物[74]。

图3-25　清代嫁衣❶

② 中国少数民族嫁衣裳

少数民族嫁衣也极具特色，蕴含了少数民族新娘对美好生活的向往，展现了少数民族精致的制作技艺、独具特色的审美。款式造型受气候条件、宗教文化、生产生活的影响，装饰手法多样，以织、染、绣为主，纹饰多使用少数民族图腾，蕴含生殖崇拜、自然崇拜、祖先崇拜、图腾崇拜、吉祥寓意，使用当地盛产且较贵重的面料，见表3-9。蒙古族女性较少从事游牧等户外工作，所以装饰性并未因生产活动被淘汰，婚服色彩鲜艳明亮，纹饰较汉族粗犷，蛇纹、盘羊纹极具特色；畲族婚服采用当地盛产的苎麻布，色彩也与汉族不同，为蓝黑色，喜装饰凤凰鸟图案，服装窄小；苗族支系繁多，婚服款式丰富且较汉族短小，丰富的刺绣、银饰和亮布是其特色，刺绣以破线绣为主，装饰图案讲究对称；黎族嫁衣与日常服装款式相同，仅图案不同，嫁衣必备是母亲亲手织的黎锦筒裙，织绣吉祥图案；回族嫁衣整洁美观而不奢华，受汉族的影响，在宽大的服饰中使用红色；哈萨克族嫁衣刺绣丰富，面料除了常用的绸缎外，还有毛纺织品，嫁衣中最为讲究的是帽子等。

❶ 图片来源：箱底的嫁衣，汉族传统婚俗与婚服[EB/OL].搜狐网.

表3-9 常见的少数民族嫁衣[1]

民族	地区	嫁衣图片	特点
蒙古族[2]	内蒙古包头	(a)	穿红色或绿色的宽松蒙古袍，多为高领绸缎或棉布面料，袖子很长，衣襟的纽扣钉在右边，下摆不开叉，领口、袖口和衣襟都用漂亮的花边做装饰。坎肩衣长在腰部以下，装饰华丽，宽绲边，扣子精美。坎肩以外系短腰带，或在蒙古袍外系长腰带，腰带一般与蒙古袍呈对比色，以红、黄、绿为主。戴檐边有刺绣装饰的尖顶小圆帽。装饰多使用印染、贴花、刺绣；纹饰上的领口、绲边多使用植物纹饰，衣身使用动物纹和吉祥文字，常用纹饰有万字纹、卷草纹、牲畜纹、蝙蝠纹、蛇纹等
畲族[3]	福建罗源	(b)	穿着苎麻布的蓝黑色凤凰装，上装为右衽偏襟，内左衽也是大襟式，前后衣片长度完全相同，平面结构为经典的平面十字形；凤凰装以系带的形式代替纽扣，在围裙与裙装上的体现尤为明显，下装裙也为系带形式，腰头处一端缝制襻带，另一端则缝制细带，穿着时以绑带固定，裙身多呈梯形，以人体站立姿态的前中心线对称，左右两边各有工字形褶皱，装饰大红色与白色相间的嵌条，搭配以草绿、金黄色相交的波浪形花边，以及花型纹样遍布衣身，下束绑腿。凤凰装的上衣领口处，由畲族待嫁的新娘选用红色、金色绣线设计领口花纹并进行绣制，以动植物为主，凤鸟纹、喜字纹、鱼纹、牡丹纹等纹案较为常见
苗族[4]	贵州施洞	(c)	穿黑色丝绒或亮布的直领或交领上衣，系腰带，下穿百褶裙，不同地区裙长不同，穿长筒鞋，装饰手法多为织、绣、贴，袖子装饰红色刺绣花纹，以破线绣为主，纹饰多为动植物仿生图案，如神龙、蝴蝶、鸟鱼和神话人物，讲究对称，造型古朴夸张，装饰在袖子、领子、围腰等处，且装饰有银饰

❶ 图片来源：（a）内蒙古元素网；（b）中国制服设计网；（c）腾讯网；（d）搜狐网；（e）阿里1688网；（f）凤凰网。

❷ 资料来源：包然.蒙古族婚嫁服饰研究[D].北京：中央民族大学，2020：33-44.

❸ 资料来源：陈佳瑜.近代闽东畲族婚服特征及文化象征[J].东华大学学报（社会科学版），2019，19（1）：50-53.

❹ 资料来源：肖雄.施洞地区苗族婚俗婚服研究及其在服饰设计中的创新应用[D].北京：北京服装学院，2018：36-52.

续表

民族	地区	嫁衣图片	特点
黎族	海南	(d)	穿黑色棉质的无领或对襟圆领的长袖上衣，无扣子，下穿筒裙，不同地区裙长不同，头戴头巾，服装上皆织有色彩鲜艳的人字纹、动物纹、花草纹、祖宗纹等，色彩图案统一，注重对称性
回族	宁夏	(e)	新娘戴长方形红盖头，遮住头发、脸颊、脖颈，红色长袖圆领上衣，下穿红色长裙，服装均装饰有伊斯兰风格的图案，使用几何纹饰、植物纹饰和阿拉伯书法纹饰组成的阿拉伯纹饰
哈萨克族	新疆维吾尔自治区	(f)	哈萨克族的刺绣闻名遐迩，无论男女都喜欢在内外衣的领口、袖口、胸口、裤角上刺绣图案花纹。哈萨克族女子多用白、红、绿、淡蓝色的绸缎、花布、毛纺织品等为原料制作连衣裙。裙子下摆常有两到三层褶子，呈塔形。袖子和领口绣有装饰花边，上身外加半截紧身坎肩，坎肩门襟两侧绣有对称图案。新娘服中最为讲究的是帽子，新娘头戴尖顶帽，上有绣花与金银珠宝装饰，顶上装饰羽毛和头纱，两侧垂挂串珠垂吊在脸前

嫁衣是不同时期各族女子最为重要的服装，也是制作技艺的集中展示。汉族女子嫁衣经历了简朴庄重到精致奢华的发展，在历史的长河中以红色、多重衣、装饰吉祥纹样、绸缎面料为主要特征。其流变的原因，笔者认为有三点：第一，社会生产力的发展推动了纺织技术的革新，为嫁衣向精致奢华发展提供了物质基础，使嫁衣向多层次、多装饰的方向发展。第二，社会思潮的改变影响了嫁衣的色彩，如秦汉受五行学说影响而喜爱黑色，魏晋时期白色婚服也受佛教、道教、玄学中返璞归真的思想影响。第三，民族融合影响了嫁衣的款式，魏晋南北朝、元代、清代汉人与少数民族的交流增加，嫁衣也融合了少数民族元素。少数民族女子嫁衣不同于汉族女子嫁衣，且受地域差异的影响，同一民族的嫁衣也会有细微差别。这是因为嫁衣的款式造型受气候条

件、宗教文化、生产生活习惯的影响较多。少数民族嫁衣装饰手法多样，以织、染、绣为主，纹饰多使用少数民族图腾纹样，蕴含着对生殖的崇拜、自然的崇拜、祖先的崇拜、图腾的崇拜、吉祥的寓意，随时代变迁还受汉族影响较大，款式色彩也逐渐开始汉化。近代，无论是汉族还是少数民族嫁衣都受到西方的影响，但近年来随着文化自信的增强，汉服文化的复兴，传统汉服婚礼服也重新进入人们的视线；少数民族地区随着非遗保护力度的加大，各民族传统嫁衣的制作技艺得到传承，传统的民族婚俗也得到相应的保护，越来越多的当地年轻人选择极具民族特色的传统婚礼。因此，从嫁衣上我们也可看出中华服饰文化的复兴与发展。

（2）缁袘纁裳

成语“缁袘纁裳”一词出自《仪礼·士昏礼》：“主人爵弁，纁裳缁袘。”[75]缁袘是指黑色缘边，纁裳指绛色下裳，是指周代男子的婚服下裳。在婚服研究中，人们多聚焦于装饰精美的女子婚服中，而对男子婚服的研究较少。

①“缁袘纁裳”探析

“缁袘纁裳”描绘的是周代男子的婚服下裳。“缁袘”是指黑色的裙边，“纁裳”即是绛色之裳，“纁”在服饰色彩中，以“玄”与“纁”两色之搭配为尊贵，而“玄衣纁裳”即为尊贵的礼服，与儒家思想相契合，蕴含着民族礼仪文化的特有价值，彰显了古人“制物象德”的智慧与服饰规制的效能。“缁袘纁裳”是尊贵的衣裳，特指天子至士族男子的婚服下裳，展现男为尊的身份。

“缁袘纁裳”中蕴含着服色等级制度。周代以服色区分身份，玄是黑色，象征天，而纁是红色，象征地，在周以前人们就有以色彩区分等级的思想。《礼记·檀弓》中就有记载，夏后氏崇尚黑色，丧事要在夜晚进行，战马要用黑色，连祭祀用的牲畜也要求黑色。中国传统五色在西周时就有规定，人们以正色为贵，认为正色可以洗涤人的心灵，与君子高洁的品性相匹配，而间色则是低贱的。在首服上，周代的冠冕以黑色、赤色为贵，只有贵族才可佩戴，再以冠上的组缨细分等级。白色冠的等级比黑色冠略低，綦色冠则为下层士族佩戴。在衣服上，贵族上衣需用正色，下裳选择比上衣颜色低的正色或间色，因上衣代表天，下裳代表地，天比地更为尊贵。因周代白色多用作丧服，因此周代男子的丝织衣服的颜色等级依次为黑、赤、黄、青、白[76]。服色制度在周代确立的主要原因是由于周代以血缘制、宗法制对贵族进行划分，以区分地位和资产。而《礼记·王制》也对周代的贵族进行了等级细分，贵族依次为公、侯、伯、子、男，中层依次为卿大夫、下大夫、上士、中士、下士，平民阶级依次为皂、舆、隶、僚、仆、台。周礼的出现也是为了区分尊卑、

约束行为，以达到巩固统治的作用。为了明确彰显等级，周礼中小到服色也有了明确规定，下层对上层不可有任何僭越之举，以此巩固上层贵族的统治地位。

“缁袘纁裳”还蕴含了夫妻一体、荣辱与共的爱情观，以及男尊女卑的思想观念。如图3-26所示，为周代时男子的婚服爵弁玄端，男子婚服下裳装饰着黑色缘边，代表阳气下施；女子穿的纯衣纁袡，袡是缘边的意思，纁色缘边装饰代表阴气上任。阳气向下，阴气向上，代表阴阳调和，蕴含夫妻一体、荣辱与共之意，同时还蕴含男尊女卑的思想。周代注重上衣色彩，以上衣代表天，因此以上衣色彩彰显高贵与地位。男子上衣以黑色为尊，女子上衣多了纁色缘边，色彩不纯，因此女子的地位比男子低；男子婚服较女子婚服更为隆重，男子戴前大后小的爵弁，下裳还装饰有蔽膝，腰间佩戴华丽的玉佩，无不彰显男子的高贵地位。

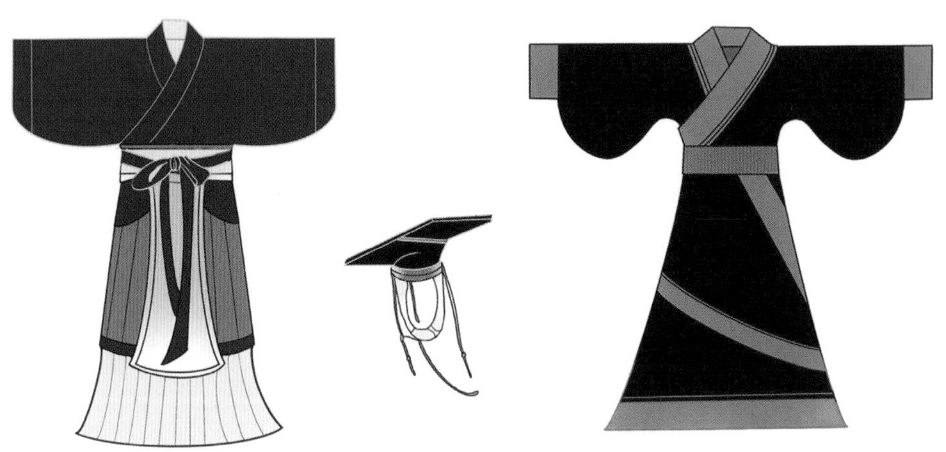

图3-26　周代婚服爵弁玄端❶

② 各时期男子的婚服

秦汉时男子的婚服改为深衣制的梁冠礼服（图3-27），以梁的多少辨别身份地位（梁越多地位越高），色彩遵循周代旧制，还需佩戴组绶，足蹬赤色舄。汉代男子婚服奠定了男子婚服宽衣博带、大气端庄、多重衣服的基调；《东宫旧事》中记载：“太子纳妃，有白縠、白纱、绢衫，并紫结缨。”[77]魏晋南北朝时期的“白縠”就是用细纱织成的白色丝织物，这种材质常用来制作礼服，由此认为白色婚服也是魏晋南北朝时期婚服的一种。如图3-28所示，可以看到穿白色宽衫并饰以红色飘带的东晋贵族女性形象，这种白色与当时追求的返璞归真、清新淡雅审美风尚相吻合。白色最初是北方女子的婚嫁服，从南方士人对白色的推崇以及南北服饰的融合趋势来看，

❶ 图片来源：柴瑾绘制。

白色逐渐成为婚服色彩也不足为奇。除此之外，魏晋南北朝时期的婚服形制也颇具特色，是深衣制的袿衣服式，腰部附加有飘带和围裳，给人一种灵动与飘逸之感；唐宋时期婚服在端庄的基础上多了份喜庆与华丽之感，唐代男子头戴幞头，宋代头戴冠帽，均穿绯红圆领袍，腰系革带，足蹬长靿靴（图3-29）。自唐代开始，平民也以和士族一样穿着绯红圆领袍结婚；明代婚服对现代婚服影响深远，从男红女绿改为穿着大红婚服。男子除了可以穿着红色圆领袍娶妻，还可以假借官服，男子娶妻称小登科。平民也可穿着青绿色的九品幞头官服娶妻（图3-30）；清代汉、满族贵族与平民间的婚服皆不相同。汉族主要遵循明制，为红色婚服，满族贵族男子婚服为马蹄袖朝服，戴朝帽，而满族平民则是长袍马褂戴瓜皮帽或圆顶帽（图3-31）；民国时期受西方影响，男子婚服有西式和中式两种（图3-32）。西式分为昼礼服和夜礼服，下装都为西裤；中式为长袍马褂。

图3-27　秦汉梁冠礼服❶

图3-28　魏晋南北朝时期的袿衣（《女史箴图》局部）❷

图3-29　唐宋婚服❸

图3-30　明代婚服❹

❶ 图片来源：阿里1688网。

❷ 图片来源：大英博物馆中文官网。

❸ 图片来源：陈晓宇绘制。

❹ 图片来源：柴瑾绘制。

（a）贵族　（b）平民

图3-31　清代男子婚服❶

（a）西式　（b）中式

图3-32　民国婚服❷

③ 男子婚服的影响因素

男子婚服的发展主要受到地域因素、民族因素、政治因素和文化因素的影响。

地域因素：按地域可划分为中原地区、沿海地区、北方地区，中原地区是传统婚服的代表，沿海地区婚服受渔猎文化的影响深远，北方地区婚服极具游牧特色（图3-33）。中原地区婚服主要是汉族婚服，从上文所介绍的各代婚服中可知中原地区的婚服，主要采用丝绸和麻葛面料，宋代以后也使用棉布，在色彩上主要采用五正色，在装饰上纹饰精美、图案寓意吉祥，款式宽大，整体追求大气端庄、喜庆吉

（a）中原地区

（b）沿海地区

（c）北方地区

图3-33　各地域婚服图示❸

---

❶ 图片来源：（a）搜狐网；（b）网易网。

❷ 图片来源：（a）腾讯网；（b）喜匠网。

❸ 图片来源：（a）生日、过节、成年礼，吉服为什么被古人所重视[EB/OL].搜狐网；（b）海南黎族古老娶亲习俗，有人已经输在爬树上了[EB/OL].搜狐网；（c）锅庄里的异性相吸[EB/OL].搜狐网.

祥之感；沿海地区因天气炎热，婚服面料轻薄，款式多为无领或无袖上衣搭配宽松肥大的裤子或裙子，头戴帽子遮阳，装饰具有渔猎文化特色的纹饰，色彩喜好红、黄、黑、蓝；北方地区气候严寒，婚服面料多为裘皮和皮革，婚服款式为窄袖长袍搭配裤和靴，装饰纹样粗犷，色彩热烈奔放。

民族因素：中国拥有五十六个民族，少数民族婚服受到民族信仰、风俗习惯方面的影响而极具民族特色。壮族婚服最大的特点就是在婚服的色彩上采用黑色，以黑色为吉祥如意的象征（图3-34）；回族婚服受伊斯兰教的影响，男子头戴回族民间传统男帽，服装纹样为伊斯兰教风格的花边和图案，还会选用汉族传统婚服上的色彩，以白色婚服代表纯洁的爱（图3-35）；土家族婚服为黑色对襟长袖上衣，下穿长裤，缘边皆装饰有色彩鲜艳的绲边，头戴红色纹饰精美的包头巾（图3-36）。受信仰、风俗的影响，中国的男子婚服具有多样性，在款式、色彩、纹饰上的区别最为明显。

图3-34　壮族婚服❶

图3-35　回族婚服❷

图3-36　土家族婚服❸

政治因素：民国时期在中西方文化的激烈碰撞中，中式与西式婚服并存，中式为长袍马褂，戴瓜皮帽或圆顶帽，西式分为昼礼服和夜礼服两种。在色彩上，无论中式还是西式，男子的婚服都以黑色为主，没有过多的装饰，以营造朴实典雅之感。中华人民共和国成立初期服装的社会主义色彩浓郁，婚礼上常常穿着绿军装搭配绿军帽（图3-37）。改革开放以后，中国与世界的交流日益增多，思想也逐渐开放，对婚服的款式、面料也不再约束和限制，各种婚服样式均有出现，形成了现在的传统中式、西式、新中式、民族风等风格并存的婚服状态。

❶ 图片来源：网易网。

❷ 图片来源：百度网。

❸ 图片来源：搜狐网。

文化因素：中国古代遵循五行说和五色说，认为红色代表喜悦，黄色代表尊贵，这种传统的服色观念一直流传至今。在现代的中式传统婚服中多以红色为主，刺绣有黄色或金色纹样（图3-38）。天人合一的思想也影响了服装的款式，不同于西方注重对人体强调的立裁服装，中国人选择了掩盖身体，强调自然的平裁服装。纹饰上展现出了中国人对自然的崇拜和对美好生活的向往，婚服纹饰围绕吉祥、富贵、喜庆的主题展开，多采用龙凤、囍字、云纹和各种谐音寓意的吉祥纹样。

图3-37　中华人民共和国成立初期婚服[1]

图3-38　楚和听香2021春夏系列中的婚服[2]

男子婚服虽不如女子婚服装饰丰富，但也传承了中华服饰的礼俗文化。“缁袘纁裳”描绘的是周代男子婚服下裳，其中蕴含的服色制度是周代分封制和宗法制的产物，是为巩固上层统治阶级地位而做出来的规制。以“缁袘纁裳”为代表的周代婚服还蕴含了夫妻一体、荣辱与共的爱情观以及男尊观念。纵观中国男子婚服发展史，可以发现男子的婚服经历了“等级划分严明—娶妻可以借服—平民着装”的变化过程，其中明代婚服对现代婚服的影响最为深远，奠定了红色婚服色彩的主流地位。男子婚服主要受到地域因素、民族因素、政治因素、文化因素的影响，促进了婚服多样化发展的繁荣局面，形成了以“喜庆、吉祥、富贵、大气”为主旋律的中国男子婚服形象。

婚嫁是人生中最重要的阶段，标志着人彻底的独立与成熟。在古代中国，婚嫁

---

❶ 图片来源：搜狐网。

❷ 图片来源：国风穿搭公众号。

不仅是两个青年男女之间的结合，同时也是两个家族之间的联盟。因此，中国古人非常重视婚嫁过程中的礼仪与服饰。成语“作嫁衣裳”与“缁袘纁裳”不仅涉及婚嫁时的服饰与礼法，同时也包括古人对婚嫁时的看法与思想。

19. 披襟解带、蒙袂辑屦

成语“披襟解带”和“蒙袂辑屦”都是对服饰部位的形容与描写。“披襟解带”是指将衣服敞开，表现出一种直抒己见的情怀，从衣襟的造型变化中，经历了从平面向立体的转变，在衣襟缘饰上经历了从朴素简约向华丽繁复的转变；中国古代腰带的发展过程受到生产力与礼制的影响，其符号性功能增强。成语“蒙袂辑屦”是指用袖子蒙住脸，鞋在脚上拖着的困乏状态。“袂”指袖，可分为装袖、插肩袖和连身袖三类，在此基础上，形成了宽袖型和窄袖型的样式；“屦”的演变经历了起源与发展、丰富与多元、传承与变革三个历史阶段。

（1）披襟解带

“披襟解带”出自《世说新语》：“遂披襟解带，留连不能已。”[78]描绘的是打开衣襟，解开衣带的状态，比喻敞开胸怀，直抒己见。襟是衣服的开启交合之处，因衣襟多和衣领连属，故也称为衣领，按交合方式可分为对襟、直襟、曲襟（如琵琶襟）、绕襟（如曲裾衣襟）、左襟、右襟。带则有两种含义，第一种指连系衣襟的襟带，多以布帛和丝绦制成；第二种则指腰带，按材料可划分为大带和革带两大类，大带用丝织品制成，革带主体采用皮革制成，并装饰金银玉器。古人注重礼仪，对衣襟和腰带要求整齐、端庄，披襟解带足以看出其真诚与重视程度。

① 中国古代衣襟的发展

中国古代衣襟的变化见证了历史与文化的变迁与发展，在衣襟的形制上，交领和圆领一直占据主流，在衣襟造型上经历了从平面向立体的转变，在衣襟缘饰上经历了朴素简约向华丽繁复的转变[79]。早在距今四五千年的三星堆文明中就已发现衣襟形制，并对衣襟进行了阶级划分。奴仆铜像（图3-39）是身穿交领右衽的窄袖短衣，衣襟无缘饰；而贵族铜像（图3-40）则穿了两层衣裳，里层为交领右衽无缘饰，外层则只有单边，衣襟从右至左腋下，有缘饰。同一时期的商代是以衣襟形制来区分阶级，贵族与奴隶的衣襟都有缘饰，商代贵族（图3-41）主要为对襟或交领右衽两种形制，而商代的奴仆（图3-42）则穿着圆领窄袖连袴衣或是不穿上衣。周代出

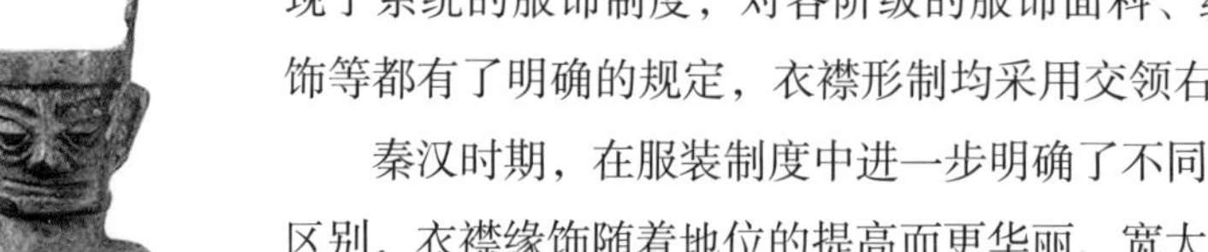

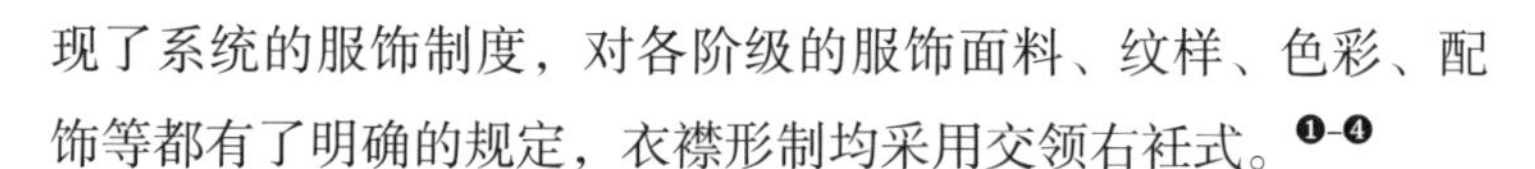

现了系统的服饰制度，对各阶级的服饰面料、纹样、色彩、配饰等都有了明确的规定，衣襟形制均采用交领右衽式。[1-4]

秦汉时期，在服装制度中进一步明确了不同阶级衣襟形制的区别，衣襟缘饰随着地位的提高而更华丽、宽大。秦代帝王冕服（图3-43）为上衣下裳形制，上层贵族的服装通常为交领右衽，平民的内衣为斜门襟单边圆领，外衣为交领右衽制（图3-44）。

图3-39　奴仆铜像（三星堆青铜跪坐人像）[1]

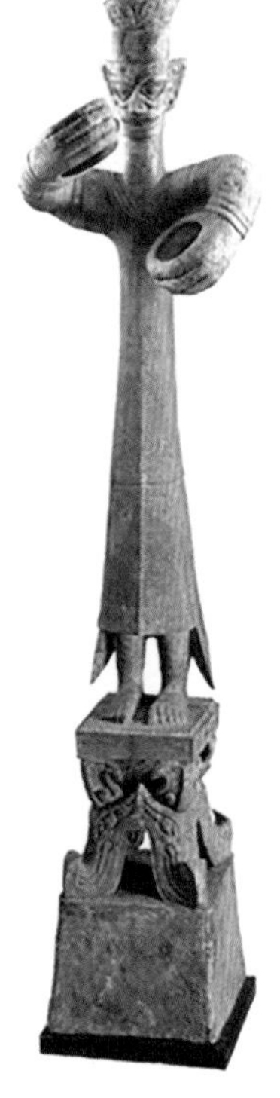

图3-40　贵族铜像（三星堆青铜立人像）[2]

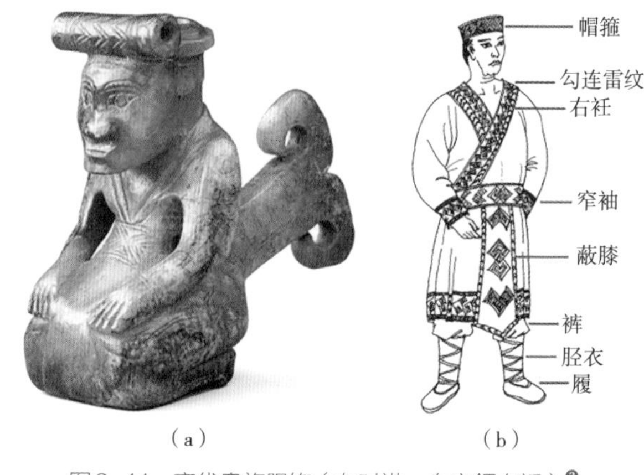

（a）　（b）

图3-41　商代贵族服饰（左对襟，右交领右衽）[3]

（a）　（b）

图3-42　商代奴隶服饰（左圆领，右无上衣）[4]

---

❶ 图片来源：三星堆博物馆官方网站。

❷ 图片来源：三星堆博物馆官方网站。

❸ 图片来源：（a）中国国家博物馆官方网站；（b）百度网。

❹ 图片来源：（a）搜狐网；（b）山西博物院官方网站。

图3-43 秦汉帝王冕服[1]

图3-44 秦汉交领右衽[2]

魏晋南北朝时期由于受战争的影响，政权不稳定，汉人以右为尊，采用右衽形制，胡人为方便骑马取物则采用左衽，故而衣襟形制呈现出左衽和右衽共存的状态（图3-45）。

（a）右衽　（b）左衽

图3-45 魏晋南北朝衣襟图示[3]

隋唐时期社会风气逐渐开放，在这一时期的衣襟文化中，女子的衣领最具特色，其造型丰富，低领盛行。唐代女子衣襟（图3-46）有对襟、交领右衽、圆领、鸡心领等多种样式，受胡服盛行的影响，另还有翻领形制；唐代男子服装最为显著的改变是官服由原先的交领右衽袍改为圆领袍制（图3-47）。

---

❶ 图片来源：臧迎春.中国传统服饰[M].北京：五洲传播出版社，2003：15.

❷ 图片来源：柴瑾绘制。

❸ 图片来源：（a）故宫博物院官方网站；（b）柴瑾绘制。

图3-46　唐代女子衣襟图示❶

图3-47　唐代男子衣襟图示❷

宋朝理学盛行，力求克己复礼，服饰风格也从华丽开放转为朴素拘谨。宋朝男子服装形制继承唐代遗制，官服采用圆领袍，外加方心曲领，也有交领右衽袍（图3-48）。宋代女子多穿对襟褙子和交领右衽袍（图3-49），此外，北方因受到少数民族的影响较大，出现了上衣左衽以及穿外族服饰的情况。

---

❶ 图片来源：古代唐朝达官贵人和老百姓都穿什么样的衣服[EB/OL].百度网.

❷ 图片来源：传阎立本《步辇图》（故宫博物院藏）。

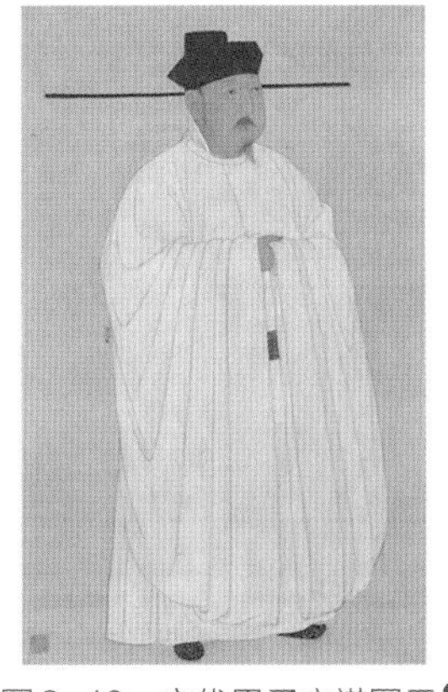

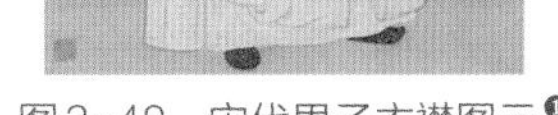

图3-48　宋代男子衣襟图示[1]

图3-49　宋代女子衣襟图示[2]

元代为蒙古族政权，在入关以前均为左衽，入关后效仿汉族改为右衽制，官服上也继承了圆领形制，女子多为交领右衽袍和对襟褙子，在服饰领部还多有云肩装饰，但并非分体式，而是在服装上以直接织造图案的形式呈现（图3-50）。

图3-50　元代衣襟图示[3]

明代传承古制，领子开始从平面走向立体。男子以交领右衽袍作为礼服，以圆领袍为官服，女子继续穿着交领右衽袍、对襟褙子、对襟比甲。从明代中期开始着对襟立领和翻领，腰部系带，并在领部增加了金属扣固定（图3-51）。

❶ 图片来源：维基百科。

❷ 图片来源：沈从文.中国古代服饰研究[M].上海：上海书店出版社，2002：442.

❸ 图片来源：柴瑾、李龙绘制。

图3-51　明代衣襟图示❶

清代的服饰极为精美，衣襟常见的有对襟、大襟、曲襟，在女子服饰中有镶滚彩绣缘饰，极其精巧（图3-52）。清代前期流行右衽圆领大襟袍服；官服为圆领对襟补服，上系纽扣，还需佩戴披领；平民多穿立领对襟或立领右衽服装，其中曲襟（琵琶襟）最为流行；清晚期流行佩戴假领子；女子还流行佩戴云肩。

图3-52　清代衣襟图示❷

在中国衣襟的发展中，衣襟形制和装饰风格都在不断改变，不变的是衣襟的礼仪性和阶级性特征。交领右衽、对襟、直襟一直处于较主流地位，这是由于门襟的包容性极强，可适合不同体型的人使用；圆领形制是自胡服传入中原后成为官服的衣襟样式；立领虽出现最晚，但影响却最为深远，以至于现代依旧流行的旗袍和中山装均为立领。门襟的缘饰从一开始的无缘饰到后来的有缘饰，门襟缘饰从窄缘到宽缘边，其面料变得更为华丽、纹样更为精美、工艺更加精妙、装饰日益丰富。随着门襟装饰的多样化，门襟区分阶级性的方式随之改变，主要从有无缘饰，缘饰的形制、质量、色彩、宽度与装饰纹样上进行区分，后随着社会经济的发展和服饰的需求，平民百姓也可使用装饰精美的门襟，自此门襟的阶级性功能逐渐减弱，门襟的装饰性能逐渐增强。

❶ 图片来源：撷芳主人.大明衣冠图志[M].北京：北京大学出版社，2016.

❷ 图片来源：柴瑾绘制。

② 影响衣襟发展的因素

衣襟虽只是服装中的一个部件，却可以反映出一个时代的审美风尚、社会经济的发展变化、文化的交融及政权的变换。

文化因素：随着教育的开化，古人开始有了礼仪雅俗的道德观和风俗习惯。随着礼制的进一步发展，人们开始穿着深衣包裹全身，交领右衽的衣襟形制满足了人们的不同体态，后随着服饰礼制的完善、儒教的盛行，交领右衽的衣襟形式成为经典样式并深受各朝各代人们的喜爱。而胡人不同于汉人，习惯使用交领左衽衣襟形式，这是由于胡人以游牧为生，为方便驰骋时右手单手取物，故使用交领左衽，除此之外还习惯使用圆领和翻领样式。随着胡汉文化的交融，少数民族服饰在汉族中也广为流行，左衽、圆领和翻领也出现在汉人服饰中，其中圆领更是一度成为官服的衣襟样式。明代时理学盛行，人们对身体的遮盖更为严密，在交领上缀有金属领扣，后逐渐发展成为立领，清代旗装没有领子，为了效仿汉人服饰，清代开始戴有立领的假领子，立领也就一直流传至今。

经济因素：交领右衽的衣襟形制一开始是受到了社会生产力的限制。当时社会生产力低下，人们生产的布料幅宽有限，交领是最节省布料、最严密的衣襟形制。在衣襟出现后，缘饰也随之出现，衣襟上的缘饰最初是为了防止面料抽丝、破损，后被赋予了区分阶级的作用。衣襟受经济因素影响最为突出的就是门襟的装饰作用。唐代经济繁荣，服饰上喜爱标新立异和丰富多样，衣襟图案多、色彩鲜艳，是人们视觉的中心，引人注目；南宋后经济重心南迁，受南方含蓄审美的影响，衣襟色彩清秀、图案以自然题材为主；清中期国力强盛，服饰风格最喜繁复，衣襟从三镶三滚发展到十八镶十八滚，图案也极其精巧、复杂。

政治因素：统治的开明和政权的交替，促进了少数民族服饰与汉族服饰的融合。魏晋南北朝因政权交替，从而形成了衣襟形制左衽和右衽共存的状态。此外，统治者的政治态度，也影响了社会审美和服装形制，元代和清代都是少数民族执政，在入关前均为少数民族服饰形制，但入关后均效仿汉族改为右衽，传承了汉族服饰风俗；汉人统治下的唐代持包容开放的政治态度，一定程度上也促进了胡服的盛行，使圆领和翻领成为当时的流行时尚。

③ 中国古代腰带的发展

腰带出现在服装产生之前，是为了满足原始人携带工具的需要而产生的，至服装出现后，为了防止一片式服装散开而以腰带固定，后随社会生产力的发展，腰带的功能得到扩展，同衣襟一样，腰带的发展也受到了社会文化、经济、政治等多方面的因素影响。

在原始社会时期，人们多采用树皮或兽皮做腰带（图3-53），以达到携带工具和固定衣服的作用；商周时期尚玉，玉器具有王权、礼制等重要作用，故而这一时期贵族多用玉腰带（图3-54）；秦汉时期除了玉制腰带，主要使用大带和革带，从汉书中记载的“布衣韦带”可知平民此时使用的牛皮腰带即为革带；贵族则是“峨冠博带”，也就是宽大的丝织腰带，从阎立本（601～673年）的《历代帝王图》中汉昭帝图像（图3-55）中可证实，在秦汉以前革带多为男子使用，这是由于革带比丝织腰带更耐磨，男子征战时需借此携带兵器；魏晋南北朝时对革带进行了较大变革，因赵武灵王（约前340～前295年）提倡胡服骑射，胡人的蹀躞带传入中原地区，腰带上增加了挂钩部件，便于携带武器及饰品（图3-56），但此时的女子仍使用丝织腰带；隋唐沿袭古制继续使用革带，至唐代，腰带以材质和銙数来区分品级，文武三品以上服紫，金玉带十三銙；四品服深绯，金带十一銙；五品服浅绯，金带十銙；六品服深绿，银带九銙；七品服浅绿，银带九銙；八品服深青，鍮石带九銙；九品服浅青，鍮石带九銙。庶人服黄，铜铁带七銙（图3-57）[80]。唐代女子着胡服时使用革带（图3-58），以求潇洒脱俗之感，但多数服装仍以大带为主，以示柔美之态；宋代时期的革带依旧是阶级地位的标志，服饰制度的进一步完善使得革带的颜色、材料、装饰更为丰富，除了革带，宋代还有绦、勒帛和看带（图3-59），绦就是普通的圆腰带，形似绳索，多为隐士和平民佩戴。勒帛是布帛制的宽腰带，是朝廷赐给官员的腰带，多为士大夫佩戴，看带是织就花纹的宽腰带，后发展为鸾带，女子为大带；元代无论男女，均以革带为主，喜爱金带和玉带（图3-60）；明代腰带的装饰材料多了犀、角、玉，且系带的位置由腰部转为胯部（图3-61），女子在着正式礼服时可佩戴装饰精

图3-53　原始人腰带示意图❶

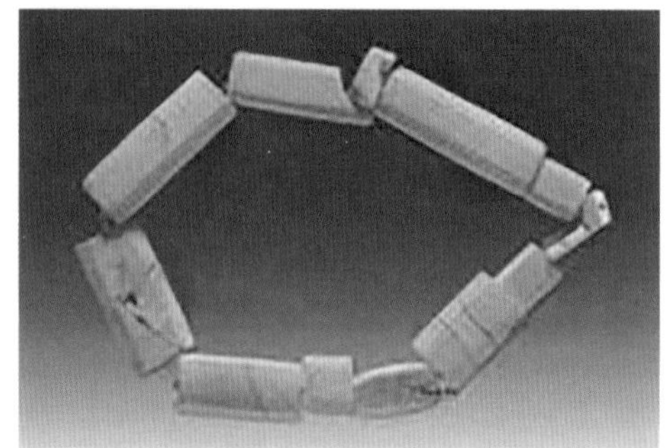

图3-54　商代玉腰带❷

❶ 图片来源：李京平绘制。

❷ 图片来源：百度网。

图3-55　阎立本《历代帝王图》中汉昭帝图像❶

图3-56　赵武灵王胡服骑射❷

图3-57　唐代男性官服❸

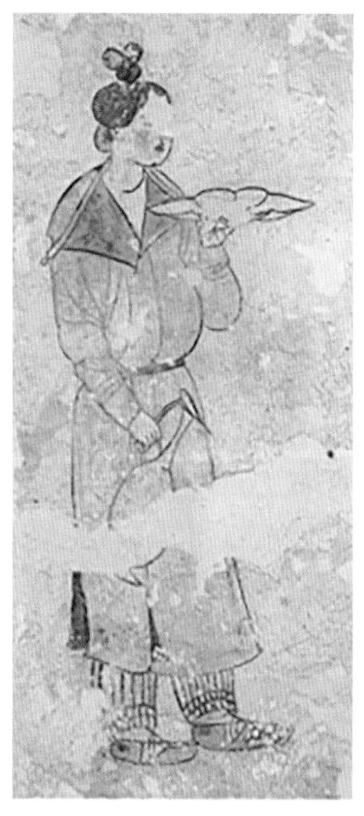

图3-58　唐代胡服女子❹

（a）革带

（b）绦

（c）勒帛

（d）看带

图3-59　宋代男子腰带❺

---

❶ 图片来源：谷歌艺术与文化网。

❷ 图片来源：搜狐网。

❸ 图片来源：搜狐网。

❹ 图片来源：谭重言，刘裕伦，陈梓森.胡服盛行与女着男装——论唐代前期服饰风尚与女性社会地位关系[J].文博，2019（4）：69-75.

❺ 图片来源：（a）（b）淘宝网；（c）（d）陈晓宇绘制。

美的革带（图3–62）；清代服饰装饰繁复，腰带的种类也极为丰富，清代的腰带以皮革为主，外表丝帛，另镶以各色珠宝，以丝帛颜色及珠质料、数量等区分等级，女子腰带较窄，下垂流苏，后改长而阔的绸带，系于衣内而露于裤外，成为一种装饰品，颜色浅而鲜艳，一般垂于左旁，带下端附有流苏、绣花或镶滚装饰（图3–63）。

图3-60　元代腰带❶

图3-61　明代男子官服❷

图3-62　明代女子礼服❸

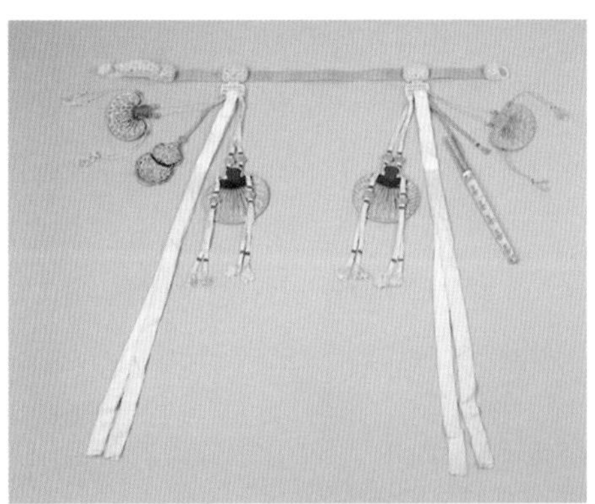

（a）男子腰带

（b）女子腰带

图3-63　清代腰带❹

腰带一直都是身份地位的象征，随着服饰制度的完善，不同阶层的腰带在材料、颜色和装饰上都有严格的规定。男子的革带和大带一直沿用，革带装饰精美多用作官服，大带休闲舒适多为贵族日常的穿戴和平民穿戴；女子主要使用大带，以追求柔美

❶ 图片来源：《中国大百科全书》网络版。

❷ 图片来源：谷歌艺术与文化网。

❸ 图片来源：撷芳主人.大明衣冠图志[M].北京：北京大学出版社，2016：49.

❹ 图片来源：（a）故宫博物院官方网站；（b）宗凤英.清代宫廷服饰[M].北京：紫禁城出版社，2004：137.

之感。革带由平民腰带转为官服腰带主要是受到政治因素的影响，赵武灵王推行胡服骑射使得革带进入了中原贵族男子的服饰当中，腰带的装饰材料受到经济因素的影响，随着社会生产力的发展，丝织品、金银玉等工艺品日益精美，腰带的制作工艺也得到提高，可将珠宝更多地镶嵌在腰带之上，腰带的装饰纹样与装饰方法也受文化因素的影响，如宋代装饰以方正严谨的风格为主，而清代装饰是繁复华丽的装饰手法。

④ 腰带的功能

随着社会生产力和礼制的发展，腰带的符号性功能逐渐增强，固定衣物只是基础性功能，而阶级划分、美化身体、传情达意的功能占主要地位。

首先，腰带的阶级划分作用明显，以腰带的材质、颜色、装饰等辨别等级。秦汉时期平民佩戴熟牛皮制成的腰带，而贵族佩戴丝织品腰带，贵族内部又以腰带的宽度、长度来区分等级，至唐代以后服饰制度日趋严密，各官阶服饰色彩、材质、装饰都有了严格规定；其次，美化身体的作用，因腰带的色彩更加丰富，装饰材料也更加贵重，制作工艺更加精湛，因此腰带的装饰性也更加明显，人们习惯使用腰带来搭配服装，对整体搭配起到画龙点睛的作用；最后，腰带还有传情达意的用意，因腰带是起到固定服装，保障身体不会外露的服饰，具有一定的私密性，而被赋予了隐意。古人借腰带表达男女之间的温柔与爱意，如“衣带渐宽终不悔”；以腰带表达君臣礼仪，如以腰带尾朝下以示对帝王的恭顺。

受礼制和儒学的熏陶，古人对衣襟和腰带极为重视，不整视为无礼，而披襟解带地袒露自己，表现出与人真诚相待，不惧有失礼数。在衣襟发展的过程中，交领一直处于核心位置，后受到胡服的影响，圆领也融入汉族服饰中，立领虽然出现较晚，但流传至今，影响最为深远。在衣襟文化的印象中，文化因素和政治因素影响了衣襟的形制发展，经济因素则主要影响了衣襟的缘边装饰，纵观全局，衣襟经历了从平面到立体、从朴素到华丽、从单一形制到多种样式的发展历程，衣带的发展也经历了从朴素到华丽、从单一材质到选材丰富的变化阶段，始终保持了皮革和大带两大类并存的状态。男性因功能性需要多以革带为主，革带具有携带工具和耐磨的特性，满足了男性征战和生活的需要，加上赵武灵王推广胡服骑射，使得革带成为男性的主要腰带。女性腰带多以丝织品为主，以塑造女性柔美的形象。随着社会生产力的发展，丝织品、金银玉等工艺品日益精美，腰带的制作工艺也得到进一步发展，可将珠宝更多地镶嵌于腰带上，男性也逐渐以腰带的材质、色彩、装饰来展现自己的身份地位，与此同时，精美的腰带也对服饰的整体观感起到画龙点睛的装饰作用。综上所述，古人衣襟和腰带中的表现，表达了古人对礼仪的重视，以及对自身仪态的注重和胸怀的展现，虽是服装中的局部部件，却对传统服饰文化的发展起到了不可忽视的推动作用，是中华服饰文化中的重要组成部分。

（2）蒙袂辑屦

成语“蒙袂辑屦”出自《礼记·檀弓下》：“有饿者蒙袂辑屦，贸贸然来。”[81]其含义为用袖子蒙住脸，鞋在脚上拖着，形容十分困乏，与成语“投袂而起”的意思恰恰相反，“投袂而起”是指挥动袖子的姿态，形容精神振作。

① 袖的分类

从常见的袖身分类表来看（表3-10），可将衣袖分为装袖、插肩袖和连身袖，中国服装形制以平面裁剪为主，服装衣袖大部分是与衣身相连，因此连身袖是我国的特色结构，也称中式袖[82]。根据袖身的宽窄，可将衣袖分为宽袖、窄袖，也被称作大袖、小袖。帝王与王公贵族的服装多为大袖，祭祀服装和公服的袖身较为宽大，平民日常服装与军队服装的袖身偏窄，为小袖[83]。按袖的长短可分为无袖、半袖和长袖三种，还可按袖身的形状进行分类，通常分为直袖、箭袖、广袖、垂胡袖和琵琶袖，其中箭袖的袖身偏窄，广袖的袖身宽大，而直袖、垂胡袖和琵琶袖的袖身可宽可窄。

表3-10　常见的袖身分类❶

名称	特征	实物图
短袖	袖长一般在腕部之上，少数在肘部的长度或者仅过肩部，袖口宽窄皆有	
直袖	常规正常尺寸，袖口宽度与袖身一致，不做加宽或收窄处理	
窄袖	相比于直袖，袖身宽于袖口，呈现前窄后宽的效果	
广袖	比较宽大，对袖口做加肥加大处理	
垂胡袖	袖身下垂，在袖口处收紧，袖型呈“胡状”，故名垂胡袖	
琵琶袖	袖身如广袖般宽大，仅在袖口处做收紧处理，袖身呈弧线形	

❶ 图片来源：胡晓涵绘制。

② 袖型的变化

在朝代更迭的各个时期，服装的袖型种类繁多且富有变化（表3-11），并不断完善与发展，这与各朝各代的历史背景、社会文化息息相关。

表3-11　袖型的变化[1]

朝代	袖型	特点
商代		窄
西周		窄
春秋战国至秦汉		窄
魏晋南北朝	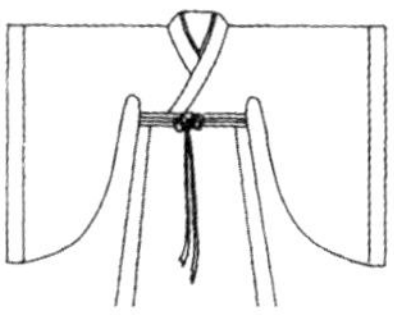	宽
隋唐时期		窄
晚唐至五代	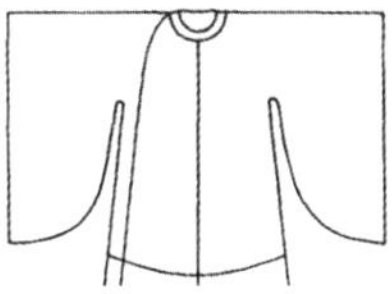	宽
宋代	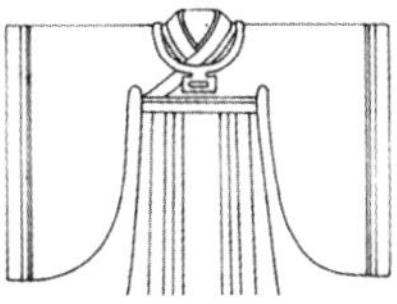	宽
明代	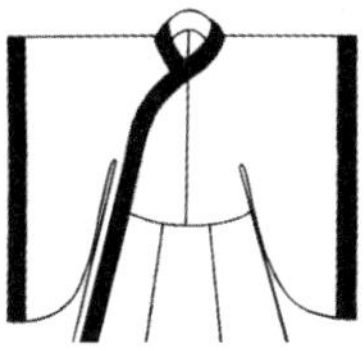	宽
清代	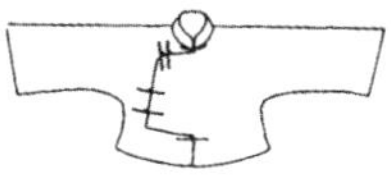	窄

[1] 图片来源：陈晓宇绘制。

从表3-11中可知，我国古代服装袖型的窄宽是在不断交替中发展的，商代和西周时期窄袖较为流行，这是由于商代在继夏代之后形成了完备的奴隶制社会，并且对服装的冠冕制度也进行了明确划分，确立了T形袖，肩部无缝的袖型特征；西周至秦汉时期，依然为窄袖形制，春秋时期深衣的出现，成为这一时期极具代表性的服装，再加上百家争鸣，一定程度上促进了服装的变革与发展，为袖型的演变奠定了基础；魏晋时期九品中正制的选官制度导致平民学子难以考取功名，寒门学子渐渐对官场失去信心，促成了崇尚虚无、蔑视礼法的现象，宽衣大袖就是学子们展现自己态度的方式。除此之外，宽大的衣袖还可存放物品，具有实用性；至隋唐时期，经济繁荣，在华夏传统服装上融合了域外文化，不断推陈出新，袖型又从宽袖转为流行窄袖，这是由于唐朝时期吸收了胡服的袖型，形成了窄袖样式，也被称为“钩衣”[84]；晚唐至五代时期的服装衣袖向宽大演变，这与当时的社会风气密切相关，盛唐后崇尚风姿健美，这一趋势也影响了服装风格，使得服装更加肥大。此外，晚唐时期的传统礼制意识增强，回归于传统的服饰审美，在服装上也就重新流行起宽衣大袖[85]；宋代继承唐代服饰制度，遵循上衣下裳形制，且宋代文人、士人阶层喜爱宽衣大袖，崇尚自然风尚；由于元代蒙古人统治期间，以不平等的种族政策对待汉人，南方文人被严酷打压，朱元璋推翻了元朝统治，建立起明政权。明朝的建立势必恢复旧制，因此在服装上重新恢复了唐宋遗制，为宽袖型；至清代，清朝统治者入关后对汉人实行剃发易服，并以强制手段在全国范围内推行满服，作为一个善于骑射的民族，窄袖更利于骑射，因此清代服装改宽衣大袖为窄袖筒身。

服装袖型的变化趋势，广义上与社会动荡、社会变迁密切相关，狭义上与社会文化交流和社会风俗相关。民族交流频繁时期袖型丰富、变化多样，中国古代崇尚宽衣大袖传统，而袖型偏窄的盛行是与其他民族相互交流融合的结果。但总体来说，传统汉族服装多为宽袖型，少数民族服装多为窄袖型。

③ 鞋履的演变

在古代用来表示鞋的词相当丰富，如屦、履、屐、屣和舄等，“履”字最早出现在古籍《周易》中[86]，履字主要作名词和动词，意为“鞋子”“践踏”，在《说文》中曾出现：“履，足所依也。”[87]在服饰文化中，“履”多为“鞋”之意。鞋履的演变经历了起源与发展、丰富与多元、传承与变革三个阶段。

鞋履的起源与发展：在学术界，鞋的起源学说有身体保护说、保暖说、礼制说和身份说这四种观点。在中国民间，一直有黄帝发明鞋履的传说，而早在旧石器时期，人们用动物皮毛或植物的根茎来裹脚，这就是鞋的雏形。尽管裹脚物演变为鞋子的具体时间无从查之，但从距今五千多年前的马家窑文化出土的器物中，发现有足部穿鞋的陶俑，这表明在炎帝时期，鞋子就已出现。至殷商时期，鞋履就已有明确的等级规范，这时鞋的原料有皮、木、布、草、葛和麻等。在《毛诗正义》中记载："夏葛屦，冬皮屦。"[88]说明鞋履有了季节之分。不仅如此，贵族和平民穿着的鞋履也进行明确的划分，贵族穿着丝鞋和绸鞋，而平民则穿葛、麻和草鞋。

周代的等级观念突出，着冠服时所穿的鞋有更为明确的规范；秦汉时期出现了方口履，也被称作"句履"，其含义为方头之鞋，这种鞋为轻装兵马俑所穿的鞋子（图3-64），高级军官穿着短靴，有保护脚踝的作用。汉代以后的鞋子被称作履，多为翘头式，汉代男子多穿方口履，女子多穿圆头履。西汉时期，汉代贵族男子穿着岐头丝履（图3-65），汉代鞋子的穿着场合也有明确规定，如祭服穿舄，朝服穿靴，燕服穿屦，出门则穿屐等。

图3-64　秦兵马俑的方头鞋❶

图3-65　西汉岐头丝履❷

鞋履的丰富与多元：魏晋时期战乱频发，社会经济遭到破坏，与此同时南北迁徙，民族之间相互融合，这些因素都促进了魏晋时期服装的丰富与多元。在古籍《颜氏家训》中有记载："梁朝全盛之时，贵游子弟……无不熏衣剃面，傅粉施朱，驾长檐车，跟高齿屐。"[89]由此可知，木屐已成为魏晋时期的流行风尚。木屐被认为是日常穿着的服饰，当出席重要场合时不可穿木屐，只能穿履，穿履是一种礼仪的象征。以穿着范围来看，由于南方天气炎热，木屐多流传于南方地带，而天气寒冷的北方则常常着靴，加上受民族大迁徙的影响，汉人承袭了少数民族的鞋饰，并流传后代。魏晋时期的履有丝、锦、皮、麻等质料，上面绣花、嵌珠、描色，其样式如织纹锦履（图3-66）、北朝彩绘男立俑（图3-67）。

❶ 图片来源：秦始皇帝陵博物院官网。

❷ 图片来源：湖南省博物馆官网。

图3-66　织纹锦履❶

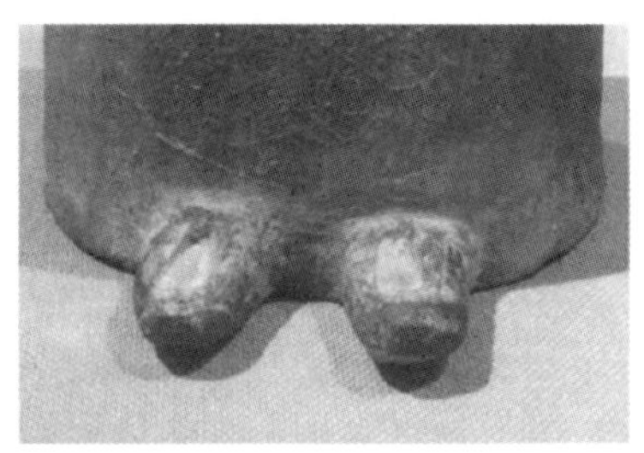

图3-67　北朝彩绘男立俑❷

众所周知，隋唐时期的丝织业较为发达，为唐代服装的绚丽多彩奠定了基石，在与其他各国的频繁交流中，在服饰文化上博采众长，鞋履的发展也是多民族交流融合的结果。皮靴作为隋唐时期男子的普遍履式，居家之时方着丝履等。隋唐时期的女性喜爱高头履，根据鞋头形状不同，高头履亦分为云头履（图3-68）、笏头履、雀头履、凤头履等，并在履上织花或绣花，这种鞋子不仅具有装饰性，同时还具有防止裙摆绊脚的实用作用，民间妇女则穿蒲草鞋或麻鞋（图3-69）。

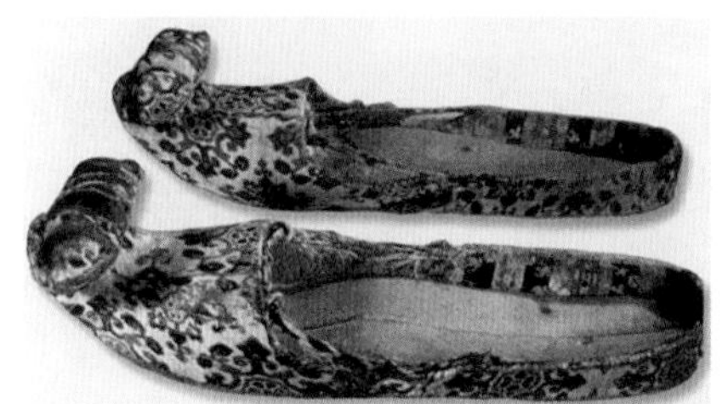

图3-68　唐代刺绣云头履❸

图3-69　唐代麻鞋❹

宋代推崇重文轻武的政策，统治者在精神上和思想上压迫、控制百姓，特别强调伦理纲常制度。因此，在服装上也表现为封建性和守旧性[90]。宋代官服沿用前朝制度，规定鞋履为黑皮靴、革履，根据官员品级的差别而着色不同，平民百姓通常穿着草鞋和布鞋。宋代妇女有缠足之旧俗，女子的鞋小而尖翘，并在鞋帮上绣花，鞋头上绣凤字形，部分劳动妇女为了方便下地劳作农活，一般不缠足，穿着草鞋或圆头鞋（图3-70）。

❶ 图片来源：李龙绘制。

❷ 图片来源：徐州博物馆官网。

❸ 图片来源：闫文君，徐红.新疆阿斯塔那墓出土的晋唐时期丝履特色分析[J].丝绸，2015，52（7）：65-69.

❹ 图片来源：腾讯网。

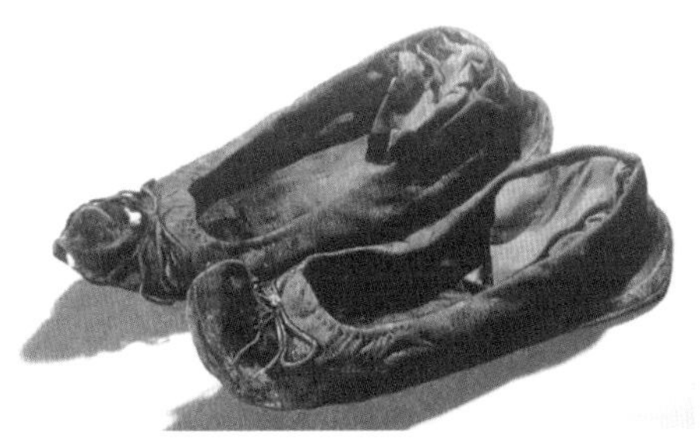

图3-70　南宋女圆头鞋❶

辽金元是北方少数民族建立起的政权，在这一时期服饰呈现出多文化交流的状态。在鞋履上，少数民族多穿靴，如鎏金凤纹银靴和刺绣云纹罗鞋（图3-71、图3-72），上绣花纹，极为精美，靴的种类还有尖头靴、乌皮靴、长筒皮靴、革靴、花靴、云头靴、旱靴等。

图3-71　辽代鎏金凤纹银靴❷

图3-72　辽代刺绣云纹罗鞋❸

我国经历了多个少数民族的统治时期，民族之间的不断交流与融合，在鞋履的材质、色泽和花纹中都呈现出丰富多彩的样式。

鞋履的传承与变革：明朝建立以后，其服饰制度势必恢复汉族礼仪，承袭唐代的冠服制度，确立了服装图案与服饰色彩。明代的朝服有明确的规定，穿着袍服时，要搭配乌纱帽和皂革靴，平民所穿鞋履的材质和样式丰富，有革靴、布底缎面鞋，南方人穿蒲草鞋，北方人穿牛皮直筒靴，由于明代棉花的大量种植，平民百姓也经常穿着用棉花制成的鞋子[91]。明代妇女的鞋履与前朝相似，喜爱丝履，如凤头鞋等（图3-73）。

❶ 图片来源：德安南宋周氏墓[EB/OL].丝绸之路世界遗产官网.

❷ 图片来源：国丝馆邀您看“千针万线——中国刺绣艺术展”[EB/OL].搜狐网.

❸ 图片来源：长城内外皆故乡，内蒙古文物菁华展[EB/OL].搜狐网.

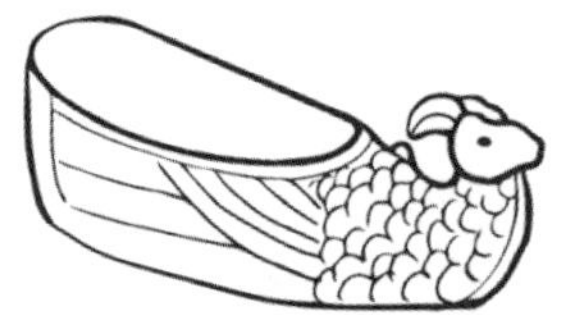
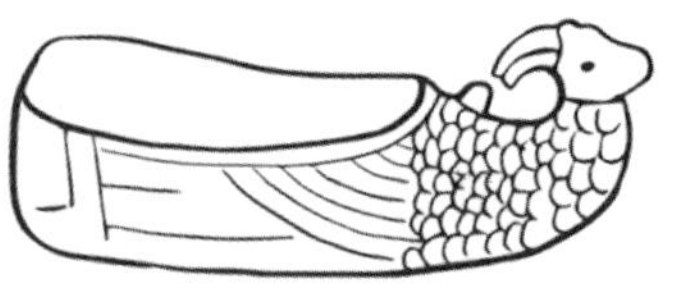

图3-73　明墓出土凤头石鞋❶

清代的统治者是女真族，也即是游牧民族，其服饰样式与汉族服饰略有差别。清朝建立后，统治者要求汉族改穿满族服装，但遭到强烈反抗，朝廷只能通过折中的手段让满服缓慢推行，因此清朝服饰是满族与汉族相互融合而形成的。清代鞋履等级分明，官员搭配靴，士庶穿鞋，样式有黑布、云头、双梁和扁头等，劳作者通常穿蓬草鞋。清朝满汉妇女的鞋履各不相同，满族女子不缠足，穿木底鞋，如形似花盆的称为“花盆底”（图3-74），形似马蹄的为“马蹄底”，这种木底鞋主要有两个作用，其一是为了掩盖不缠足，其二是为增高体形。汉族女子裹脚之风盛行，女子鞋履多为木底弓鞋（图3-75），样式复杂、刺绣精美。

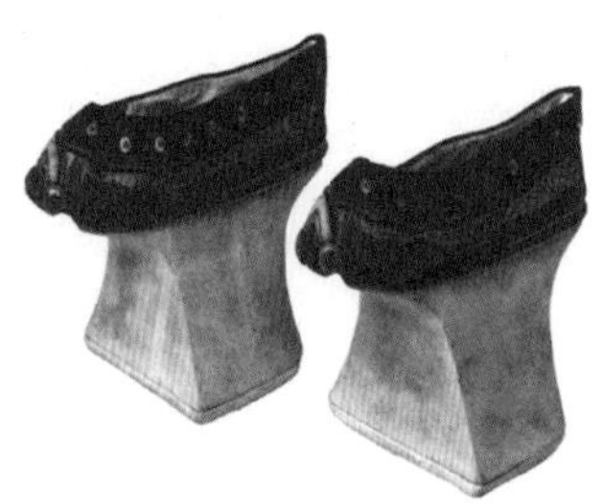

图3-74　清代满族妇女花盆底❷

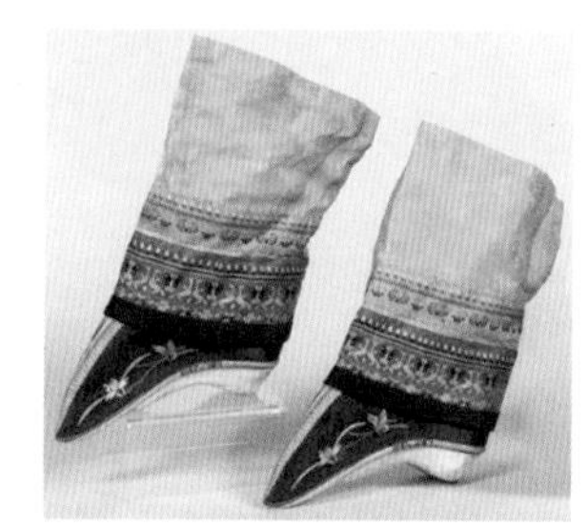

图3-75　清代汉族妇女绣花弓鞋❸

可见，明代的鞋履承袭了旧制，明代大量种植棉花，并在黄道婆棉纺织技术的改良下，提高了纺纱的效率，棉花则成为这一时期的主要纺织原料。因此，明代的布鞋多为布制。清代鞋履的变革，以女子的鞋履尤为突出，其“花盆底”与“马蹄底”突显了不同族人的审美需求与服饰特色。

成语“蒙袂辑屦”中的袂（衣袖）和屦（鞋）都是我国传统服饰的重要组成部分。从古代衣袖的演变可知，汉族服装中的衣袖以大袖为主，窄袖鲜有出现；在各民族频繁交流时期，汉族汲取了其他各民族的服饰文化，丰富和发展了服饰种类；衣袖的演变也与当时的社会风俗、文化背景息息相关，汉族统治时期以宽衣大袖为主，少数民族统治时期则衣袖偏窄。此外，服饰中鞋履的起源时间无从考究，但从

❶ 图片来源：李龙绘制。

❷ 图片来源：宗凤英.清代宫廷服饰[M].北京：紫禁城出版社，2004：179.

❸ 图片来源：肉丁DIY网。

地理环境、气候环境等方面可进一步探究，如南方的湿热天气喜穿木屐，北方寒冷地带则以皮革和靴类使用偏多。因此，衣袖和鞋履在等级森严的古代社会，也成为礼制表现中的一部分，在不断传承与发展过程中，表现出不同时期、不同身份、不同状态人们的审美需求、风俗习惯与着装状态，而“蒙袂辑屦”应是处于困乏状态的着装行为。

通过对成语“披襟解带”和“蒙袂辑屦”的梳理和分析发现，从古代的衣襟、腰带、衣袖和鞋履中也可以反映出一个时期的社会制度与审美风尚的变化，在服饰中表现出的礼仪雅俗观念是由于儒、道等传统文化的教化与规范，在统治阶层的政策推行以及社会生产力的发展过程中，不断地完善服饰种类，对于中华传统服饰的丰富与传承具有推动作用，但对于当时严格的服饰制度来说，阻碍了社会制度发展。此外，统治阶层通过对人们服饰的管制，限制服饰的穿用自由，进而控制人们的思想自由。

20. 如履薄冰、血泪盈襟

成语“如履薄冰”和“血泪盈襟”都与服饰部件有关，且都是一种负面情绪在服饰中的反映，两者都展现了服饰的实用性功能。“如履薄冰”是指朝堂之人所穿的鞋子，主要有舄、屦、履、屐这四种，从社会发展与古汉字字源学上看，先秦时期的“履”是身份地位的象征，“如履薄冰”反映了面临复杂的政治环境而表现出的紧张状态；而“血泪盈襟”是遇到伤心之事而流露出的负面情绪，以至于让泪水打湿了衣襟。

（1）如履薄冰

成语“如履薄冰”出自《诗经·小雅》：“战战兢兢，如临深渊，如履薄冰。”[92]意指行走在冰面上战战兢兢，如临深渊。暗示有潜在的危险，比喻行事极为谨慎，存有戒心。笔者认为，此处的“履”并不是一般人所穿的鞋子，而是指身在朝堂之人，“薄冰”则指代朝堂之人所处的政治环境极为恶劣，这则成语不仅蕴含先秦时期履的阶级特性，还揭示了当时朝堂中充满斗争与危险的现象。

① 先秦时期足服的分类

先秦时期的足服已经非常细化，种类繁多，有舄（丝面双底，用于祭祀）、屦（单底，粗履）、履（有权势之人所穿的朝靴）、屐（出行时使用）等。

舄

舄是古代鞋中最特别的类型，据郑锷注《周礼·天官》："舄止于朝觐祭祀时服之，而履则无时不用也。"说明舄是朝觐、祭祀才使用的足服。至于舄在足服中的地位，由传云可知"舄。达履也"，即履之最上达者也。

关于舄的形制，《古今注》中提道："舄，以木置履下，干腊不畏泥湿也。"即在履下加一层木底，就是舄。其主要原因是古代的祭祀场地无法在下雨之后保持场地清洁，需要穿厚底的鞋子防泥水。由此可知，舄是双底，木制或注蜡，以防潮湿。周代君王之舄为白、黑、赤三种颜色，其赤为上服，其次是白舄与黑舄；而王后为赤、青、紫三色，以紫色为上服，其次是青舄和赤舄。在隆重的庆典，君王穿赤舄，王后穿紫舄，舄的材料是绸缎[93]。天子赤舄（图3–76）为古代天子所穿的鞋，为复底之鞋，赤色为主，上层底为皮、葛等质，下层设有防潮的木制厚底，其形为内装木楦，其中有凹槽，填以松软之物，以便行礼时不怕湿泥，通常用于祭祀、朝会等重大场合。如图3–77所示为南昌东吴时期高荣墓出土的革舄，是在单底的皮鞋（鞮）的鞋底下面再加上木屐，就形成了革舄的样式了。

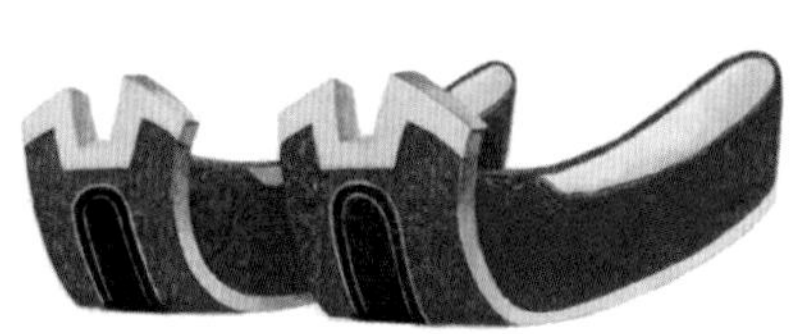
图3–76　天子赤舄❶

图3–77　革舄❷

屦

屦是一种较为普遍与实用的鞋。据《仪礼·士冠礼》云："屦，夏用葛……冬，皮屦可也。"[94]可见屦有葛、皮两种形制。又如《诗经·魏风·葛屦》里提及："纠纠葛屦，可以履霜。"[95]充分说明葛屦只是屦的一种，否则《诗经》不会出现"葛屦"一词。《左传·僖公四年》记载申侯见齐侯，曰："师老矣，若出于东方而遇敌，惧不可用也。若出于陈、郑之间，共其资粮屝屦。"[96]由此可知，屦是一种平常普通的鞋类。疏："丝作之曰履，麻作之曰屝，粗者谓之屦。"又如《庄子·内篇·德充符》："刖者之屦，无为爱之。"[97]"刖者"反映了屦的平民化，充分体现了屦的本质，普通与实用。

关于屦的形制，屦是单层的鞋子，根据原材料草、麻、葛、丝、皮的不同称呼又

❶ 图片来源：臧迎春.中国传统服饰[M].北京：五洲传播出版社，2003：15.

❷ 图片来源：腾讯网。

有所变化，如草屦又称躧（同屣）、屩，皮屦又称鞮。当时以草屦最贱，为贫苦之人穿用，此外犯人配合赭衣所用的为“菲屦”，最为奢侈的是丝屦[98]。商周时代男女穿的鞋子是一样的，周王朝设“屦人”来管理王和后的鞋子，王后穿鞠衣、展衣、褖衣时则穿单底的屦[99]。楚屦（图3-78）的形制可分为两类，分别为圆头方口型和扁头方口型。圆头方口型是楚屦的典型形制，如楚国的锦面麻鞋、鞮屦、楚国陶屦；扁头方口型的鞋常见于秦汉陶俑足部，如革屦、高底漆舄、麻线编成的秦俑鞜底、乳钉状线结鞋底。

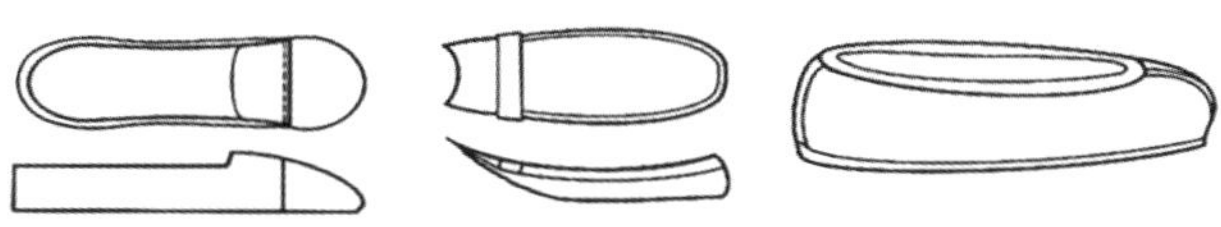

（a）楚国锦面麻鞋结构　（b）鞮屦结构（湖北九连墩2号楚墓）　（c）楚国陶鞋结构

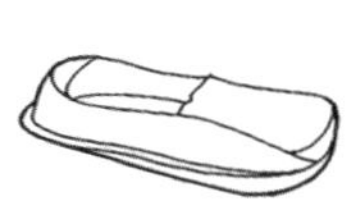

（d）扁头方口革屦结构

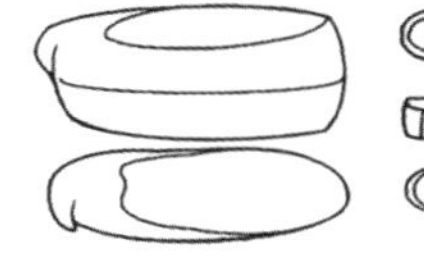

（e）漆革舄（东汉乐浪彩箧冢）

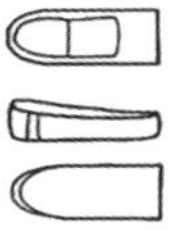

（f）跪射俑足部结构

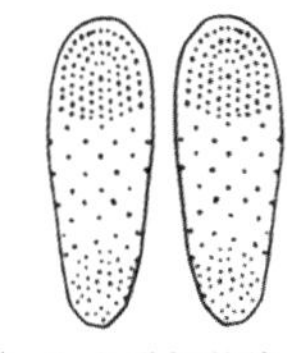

（g）乳钉状线结鞋底（沙洋塌冢楚墓）

图3-78　楚屦❶

履

根据《左传·僖公四年》记载，管仲对楚成王使者曰：“昔召康公命我先君大公曰：‘五侯九伯，女实征之，以夹辅周室。’赐我先君履：东至于海，西至于河，南至于穆陵，北至于无棣。”[100]可知履应与身份和权力联系在一起，为贵族君侯所穿的丝鞋。

关于履的形制，战国后“屦”改称“履”，如司马迁《史记》中皆作“履”子；《孔雀东南飞》：“新妇识马声，蹑履相逢迎。”[98]履，本指单底之鞋，后泛指各类鞋子，以丝作成者曰丝履，以皮作成者曰革履，破旧之鞋称敝履[101]。素履用白丝绸制作，葛履用葛布制作，是夏天穿的鞋子，漆履（图3-79）为锦缎制成，在上面涂有漆[99]。

图3-79　战国锦面漆履（湖北江陵墓出土）❷

屐

屐是一种外出或登山时所用的鞋子，刘敬叔（约390～约470年）《异苑》中有这样一个故事：

❶ 图片来源：柴瑾绘制。

❷ 图片来源：中国古代足衣[EB/OL].搜狐网.

春秋时期，介之推（？～前636年）逃禄隐迹深山，晋文公（前697？～前628年）多次请他而不肯下山，最后下令放火烧山，想以此逼他出来。火焚之后，文公上山，发现介之推抱住一棵大树被烧死。文公十分伤心，拍着这颗大木头大为痛哭，并把它砍下做成木屐，天天穿在足上，每当他怀念介之推割股之恩时，就低下头看看足下的木屐哀叹道："悲乎足下。"因此，后人就以"足下"这个词来表示对人的敬重。这个故事从侧面印证了木屐早在春秋时期就已经出现了。

图3-80 屐❶

屐，也称"屐子"。屐的形制（图3-80），是在鞋子底部装有木齿，前后各一，呈直竖状，着之以行泥地。最初为雨天所着，以防滑防潮，后演变成一种便屐，晴天也可穿着。鞋底一般以木为之，鞋面则以木、麻、布、皮。有"木屐""帛屐"和"鞮屐"等名称，统称为屐[102]。

② 先秦时期足服的阶级属性

笔者认为，能穿着这些足服的必然是有地位和身份的人。首先，从社会发展的过程上看，先秦时期主要是中国奴隶社会与封建社会萌芽、发展的重要时期，当时绝大部分平民百姓都被束缚在土地上，而能穿上舄、屐和履的人也绝非普通百姓，应当为朝堂之辈；其次，从古汉字字源学的角度看，金文"屐（[金文]）""履（[金文]）"也有象征身份地位的体现，屐（[金文]）是支撑（[金文]）人（[金文]）的脚（[金文]）用于出行（[金文]）的工具，而履（[金文]）则是行走（[金文]）去上任（[金文]）的官员所穿的鞋子。因此，先秦时期的足服是按照功用以及穿着者的身份，在履的基本形制基础上，使用不同的面料和鞋底而逐渐形成的。

成语"如履薄冰"表面上是指一个人穿着鞋子行走在薄冰上，实则蕴含着更深刻的含义，这里的"履"主要指身处朝堂的人所穿的鞋子，"薄冰"则指政治环境的恶劣，因此赋予了这则成语一定的阶级特性。"履"作为古代足服，有多种样式，从它的阶级属性中可以看出，先秦时期，普通百姓所穿的鞋主要是出于实用性的需要，不具有阶级观念，而舄、屦、履、屐等是在追求其实用性的同时还注重其装饰性，带有封建等级制度的痕迹，通过鞋子的面料、色彩、纹样等装饰来彰显身份。

❶ 图片来源：伊尹.屐的漫谈[EB/OL].搜狐网.

（2）血泪盈襟

成语“血泪盈襟”出自唐代诗人白居易的《虢州刺史崔公墓志铭》：“遂置笏伏陛，极言是非，血泪盈襟，词竟不屈。”其中血泪比喻悲痛的眼泪，盈即满的意思，盈襟意为眼泪打湿了衣襟，形容十分悲痛。襟通“衿”，指衣服的交合处。古代衣襟的种类丰富，展现了中华先民的智慧与丰富想象力。襟的含义有三：第一，衣服的衣领相交处，又指衣服胸前的部分。第二，襟的位置在胸前，通常比喻胸怀、抱负。第三，用来形容姐妹的丈夫，即连襟。根据成语“血泪盈襟”的解释可知，“襟”字是指第一种含义，衣服的胸前部位。

① 襟的类型

衣襟的产生是为了方便服装穿着，在服装上开口，能让服装从正面打开。通常开口的起始点就是衣领部分，直至底摆位置结束[103]。因此，衣襟是既有装饰性又有实用性的部位。根据服装开口位置的不同，衣襟又分为大襟、对襟、偏襟、琵琶襟等。如表3-12所示为襟的类型表。

表3-12　襟的类型表❶

名称	起源时间	释义	图片
偏襟	商代	偏襟，其上半部分与大襟一致，只是比大襟稍微短一些，偏襟从领口处转折向下，直到下摆处	
续衽钩边	商代	续衽：衣襟接长，钩边：形容衣襟的样式，将衣服左边前后两片缝合在一起，并将后片衣襟加长成三角形，绕其至背后，用带系上	
青衿（襟）	秦代	与大襟右衽在形制上相同，仅衣领颜色为青色，在先秦时期是专用于学子的服装	
大襟左衽	商代	大襟分为左衽与右衽两种形式。左衽是将衣襟从右向左掩，常用于少数民族服装	

❶ 图片来源：陈晓宇绘制。

续表

名称	起源时间	释义	图片
大襟右衽	商代	将衣襟从左向右掩，大多用于汉族服装	
对襟	商代	正中两襟对开，直通上下，纽扣在胸前正中系连	
不制襟	宋代	北宋妇女的一种衣式。衣用对襟，不施纽带，穿着时两襟敞开，露出里衣。属于对襟直领型	
琵琶襟	清代	又称“缺襟”，形制如大襟，唯独右襟下部被裁去一块，形成曲襟，方便骑马的时候脱卸	
一字襟	清代	一字襟，是指把衣服的前襟于胸部上方横开，外观呈“一”字形。其襟线与摆缝处横列十三颗一字扣，俗称“十三太保”。特点：脱卸简单、穿着便利	
人字襟	晚清	与一字襟坎肩形制相似，仅是开口位置不同，人字襟开口起点在前领口的中心处，斜向左右袖窿中心处开口。造型与“人”字类似，故名“人字襟”	

从表3-12可知，在十种衣襟的形制中，对襟、不制襟和一字襟是对称分布的；青衿、大襟右衽、续衽钩边、琵琶襟和偏襟是前襟向右掩形制，开口位置在人的右侧；仅有大襟左衽是前襟向左掩形制，开口位置在人的左侧，这种情况出现的原因主要有二。

一方面，右衽一直是汉服形制的独特之处，自三皇时代起，汉服就具有交领右衽、宽衣博带的特点，随着服饰制度的确立，形成汉族衣襟向右掩，而少数民族衣襟多向左掩的穿衣方式。根据阴阳生死和儒家、道家的理念，衣襟向右掩视为阳，表示生存的人[104]。在中国传统思想观念中，在数量的表达上，尽可能以偶数的形式出现，为了做到视觉平衡的美感，对称衣襟在服装上也经常使用，给人带来视觉上美感与和谐有序之感[105]。

另一方面，则是功能性主导，如续衽钩边形制在秦汉时期连裆的罩裤发明之前比较流行，男女均可穿着，男子曲裾的下摆宽大便于行走，女子下摆收紧；在农业文明为主的时代，青衿、大襟右衽等这些右侧开口的服装方便右手的活动和工具的存放[106]；而左衽服装的形成原因比较常见的说法是游牧民族由于经常骑马射箭，形成左手持缰绳、右手持武器的习惯，左边开口的服装方便左手拿取东西并且左片衣服的双层重叠更能保护心脏。琵琶襟就是将满族和汉族服装长处集于一体而产生的衣襟款式，满族在入关前，主要聚居地是中国东北地区，擅长骑马射箭，并且凭借着高超的骑射技术建立清朝。为了加强服饰的特色，满族在原有的服装形制上推陈出新，琵琶襟就是具有代表性的衣襟。清初时，多用于行装，其右衽设计符合人们穿衣习惯和右手的活动，下摆处缺失的一截便于骑射。琵琶襟造型经典大气，将满汉两族服装的优点完美结合，兼具实用性与装饰性，在清朝男女皆穿着，主要应用在袄、马甲、马褂中[107]；一字襟衣身窄小，较为合体可以穿在袍、褂的里面，也方便骑马和日常活动，中国传统衣襟的设计都遵循这传统的“十字”平面结构，纵向分割断缝的方式，而一字襟不同，横向分割断缝的造型使其有别于其他衣襟形制[108]。

② 血泪盈襟的延展分析

当血泪盈襟时，情绪无法控制，那么古人是否要用手帕去擦拭？据史料记载，在秦代就出现了“巾”，在东汉时期从“巾”演变为手帕，根据汉乐府❶民歌《孔雀东南飞》记载：“阿女默无声，手巾掩口啼。”这里的手巾指的就是手帕，其功能是用来擦拭眼泪。在这一时期，手帕的用途比较单一。在陕西前秦（351～394年）大将军窦滔（生卒年不详）与才女苏蕙（生卒年不详）的爱情故事中，窦滔与苏蕙的感情出现裂痕，苏蕙用一方手帕挽回了窦滔，从此手帕在陕西也成为爱情的信物。此后，手帕的功能变得丰富起来，可以用来擦泪、擦汗、束发、遮头、遮脸等，同

❶ 汉乐府，是指专门管理乐舞演唱教习的机构。乐府初设于秦（前221～前207年），是当时少府下辖中专门管理乐舞演唱教习的机构。公元前112年，正式成立于西汉汉武帝时期（前141～前87年）。乐府的职责是采集民间歌谣或文人的诗来配乐，以备朝廷祭祀或宴会时演奏之用。它搜集整理的诗歌，后世就叫“乐府诗”，或简称“乐府”。

时变成具备一定装饰功能的物品[109]。手帕的材质主要以巾、罗、绡为主[110]。

因此，从中国衣襟的发展来看，交领大襟、对襟占据审美主流，仅在部分时期有所改变，这些都表明中国古代的衣襟是不断传承的。衣襟一直是服装构成的主要部分，其发展过程蕴含着中国阴阳五行思想和儒家、道家思想的融合，并且是古代传统审美与实用的结合，展现了中国先民的智慧。从成语“血泪盈襟”中，可展现古人通常用手帕来擦拭眼泪的场景。在隋唐时期，手帕广泛流行，不仅可以擦拭眼泪，还被用来束发和遮脸等。手帕材质是丝织品，文人可以在手帕上题诗作画，用来抒发感情。此外，男女经常当作定情信物，从此手帕成为集功能性与装饰性为一体的物件，并被赋予特殊的意义。

综上所述，成语“如履薄冰”和“血泪盈襟”都借助衣饰来表达一种负面情绪，“如履薄冰”说明政治环境的恶劣而导致紧张的心理状态，就像行走在薄冰上一样，战战兢兢；“血泪盈襟”则指遇到伤心之事而流泪的悲痛心境，流下的泪水以至于打湿了衣襟。“履”和“襟”本是功能性为主导的服饰部件，后发展为特定时期的情绪载体。现如今，“履”和“襟”的服饰样式不再流行，但其被赋予的思想观念与内涵一直流传至今。

21.朱衣使者、朱衣点头

成语“朱衣使者”“朱衣点头”出自明代陈耀文（生卒年不详）《天中记》卷三十八引《侯鲭录》：“欧阳修知贡举日，每遇考试卷，坐后常觉一朱衣人时复点头，然后其文入格……因语其事于同列，为之三叹。尝有句云：‘唯愿朱衣一点头。’”[111]此故事讲述的是宋代文豪欧阳修（1007～1072年）在批阅考卷时，后方站有一位穿着朱色衣服的使者，每当批阅的考卷中出现佳作，朱衣使者就会点头示意，引喻为一个人做事情的专注程度。

（1）朱衣的服色功能

朱衣是指红色的衣服，在古代通常有三种用途：第一，帝王和诸侯百官的祭祀服装、朝服。作为祭服通常用于南郊夏祭，依据传统五行说，南方属火，火色即为朱（红色），将红色的服装穿在身上，以顺时气，进行夏祭。又如《隋书·礼仪志六》：“（后周）皇后衣十二等……春斋及祭还，则青衣。夏斋及祭还，则朱衣。”[112]由此可知，朱衣在祭祀时主要用于夏祭；作为朝服的朱衣，最早可见《礼记·月令》：“（孟夏之月）天子居明堂左个，乘朱路，驾赤骝，载赤旗，衣朱衣，服赤玉。”[113]

不难看出先秦时期，帝王的朝服为朱衣，可见朱衣体现了高贵与权力。第二，官吏的公服，汉代以后流行。据《后汉书·蔡邕传》中所言："臣自在宰府，及备朱衣，迎气五郊，而车驾稀出，四时至敬。"[114]可见蔡邕（133～192年）的公服为朱衣，侧面证明了身着朱衣的官吏品级不会太低。第三，御史之服。据《唐会要》卷六十一所载："（御史台）旧制，凡事非大夫中丞所劾，而合弹奏者，则具其事为状，大夫中丞押奏。大事则冠豸、朱衣、纁裳、白纱中单，以弹之，小事常服而已。"[115]

（2）朱衣服色的历史演进

朱衣的服色功能在古代各个时期都有体现，在不断形成和完善中深入人心，成为既定的官服形象。朱衣作为身份地位的象征，无论是帝王、百官，还是官吏、御史，都通过服色来区分人的尊贵与卑微。从朱衣的服用外观来看，朱衣是一种红色衣料经过裁剪缝制而形成的衣服，用来御寒、遮盖或是装饰身体，赋予了服装对于人体本身的内在功能，又传递给外界一种舒适、美好的外在感受和精神风貌，但这种服色却是一种政治教化的外在体现，也是统治阶层的强化手段，看似是一种不断完善的"礼制"，却标明了人的尊卑等级，也限制了服装上的创新突破，因此可认为是服色功能之"退化"现象。

① 秦汉时期

朱色衣在先秦时期就已成为等级区分的标志，但并不完善，也并未严格执行。汉代在继承前朝的服饰制度上，以服色来区分身份等级的高低。《汉官仪》载："绶者，有所受，以别尊卑，彰有德也。"[116]其中，绶为一种官阶的标志，根据颜色的不同来区分等级，绶有四色，分别为赤、黄、缥、绀，其中赤色（即红色）为尊贵的颜色，从汉光武赐封褒德图中可看出汉光武帝（25～57年在位）和百官服用朱衣（图3-81），说明朱衣的服色功能开始形成。

图3-81　汉光武帝赐封褒德图❶

② 魏晋南北朝时期

这一时期，百官常着朱衣。根据《通典》中对南北朝时期的服饰记载："直阁

❶ 图片来源：同样APP网。

将军、诸殿主帅，朱服，正直绛衫，从则裲裆衫。”[117]可见南北朝时期的将军、主帅为裲裆衫形制的朱衣，从三国时期魏国文官图（图3-82）中可见，文官身着浅色的朱衣。如《南史·吕安国传》中称：“武帝即位，累迁光禄大夫，加散骑常侍。安国欣有文授，谓其子曰：‘汝后勿袴褶驱使，单衣犹恨不称，当为朱衣官也。’”[118]此时的朱衣为散骑常侍所着的官服。又如阎立本《历代帝王图》中的晋武帝司马炎（266～290年在位）与身穿朱衣的散骑常侍（图3-83），《资治通鉴·宋文帝元嘉三十年》载：“甲子，宫门未开，劭以朱衣加戎服上，乘画轮车，与萧斌共载，卫从如常入朝之仪。”[119]此时的朱衣又为上朝时的礼服使用。此外，普通官员也可穿朱衣，如身穿朱衣的女官俑（图3-84），身穿朱衣、头戴小冠的北魏文臣像（图3-85），可见朱衣在魏晋南北朝时期为百官皆可穿用的服装，朱衣的服色功能也趋于完善。

图3-82　魏文官图❶

图3-83　阎立本的《历代帝王图》❷

图3-84　身穿朱衣的女官俑（北齐娄睿墓出土）❸

图3-85　身穿朱衣、头戴小冠的北魏文臣像（旧金山布伦达治收藏）❹

---

❶ 图片来源：故宫博物院官方网站。

❷ 图片来源：中华珍宝馆官方网站。

❸ 图片来源：搜狐网：高欢之侄.北齐望族娄睿墓器物详览。

❹ 图片来源：汉服入门–汉服常见的款式：曲裾、褙子、袄裙、襦裙[EB/OL].搜狐网.

③ 隋唐时期

这一时期，官员的朱衣服色逐渐制度化。据《隋书·礼仪志六》所言："大象元年，制冕二十四旒，衣服以二十四章为准，二年下诏，天台近侍及宿卫之官，皆着五色衣，以锦绮缋绣为缘，名曰品色衣。"[120]此处的品色衣早在北周时期就已经出现，如《周书·宣帝纪》记载："（大象二年三月丁亥）诏天台侍卫之官，皆着五色及红紫绿衣，以杂色为缘，名曰品色衣，有大事，与公服间服之。"[121]其中将红色服制也定义为公服。到了唐代，服色制度逐步完善，已经明确了用服色来区分官员的等级高低，朱衣在唐代属职位较高的官员服用（图3-86）。在唐诗中的朱色袍描绘很多，如杜荀鹤（约846～约904年）《贺顾云侍御府主与子弟奏官》❶："青桂朱袍不贺兄，贺兄荣是见儿荣。"又如李洞（生卒生不详）《送安抚从兄夷偶中丞》❷："奉诏向军前，朱袍映雪鲜。"[122]事实上，初唐时期，官服的服色制度已经相当完善。据《旧唐书·舆服制》记载："贞观四年又制，三品以上服紫，五品已下服绯，六品、七品服绿色，八品、九品服以青，带以鍮石。妇人从夫色，虽有令，仍许通著黄。"[123]笔者根据《新唐书》卷二十四中的《舆服志》中的记载，绘制唐代服色等级表（表3-13），由表3-13可知，唐代朱衣的服色功能已有了明确的规定，朱色服为四品和五品等级的官员所穿。

图3-86　唐代官员［陕西乾县李重润（武则天之孙）墓壁画］❸

❶《贺顾云侍御府主与子弟奏官》："青桂朱袍不贺兄，贺兄荣是见儿荣。孝经始向堂前彻，官诰当从幕下迎。戏把蓝袍包果子，娇将竹笏恼先生。自惭乱世无知己，弟侄鞭牛傍陇耕。"

❷《送安抚从兄夷偶中丞》："奉诏向军前，朱袍映雪鲜。河桥吹角冻，岳月卷旗圆。僧救焚经火，人修著钓船。六州安抚后，万户解衣眠。"

❸ 图片来源：36首唐诗名作，就是一部唐诗极简史，快带着孩子一起读[EB/OL].搜狐网.

表3-13 唐代服色等级分类

官阶	武德四年	贞观四年	上元元年	文明元年	太和六年
一至三品	紫	紫	紫	紫	紫
四品	朱	绯	深绯	深绯	朱
五品	黄	绯	浅绯	浅绯	朱
六品	绿	绿	深绿	深绿	绿
七品	绿	绿	浅绿	浅绿	绿
八品	青	青	深青	深碧	青
九品	青	青	浅青	浅碧	青

④ 宋代

宋承唐制，朱衣在宋代广泛运用，但在官服的服色等级上有所变化。《宋史》中记载："宋因唐制，三品以上服紫，五品以上服朱……元丰元年，去青不用，阶官至四品服紫，至六品服绯……中兴，仍元丰之制，四品以上紫，六品以上绯。"[124]可见，朱色从四品、五品服色等级降为五品和六品，并将朱色改为了绯色。在宋代，红色的纱袍是皇帝的礼服，《续资治通鉴长编》记载宋真宗（997～1022年在位）"上服通天冠、绛纱袍……"[125]其中的绛色即红色，在上朝和祭典时都会服用（图3-87）。《全宋笔记》中记载："朱衣者，乃台省引班之小吏耳。"[126]还记载有"明年五月甲辰，丞相遣朱衣吏召当制舍人吕缙叔草制，除邵不疑为宝文阁学士。"[127]此处的朱衣为吏人之服，即朱衣吏。此外，在南宋诗人刘克庄（1187～1269年）撰写的《后村先生大全集》中，李格非（约1045～约1105年）《试院》有云："斗暄成小疾，亦稍败吾勤。定是朱衣吏，乘时欲舞文。"[128]说明朱衣吏很有可能是作为监考官的身份出现在考场中，抑或是批阅、监察官身份，是御史的身份象征，这就与宋代文豪欧阳修所提到的"朱衣使者"有着相通之处，印证了欧阳修在阅卷过程中"幻想"出的"朱衣使者"是真实存在的人物形象。"朱衣使者"中的朱衣即为御史之服，从宋代文官形象（图3-88）、北宋政治家韩琦（1008～1075年）像（图3-89）中也可看出。宋代的文官都服用朱色衣，这是由于朝廷把大宋定为"火德"，再加上宋代"以文治国"的政策方针，在宋承唐制的传统服制下，宋代仍崇尚红色的朱衣，只是在品级规定上较唐代有所不同。

⑤元、明、清

元代、明代和清代也继承了唐宋时期的服色制度，只是在品级上略有变化，并将“绯衣”取代了“朱衣”的称谓，如元代（图3-90）将六品至七品官员的官服定为绯色，明代（图3-91）和清代（图3-92）将一品至四品的官服定为绯色。朱色衣仍为尊者使用，且作为官服的形象已深入人心。

图3-87　宋真宗❶

图3-88　宋代文官❷

图3-89　韩琦像❸

图3-90　元代官服❹

❶ 图片来源：旧金山亚博馆里的中国人物画：从宫廷肖像到山间隐士[EB/OL].搜狐网.

❷ 图片来源：重文轻武的北宋，武将的命运真的很惨吗[EB/OL].凤凰网.

❸ 图片来源：百度网。

❹ 图片来源：柴瑾绘制。

以上朱衣作为外衣使用时，是一种尊贵和礼制的表现，如若朱衣内穿，则违反传统礼教，会被谴责和罢免官职。除此之外，朱衣在古代还可作为婚礼服和囚衣穿用，红色被作为喜庆服色时用作婚礼服，被认为是辟邪除害的颜色时用在囚服。这种审美观念的出现最早追溯到原始社会时期，随着生产工具的出现，在私有财产的分配中形成了以父系氏族来划分等级的制度，红色衣服就成为封建社会时期尊贵的象征，直至清代的灭亡，封建制度的瓦解，红色显贵的传统观念才不复存在。

图3-91　明代官服❶

图3-92　清《万树园赐宴图》局部（北京故宫博物院藏）❷

综上所述，朱衣为深衣制式样，与其他深衣的区别只在于服色的不同。《太平御览》中关于“朱衣”的记载：“《东观汉记》：‘光武起义，衣绛单衣、赤帻。’”[129]说明朱色、绛色、赤色都为红色，只是在红色的深浅上有所区分，朱衣可谓是正红色的单衣服制，单衣在《方言》中“古谓之深衣是也”[130]。由此说明，朱衣为上下一体的深衣制，当不衬里时为“单衣”，衬里时又为“袍”。成语“朱衣使者”“朱衣点头”本是“幻觉”出的人物形象，同时也深刻反映了“朱衣”存在的服色内涵。朱色作为仅次于紫和黄的颜色，通过服装的外在表现形式，在视觉上产生强烈的冲击感和辨识度，不仅是社会发展到一定阶段的产物，更是人们心中不可逾越、根深蒂固的尊卑观念的体现。

22.赭衣塞路、赭衣半道

“赭衣塞路”语出《汉书·刑法志》：“而奸邪并生，赭衣塞路，囹圄成市天下愁

❶ 图片来源：中华珍宝馆官方网站。

❷ 图片来源：故宫博物院官方网站。

怨。”[131]后以“赭衣塞路”为典故，形容政治黑暗、社会动荡不安，作奸犯科之人极多。“赭衣塞路”也作“赭衣半道”“赭衣满道”等。其中“赭衣”也称“赤衣”，即囚犯之衣。

（1）“赭衣”为囚服的原因分析

“赭衣”被作为囚服主要有以下两方面的原因。

①“赭衣”颜色不纯以辨忠奸

正如《荀子·正论》记载：“杀，赭衣而不纯。”[132]杨倞注：“以赤土染衣，故曰赭衣……杀之，所以异于常人之服也。”[133]不纯则是衣服不镶边，即无领衣。又如乾隆二十五年（1760年）正月十八，山东按察使沈廷芳（1702～1772年）上奏朝廷“……凡囚衣上下表里，无论棉单，悉以红布制给”[134]。由此可知，自战国时期至清代，“赭衣”因颜色醒目容易辨别而用于囚服。

②“赭衣”颜色极具象征性

古人将赭色作为囚服的颜色主要有以下三条重要原因：首先，“赭衣”的颜色有一种不祥之感，据《说文解字》对“赭”的解释：“赭，赤土也。从赤者聲。”[135]众所周知，红色的土壤一般贫瘠，物产不丰。又如篆文“（赭）”由“（赤，红色）”与“（者，即“褚”，红绸殓衣）”组成，表示古代贵族入殓时穿的红绸衣服或覆盖棺木的红布。很显然，赭色作为入殓时所着衣物有着不祥的象征意味，与死亡相联系，当然也就与囚徒联系起来了。其次，“赭衣”颜色的特性表示身份的卑微。古代颜色有正色和间色之分，正色指青、赤、黄、白、黑5种纯正颜色，而间色则指绀（红青）、红（浅红色）、缥（淡青色）、紫、流黄（褐黄色）等由5种正色混合而成的颜色。因此，“赭衣”的颜色属于间色无疑。事实上，体现尊贵和喜庆的红多偏向赤、朱等正色，而赭为赤与黑两种混合而成的间色，自然是符合囚犯身份的。最后，中国古代的五行五色中，火相当于赤，水相当于黑，选用赭色囚衣，一定意义上也有火的警示和用水净化心灵之含义[136]。因此，古人以“赭衣”指代囚服也就合情合理了。

（2）“赭衣”的发展历程

①“赭衣”产生于先秦时期

早在先秦时期（秦代之前），就已经有关于囚犯穿着赭衣的相关记载。“唐虞之象刑，上刑赭衣不纯，下刑墨幪。”[137]由此可知，象刑其实就是让犯罪者穿着赭衣这种异色服装，只是对犯罪者的羞辱，希望以此来净化犯人的思想，是我国“以德治国”的开端。根据《拾遗记殷汤》记载：“傅说赁为赭衣者于深岩以自给。”[138]可知，一个穿着赭衣的罪犯被商王赏识，并任命其为宰相，那么，赭衣就成为商周时期囚犯的显著标识。

②“赭衣”发展于秦代

秦代确立了统一的囚衣。关于囚衣的产生时间，有据可考，大多数学者所支持的论断是：真正意义上的囚衣最早出现于秦朝。据班固《汉书・刑法志》记载：“秦始皇兼吞六国，遂毁先王之法，灭礼仪之官，专任刑罚……而奸邪并生，赭衣塞路，囹圄成市。”[131]这里的“赭衣”就是指穿着赭色囚衣的犯人，也就是说，在秦朝，有罪名的人穿着统一的衣服，以特殊的服色区别于其他服装，成为最早的真正意义上的囚衣——赭衣，一种红褐色的粗麻制筒衣。究其原因，有以下两个方面：一方面，公元前221年秦始皇统一六国后，实现了中国第一次大一统，大一统后的王朝不管是经济水平还是政治制度都得到了飞跃式发展，相应的狱政理念和狱政制度也得到了进步，为囚衣的出现奠定了物质基础和制度支持。另一方面，秦始皇完成统一大业后，继续重用法家思想，主张严刑峻法，确立了“重刑轻罪”的狱政思想，造成了秦朝监狱林立、犯人数量暴增的局面。如何对众多的犯人进行有效管理降低了逃跑的可能性，同时也减轻狱卒的监管压力，囚衣制度应运而生。秦朝关于赭衣服制有具体规定，《秦律十八种》记载：罪犯在服役期间，分别供给囚犯夏季与冬季的衣物。夏衣一般在4月到6月发放，冬衣则是9月到11月发放，过期不发。囚衣的费用由犯人交纳或以劳役抵偿，夏衣55钱，冬衣110钱[136]。由此可知，囚衣虽形制统一，但所需要的费用仍由犯人或其家属缴纳。

③汉代延续秦代的囚衣制度

汉代对囚衣并没有明确的制度规定，而是继续沿用了秦代的狱政理念和监狱设置，汉代的犯人都穿着统一的红色囚衣。如《汉书・贾山传》中对汉代囚衣的描述与秦代相同，都使用“赭衣半道”这个成语来形容囚衣。[139]当然，汉代的监狱制度已较秦时更为完善，在囚衣的选用上也是在秦代囚衣的基础上发展而来，穿着赭衣仍是犯人的社会标识。

④唐代推进了囚衣的供给方式

唐代杜淹（？～628年）的《寄赠齐公》记载：“赭衣登蜀道，白首别秦川。”[140]说明杜淹就是身着赭衣，再者，李翱（772～841年）说：“不意苏门之风，出于赭衣之下。”[141]因此，赭衣也为唐代囚服。唐朝囚服费用一般由囚犯家属缴纳，但如果囚犯离家遥远，则采取官府垫付的办法，待告知家属后，由家属归还，这样可防止赤贫之人打消以囚粮为生计的企图[142]。

⑤ 宋代完善了囚衣供给

宋代文天祥（1236～1283年）在战败后写下：“嗟哉此圜土，占胜非高冈。赭衣无容足，南房并北房。”[143]反映了衣着赭衣的犯人无处落脚的场景。宋代狱囚的衣食供给一般为自家准备，对于贫困、无家人的囚犯可得到监狱的救助，由官府提供衣食，展现了宋代统治阶层悯囚的思想意识。仁宗时期，对于囚犯衣物的发放又增加了新的规定：贫穷无衣食者必须在关禁一个月以上才有资格发放衣物。可见，仁宗继位后，对于囚衣的供给有所限制，这无异于加重了囚禁制度，与宋代最初的恤刑、悯囚行为背道而驰[144]。

⑥ 明代明晰了囚衣制度

明代的赭衣不仅是囚服的别称，也成为囚犯的代称。明代诗人黄文焕在狱中以“赭”命名《赭留集》，世代相传。甚至在宋应星所著的《天工开物》中这样写道：“纨绔之子，以赭衣视笠蓑。”[145]纨绔子弟将穷苦的百姓视作囚犯，这里的赭衣成为囚犯的代称。明代的囚衣制度，根据《明史》记载：“狱囚贫不自给者，洪武十五年定制，人给米日一升。”洪武元年（1368年）颁发的《大明令·刑令》就有规定，监狱“枷杻常须洗涤，草席常须铺置，冬设暖匣，夏备凉浆，无家属者给食米一升，冬给絮衣一件，夜给灯油，病给药医”。由此可看出，在明代，无家属的囚犯的衣物可由官府承担，这一制度促进了古代囚衣向统一性方向发展，对无家属的狱囚给予了人性的关怀[146]。

⑦ 定型于清代

关于清代囚衣的形制，我们可以从欧洲人绘制的清代版画（图3-93）中见到，画中的着装形象虽与平民日常生活中所穿的衣物无差异，但在颜色上有所区别，普通的平民百姓都不穿赭色的衣物，因此这种间色为囚服专用。此外，我们可以从电视剧中见到囚衣形制（图3-94），位于胸前、后背有一个大大的白底黑字“囚”，非常醒目，也是极其卑微的身份象征。清代的《提牢备考》中有明确规定：“斩绞重犯，及军流遣犯在监及解审发配，俱着赭衣。”[147]在清代，赭衣一般用于重犯与军流遣犯。无论贫穷或富贵，囚衣都由国家统一发放，这一定程度上增加了国家的财政负担，但也说明清代已经形成了囚衣的统一化与规制化。

图3-93　外国人绘制的清代囚犯❶

图3-94　电视剧中囚犯的形象❷

综上所述，成语“赭衣塞路”和“赭衣半道”指的是穿着囚服的犯人阻塞了道路，而他们的赭衣服装一直与社会的主流服饰不同，特别是以服装的颜色最为突出。因“赭衣”的颜色具有辨识性和象征性，被规定为囚服的统一服色，因此，“赭衣”成为社会异类的标识，甚至还发展为囚犯的代称。

23.解衣卸甲、解兵释甲

成语“解衣卸甲”出自明代无名氏《杏林庄》第一折：“他若是解衣卸甲顺天朝，班中封位爵。”“解兵释甲”出自明·无名氏《伐晋兴齐》第四折：“解兵释甲，社稷宁谧，黎民乐业。”[148]两个成语的本意都是卸掉盔甲，不再作战。“甲”就是古代的军事服装——戎装。根据相关历史资料的搜集、整理与分析发现，中国戎装史似乎经历了从简到繁，又从繁到简这样一个发展过程。

（1）古代戎装的称谓

中国古代戎装的称谓分别为甲胄、戎服、戎装、戎衣、军装、兵服、征袍、战袍等。具体记载如下：

甲胄：古代的“甲”泛指身上坚硬的外壳，甲骨文“⊞（甲）”由“十”（抓握）“□”（方形盾牌）组成，体现了盾牌的出现要早于铠甲。最初“甲”是用皮革制

---

❶ 图片来源：割脚、挖眼睛、揪耳朵，这些清朝酷刑都被外国人纪录下来了[EB/OL].

❷ 图片来源：乾隆走后，嘉庆为什么非要扳倒和珅，难道他不怕和珅的追随者吗？[EB/OL].搜狐网.

作，主要是以很厚的犀牛皮和青色的野牛皮制成；而“胄”即是“盔”。甲骨文“（胄）”则由顶端“（可以插羽毛或缨饰的头部金属护罩）”与“（帽子）”组成，表示一种保护头部的特殊金属帽子，顶端竖管有羽毛，标志首领地位。充分说明中国古人所言的甲胄实际上是包括甲衣与头盔的套装。随着金属冶炼技术的发展，殷商时期（约前1300～约前1046年）就有铜盔，《尚书·商书·说命》中有“惟甲胄起戎”[149]。周代则有青铜盔，而到了战国时期则出现了铁盔，这些都能在商周时期（约前1600～前256年）的墓葬中发现端倪[150]。

戎服：戎服称谓的出现最早可见《左传·襄公二十五年》：“郑子产献捷于晋，戎服将事。”[151]戎服，军旅之服。由此可见，“戎服”这一称谓在春秋时期就已经出现。事实上，甲骨文“（戎）”的构字方式为“（抓握盾牌）”与“（戈，长柄武器）”，反映了手持戈戟与盾牌的兵士形象。

戎衣：即军装，也称“戎服”。《书·武成》：“一戎衣，天下大定。”[152]汉代孔安国（前156～前74年）传：“一著戎服而灭纣。”说明戎衣的称谓至迟在战国时期就已经存在了。

戎装：同“戎服”。据《魏书·杨大眼传》中所言：“至于攻陈游猎之际，大眼令妻潘戎装，或齐镳战场，或并驱林壑。”[153]说明至迟三国时期就有了戎装这一称谓。

兵服：据《周礼·春官·司服》所载“凡兵事，韦弁服”，汉代郑玄注：“今时伍伯缇衣，古兵服之遗色。”[154]其中“伍伯缇衣”，“伍伯”即行伍，即军队，“缇衣”则为赤黄色衣，那么，汉代的兵服颜色为赤黄色无疑，而兵服的称谓应至迟在汉代就有了。

军装：军将武士的衣帽装束。唐代颜师古（581～645年）指出：“军装，为军戎之饰装也。”[155]

征袍：武士战袍，因用于征战，故名。主要体现在古代小说中。如明代无名氏《英列传》第四十八回：“遇春一领绿色征袍，及一匹追风白马，俱被染得浑身血迹。”又如《水浒传》第八十八回：“每门有千匹马，各有一员大将……身披猩猩血染征袍。”[155]说明在中国古代民间就有征袍一说。

战袍：军将武士所著之袍，亦泛指戎服。如《旧五代史·梁书·太祖本纪四》：“赐以金带、战袍、宝剑、茶药。”[156]显而易见，此处战袍就包括铠甲之类。而《金史·仪卫志下》中记载金国皇帝祭天排场时：“长行一百二十人，铁笠、红锦团花战袍、铁甲、弓矢、骨朵。”[157]这里的战袍则不包括铁甲。由此可见，广义上的战袍包括甲胄以及所着袍服，而狭义的战袍亦特指兵将所着之袍。

事实上，戎装有广义与狭义之分。广义的戎装包括甲胄以及内衬所着之衣，而狭义的戎装属防御性服装，可作为甲胄的内衬使用，在日常训练中也可作为外衣穿用。戎装为袍制，分为上衣下裳和上衣下裤两种形制，且将士与士兵的戎服也有一定区分，如表3-14所示的戎服。从表中可看出将军的戎服较为完整，多为上衣下裳，而士兵则是上衣下裤制居多。戎服既然是一种袍制的服装，看似与普通的服制别无二致，早期又怎能作为重要的兵服呢？其实不然，笔者认为原因有二，其一是因为在古代相对落后的生产状况下，大量的兵器和兵服只能通过手工制造，越是战争频繁，越会出现供不应求的状况，那么就只能着戎服抵御兵器，通常会将戎服做成夹层，并在其中加入丝和麻，再用缝线压紧，这在选材上就优于普通的袍服，偏向功能性而非美观性；其二是戎服的服色具有统一性，在战场上，统一的服色可区分敌我，振作军队士气，也可区分兵种和等级，以示军人的威严形象。

表3-14 中国古代将军与士兵戎服[1]

名称	秦代	汉代	唐代	宋代	明代
将军戎服					
士兵戎服					

（2）中国古代戎装的特点

中国古代戎装根据不同时期呈现出各自的特点，其主要原因是生产力水平的不断提高，制甲工艺不断进步。同时，也受到中外制甲技艺交流的影响。

[1] 图片来源：胡晓涵、李龙绘制。

① 周代

周代制革业已有相当规模，并设有专门负责鞣革制甲的“函人官”。据《周礼·冬官·考工记》记载：“函人为甲，犀甲七属，兕甲六属，合甲五属。犀甲寿百年，兕甲寿二百年，合甲寿三百年。凡为甲，必先为容，然后制革。权其上旅与其下旅，而重若一，以其长为之围。”[158]由此可知，周代的“甲”是用较厚的兽皮制作，分为犀甲、兕甲和合甲三种。犀甲是用犀牛皮制作的甲衣；兕则是传说中的动物，其形状似牛，全身长着黑色的毛，头上只长着一只角。有的学者认为，兕是雌犀牛。事实上，笔者认为，兕为某一种野牛的可能性更大。一方面，“犀甲寿百年，兕甲寿二百年”。似乎说明“犀”与“兕”并不是同一种动物；另一方面，根据相关的史书记载，兕形如牛，有一只角。然而，根据“兕”的甲骨文“[illegible]”来看，其形确实像牛，且有一只独角，强调其为大耳朵“[illegible]”的巨兽。事实上，野牛不仅耳朵大，同时也是当时人们眼中的巨兽。

“甲”穿在身上，可按照身体的部位划分为戎衣、胸铠、腹铠和披膊四个部分，也就是战袍、胸甲、腹甲和两肩的披膊。战袍是甲衣外层的披风，能让着甲者展现出英姿飒爽、威风凛凛的姿态；所谓胸甲，即胸部覆盖的甲片，事实上，胸甲与腹甲有时连成一体，称为胸腹甲；而披膊则是肩部的护甲。关于戎装的颜色，周代除甲、胄外全用红色，主要基于因流血容易引起战士的心理恐惧，而采用红色的服装能有效地避免战士对流血的心理压力。因此，红色是一种保护色。除此之外，战袍也采用黑色，黑色明显是一种隐蔽色，特别是夜晚能起到很好的隐蔽效果，如战国时期赵国王宫卫士衣着全用黑色。中国最早的军服改革即“胡服骑射”，赵武灵王（约前340—前295年）由于战争需要，毅然改革军服与作战理念，认识到窄袖、长靿靴、衣束腰带的胡服能适应长途跋涉的战时需要，骑兵的机动性要远远高于车兵。通过“胡服骑射”的改革，赵国迅速成为战国七雄之中能与强秦相对抗的强国，所以“胡服骑射”是意义重大的创举[150]。

中国古代的甲胄是战士用来保护身体的一种兵服，最初的“甲”以皮革制成，安阳侯家庄1004号墓出土的皮甲残片是目前考古学家发现最早的甲胄（图3-95），说明最初的衣甲是以整片皮革裁制与缝合而成，主要用来保护前胸与后背。笔者认为此种皮甲形制虽简单，但用整片皮革制成的衣甲穿在身上无法完全贴合身体，与人体形成了较多的空间。首先，皮革本身具有一定的回弹性，如果使用较厚的皮革，就更无法完全地贴合人体；其次，用绳带将前后片系合或是固定，在长期的训练或战斗过程中，整块不透气的皮甲会使人体散发更多的汗液，必定会加快产生自身的疲惫感，因此也就形成了后来的片状皮甲。为了使皮甲能够更大程度地保护人体，抵御战场上敌人武器的伤害，同时也能够增加这种甲衣的透气感，减少厚重服装带来的不适感，于是将皮革裁剪成片状后再根据人体的形态特征用丝线或皮条连缀而成。当然，片状的甲片大小也会有所不同，以适应人体的形态与活动范围，这也就为后来片甲戎服的演变奠定基础。

胄是与甲衣所搭配的头盔，随着武器的发展变化，衣物的防护装备也受到影响。在安阳侯家庄1004号墓中就发现了大量的青铜胄[159]，说明商周时期的青铜胄已臻成熟。根据“胄”的甲骨文来看，“”的上半部分“”似“由”字，形似一种正在滴油的器皿，下半部分的“”似“冃”字，帽子之意；“”中的器皿与帽子连为一体，形成了“”，似“目”字，以示头盔位于眼睛的上方，这也就印证了图3-96中的头盔样式。因此，“甲”与“胄”是服装与头盔的结合体，基于防御的需要而设计。

图3-95　皮甲（安阳侯家庄1004号墓出土）❶

图3-96　青铜胄（安阳侯家庄1004号墓出土）❷

② 秦汉

秦汉时期，军队的作战方式主要由步兵、骑兵和战车相互配合协同作战。我们可以从西安秦始皇兵马俑坑中的步卒（图3-97）、弩兵、骑兵、车兵的阵式窥见一二。秦汉时期已经出现铁甲，从河北满城汉墓❸1号墓刘胜（？—前113年）墓中，

❶ 图片来源：腾讯网。

❷ 图片来源：中国台湾中央研究院历史语言所历史文物陈列馆网站。

❸ 满城汉墓是西汉中山靖王刘胜及其妻窦绾之墓。刘胜墓全长约52米，最宽处约38米，最高处约7米，由墓道、车马房、库房、前堂和后室组成。窦绾墓和刘胜墓的形制大体相同。两墓的墓室庞大，随葬品豪华奢侈，共出土金器、银器、铜器、铁器、玉器、石器、陶器、漆器、丝织品等遗物1万余件，其中包括“金缕玉衣”“长信宫灯”“错金博山炉”等著名器物。

发现了由2800多块甲片组成的铠甲兵马俑。秦汉时期除使用铁甲以外，常见的还有铁片和革片共用，当时的铠甲片形状已有多种形制，有方形、长方形、扁方形，还有加以修饰的鱼鳞状或龟纹状。[1]

图3-97　秦代士兵俑[1]

从秦兵的甲俑中发现，这些皮甲会根据兵种和军职的不同而有所区别（表3-15），将军俑的皮甲将前后两片系带连接，皮甲由大小不同的甲片组成；跪射弩手俑的甲片较大，并在肩部也附加了皮甲，形制同驭手俑和左手俑；军吏俑下缘呈现明显的椭圆形，甲片大小规整且相同，整体形制同骑兵俑。由此可看出将军俑是明显有别于其他兵俑，皮甲下端的尖状及上端的系带极有可能是军阶的标志。

表3-15　秦始皇兵马俑中的甲俑[2]

将军俑	跪射弩手俑	驭手俑
左手俑	军吏俑	骑兵俑

[1] 图片来源：秦始皇帝陵博物院官方网站。

[2] 图片来源：秦始皇帝陵博物院官方网站。

随着冶铁技术的进步，秦兵的甲衣从皮质发展为钢铁质，在众多的考古发掘中可证实楚国、燕国已大量生产铁制甲衣，这时的甲衣就向“铠甲”发生了过渡。根据秦始皇陵陶俑中的铠甲（表3-16），可将其形制归为三种，其一式为最简易的背心样式，只在正背面有甲片护身，用绳带连缀；其二式为一种护身铠甲，下摆呈平直状，在前后衣身和肩部都有甲片，只是此铠甲的甲片较少，且覆盖面积也较少；其三式为衣身和肩部完全由大块甲片所覆盖，下缘呈弧线型，是较为完备的铠甲服。这三种样式的甲片大小并无固定性，是为适应人体弯曲机能形态的变化而设定的。每块甲片基本都为上下左右打孔固定，胸前和背后的甲片为“上下叠加”，而腹部和臂膀处则是“下上叠加”，这样才能满足人体的活动需求。

表3-16　秦始皇陵陶俑中的铠甲形制分类❶

背心式铠甲	护身铠甲	完备的铠甲服
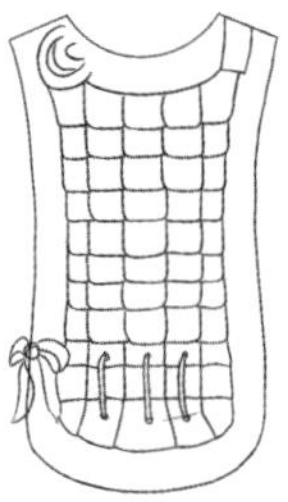	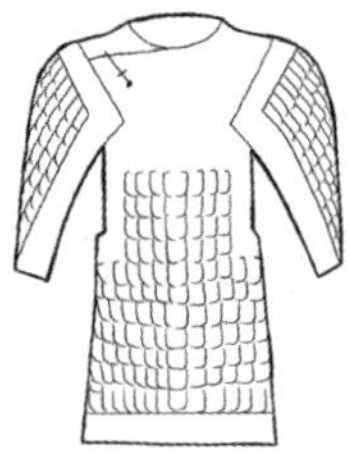	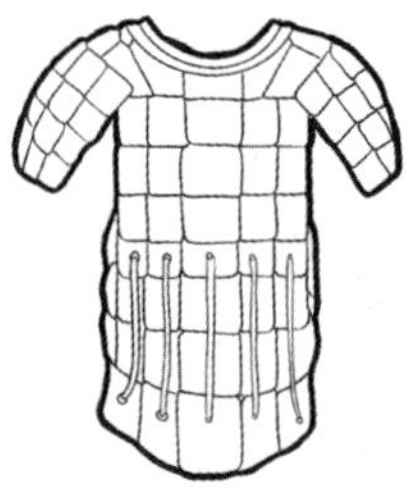

铠甲至汉代依然盛行，据《东汉观记》记载：“祭遵薨……遣校尉发骑士四百人被玄甲兜鍪兵车军阵送葬。”[160]“兜鍪”为头盔，“玄”在古代为黑色，那么“玄甲”则指黑色的铠甲，这种颜色对敌方具有一定的威慑作用。考古学家从咸阳杨家湾出土的文物中发现了大量的汉代陶俑，其形制如图3-98的汉代陶俑，从左至右，第一种铠甲装备最为完整，胸背和肩部都有甲片防护；第二种明显只护胸背，用绳带联结；而第三种只着袍服于外，没有护甲。汉代铠甲是对秦代铠甲的继承与发展，在形制与甲片的组配上也几乎相同。汉代军服，还有一种软甲叫“絮衣”（图3-99），是一种用丝、麻原料做面衣，加絮里的甲衣，以软弹作用来防御刀枪，裳用的絮衣是橘黄色，戎裤用红色[150]。

③ 魏晋南北朝

由于战事频繁，战服也在不断变化发展，时至南北朝，有三种铠甲十分著名。

“筩袖铠”（图3-100），“筩，断竹也。”[161]由于断竹为圆筒状，筩袖铠就是甲袖

❶ 图片来源：胡晓涵绘制。

图3-98 汉代陶俑（出土于咸阳杨家湾）❶

图3-99 汉代絮衣❷

图3-100 魏晋时期的箭袖铠❸

圆筒状的铠甲。如《南史·殷孝祖传》中记载：“御仗先有诸葛亮筒袖铁帽，二十五石弩射之不能入，上悉以赐孝祖。”[162]由此可知，箭袖铠是当时较为精良的铠甲。关于箭袖铠产生的年代，笔者认为，至迟在三国时期就已经出现。如《宋书·王玄谟传》中也有记载：“寻除车骑将军、江州刺史，副司徒建安王於赭圻，赐以诸葛亮筒袖铠。”[163]其中明确记录了诸葛亮筒袖铠，似乎说明这种类型的铠至少在三国时期为蜀国所常用。据考证，箭袖铠至少有四种形制，但总体上这种铠的特点是装有护肩的筒袖，甲衣上用鱼鳞甲片或龟背纹甲片[164]。它本质是一种组合式的铠甲，防御更加有效，穿戴也更加方便。

---

❶ 图片来源：腾讯网。

❷ 图片来源：今日头条。

❸ 图片来源：百度网。

“裲裆铠”（图3-101）形如裲裆衫，由皮或金属制成，着裲裆铠时，内衣必是紫色或绛色的衫，并与较大的袴褶相配。裲裆铠与裲裆衫的形制虽相同，为前后两片，但其功能和材质却截然不同，裲裆作为军戎服可用皮甲、铁甲或其他材质制成，而较为坚硬且经过冶炼工艺打制而成的裲裆才能称为“裲裆铠”。据《宋书·柳元景》所载：“乃脱兜鍪，解所带铠，唯著绛纳两当。”[165]其中可证实裲裆可穿着于内，即为外层的铠甲内，可以说明作为内衣的裲裆只可能为皮质，以抵挡铠甲对肌肤的磨损，从而起到双重保护作用。

（a）

（b）

图3-101　魏晋时期的裲裆铠❶

“明光铠”（图3-102）是一种十分威武的军服，其特点是在铠甲的胸背的两侧安装两块原形或椭圆形的金属护镜与其相配，必服用宽体缚裤，并束带革带，这种铠外形完，使用效果也好，久而久之取代了裲裆铠[166]。《周书·蔡祐传》记载：“祐时著明光铁铠，所向无前。”[167]可以看出明光铠这类军戎服具有较强的防护功能。首先其形制上就有别于前朝的军戎服制，在胸前加入了反光护胸甲片，甚至铠甲的缘边都与衣身甲片材质相同，整体服制在满足人体形态的同时尽显军人气概。魏晋时期的明光铠通常为铁制，在打磨上更为细致，将其磨得反光，在作战时能够使得敌人无法直视，从而更易击退敌方。

❶ 图片来源：（a）臧迎春.中国传统服饰[M].北京：五洲传播出版社，2003：54.
（b）魏晋南北朝曾广为使用，为适应马上动作出现，却很快消失的裲裆铠[EB/OL].搜狐网.

④ 唐代

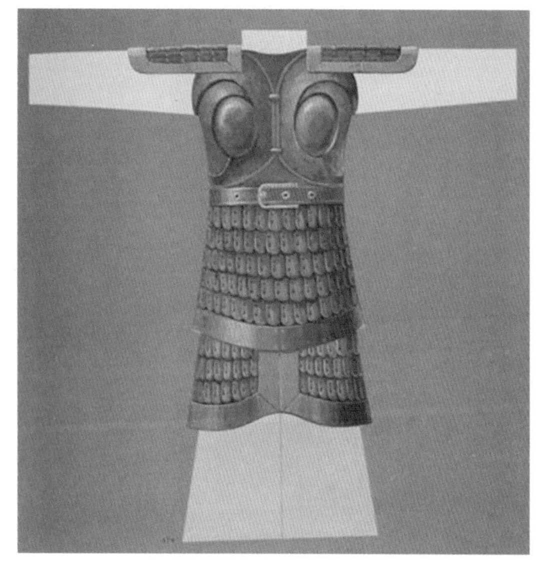

图3-102　魏晋时期的明光铠❶

唐代军戎仍以皮甲和铁甲为主，除传统的皮甲仍发挥作用以外，在铠甲中又细分为明光铠、细鳞铠和锁子铠等。制作十分精细，而且又发展了编缀甲片的方法，更多地采用皮条穿连或铆钉固定的方法。此外，唐宣宗（在位846～859年）时期，有以制纸做甲的记录，其制甲方法可见明代朱国祯（1558～1632年）《涌幢小品》记载："纸甲用无性柔之纸，加以垂软，叠厚三寸，方寸四钉，如遇水雨劲浸湿，铳箭难透。"[168]这种所谓的纸制造的戎服，据《新唐书·徐商传》记载："商表处山东宽乡，置备征军，凡千人，襞纸为铠，劲矢不能洞。"[169]这种纸甲并未得到确切的证实，其存在的真实性和实用性存在质疑，这种纸甲衣可能只是封建社会的固化思想和舆论导向，也可能是统治阶级安抚军心的一种手段。

唐代的铠甲以明光铠的样式为主，纹样花纹变化众多，就目前出土的文物中，笔者对如图3-103所示的唐代铠甲进行说明。图3-103（a）出自龙门石窟潜溪寺的天王雕像，形制与魏晋时期的明光铠极为相似，胸前为圆形防护，中心有明显的交叉状，肩部有披甲，腰部有束带；图3-103（b）出自洛阳李夫人墓的黄釉俑，铠甲的胸前有两个小圆护，胸护和肩护未分割，于背后进行扣合；图3-103（c）为敦煌莫高窟的木雕像，胸前有重叠状的花饰纹，护臂的甲片上雕刻有虎头，腹部还有圆形护脐，最有特色的是下身的铠甲前短后长，为所向披靡之态；图3-103（d）是西安长安县出土的黄釉俑，胸前有两个圆形护甲，前后片为裲裆形制，在肩部带系连，臂膀的上端为老虎头雕饰，并用花边装饰袖口边和上缘，工艺极为精巧；图3-103（e）是西安唐金乡县主墓出土的俑，其铠甲借助祥云的形象进行装扮，分别置于铠甲的双肩，此形象进行了神化，较为夸张。这些古代陶俑中，无论是服制的变化还是细节上的装饰，都与唐代的社会背景一脉相承，反映了盛世时代的无畏精神和民族自信，以及灿烂的中国传统文化。

❶ 图片来源：黄强.《上阳赋》中的服饰舛误[N].今晚报，2021-02-26（12）.

(a)

(b)

(c)

(d)

(e)

图3-103　唐代的铠甲❶

⑤ 宋代

宋代用铁做成的铠甲被称为路盔、铁铠、铁甲，用皮做成的则被称为皮笠子、皮甲。根据《宋史·兵志》记载："缘甲之式有四等，甲叶千八百二十五，表裹磨锃。内披膊叶五百四，每叶重二钱七分；又腿裙鹘尾叶六百七十九，每叶重二钱五分。并兜鍪帘叶三百一十，每叶重二钱五分。并兜鍪一，杯子、眉子共一斤一两，皮线结头等重五斤十二两五钱有奇。每一甲重四十有九斤十二两。"[170]由此可知，宋代的盔甲（图3-104）用皮线穿联成披膊、甲身、腿裙、鹘尾、头鍪、头鍪帘、杯子、眉子等部件，其重量惊人，负重累累。因此，在行军时一般将铠甲放在车上。南宋时期又将肘臂间屈伸处的铁叶改用皮制以便于屈伸。还制造了一种轻甲，长不过膝，披不过肘，并将兜鍪减轻[171]。

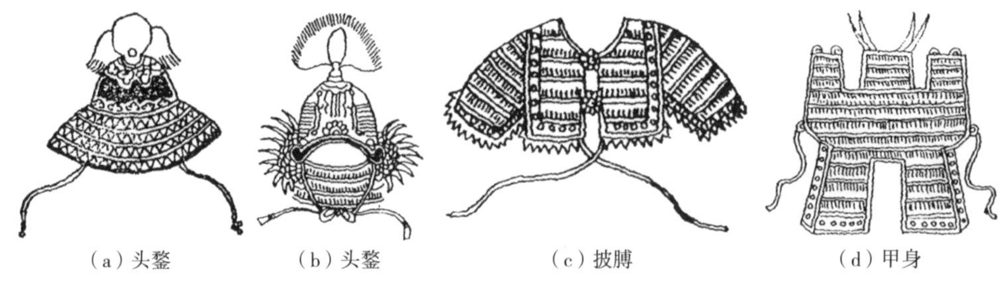
(a) 头鍪　(b) 头鍪　(c) 披膊　(d) 甲身

图3-104　宋代的盔甲

从出土的文物中（图3-105），有河南出土的永熙陵镇将军像［图3-105（a）］、陕西出土的红陶武士俑［图3-105（b）］、山西运城关帝陵石刻半身武士像［图3-105（c）］、河南郭镇陵区出土的永裕陵镇将军像［图3-105（d）］。由于宋代重

❶ 图片来源：（a）趣历史网；（b）知乎网；（c）（d）微信公众平台；（e）新浪网。

文抑武的政治策略，军戎服饰也更加注重外表纹饰，整体衣身较长，袖子呈飘逸状，在领口会另加长缨和领披，整体形态多了份柔美而少了份阳刚之气。

（a）永熙陵镇将军像

（b）红陶武士俑

（c）半身武士像

（d）永裕陵镇将军像

图3-105　宋代身着铠甲塑像❶

⑥ 元代

元代军戎装（图3-106）具有北方少数民族特色，甲胄用水牛皮做里，外层挂满铁甲片，甲片以皮条相连，由于交错的鱼鳞状排列，箭弩穿不过，所以十分牢固。作战时除头戴铁盔外，为保护面部，还有护鼻器以防受损[172]。蒙古骑兵的铠甲制法极为精巧，将甲片做成柳叶状铁片，重叠放置，铁片上钻八个小洞，将细绳穿过小洞进行固定，同时也会将铁片打磨光亮，从而达到反光效果。这虽然增加了工艺的难度和制作的时间，但无论是头盔还是铠甲都具有良好的封闭性和防护性。❷

图3-106　元代军服❷

⑦ 明代

明代军衣上衣是直领对襟式，也有圆领形式，制作比较精致，以衣身长短和甲片形制取名，如鱼鳞甲、圆领甲、长身甲、齐腰甲等。头盔的名目繁多，大体分为

❶ 图片来源：（a）美篇官网；（b）（c）胡晓涵绘制；（d）郑州商学院官网。

❷ 图片来源：腾讯网。

三种类型，便帽式小盔、可插羽翎较高的钵体式和尖顶形[172]。明代的铠甲用铜或铁制造，甲片上的纹样多为“山”形，这时的甲片精益求精，穿戴轻巧。最具代表性的甲衣有札甲和锁子甲。札甲以山纹为经典纹路，如影片《大明劫》中孙传庭（1593～1643年）所穿的铠甲（图3-107），以山形纹样加以装饰性的宽幅丝锦帛带为之，胸前和背后有圆形护镜，这种札甲多采用绳、皮带和衣钩，目的是将胸腹部的甲衣束紧；锁子甲（图3-108）是由金属拉丝制作，最初是从外邦引入，后通过改制，成为衣甲款，衣上纹样为圆筒状，整齐划一，当然这种甲衣相较于铠甲更为轻便，胸前的反光镜另绑于胸前。

图3-107　影片《大明劫》中孙传庭所穿的铠甲❶

图3-108　中式锁子甲复原图❷

⑧清代

清代铠甲是基于游牧民族自身特点加以改进的戎装，形制上分为甲衣和围裳（图3-109），可谓是“全副武装”，上衣铠甲有护肩和护腋，袖口呈现马蹄状，胸前另缀一块梯形护腹，围裳分左右两幅，穿时用带系于腰部固定，此铠甲具有很强的防寒性和防护性，冷兵器和火器都可抵挡。清代的铠甲轻便、形制简单，一方面，清代铠甲更加注重材质，将金甲棉里藏，即将金属材质由外转里，表面为布，这样的甲衣穿上后活动方便，同时还可将锁子甲衣穿于内，增加防御功能；另一方面，甲衣形制也更加贴近于长袍马褂的便服样式，形制上也进行了相应的简化。

综上所述，中国古代戎装在形制上经历了“从简到繁，再到简”的发展历程，

---

❶ 图片来源：豆瓣电影网。

❷ 图片来源：知乎网。

但整体的性能却更加完备。戎装不仅仅是一种防护性能的服装，更是区分敌我、区分兵种、区分等级的标志，象征着军队的力量和国家的信仰。因此，军戎装饰会随着军队的建设、作战策略、制造技术、政治以及经济状况的发展而改变，尽管戎装上的纹样特色突出，但纹样图案的设计远不及其功能，可以说纹样是服务于文化和政治的需要而设计的。“甲”是“衣”的一个种类，也属“衣”的范畴，那么“解衣卸甲”和“解衣释甲”即是对解开或卸下甲（衣）的诠释。

图3-109　清代铠甲[1]

24.短衣匹马、槊血满袖

成语“短衣匹马”和“槊血满袖”都是征战时所穿的衣服，也可当作日常劳作或训练服。“短衣匹马”中所指的服装为短衣形制，是取其短衣便于骑马和便于劳作的实用性能，主要体现在裋褐、襦服、马褂、黄马褂、短袄这些服装种类中。“槊血满袖”中所指的服装为战袍，随着兵器制作技术的提升，战袍的防御性与便捷性也不断提高，各个时期的战袍种类与样式变化较大，它的演变受到了兵器进化、兵种特点、社会环境的共同影响。

（1）短衣匹马

“短衣匹马”语出唐代诗人杜甫《曲江》[2]：“短衣匹马随李广，看射猛虎终残年。”其中短衣即短装，古代为平民或士兵等下层人物所穿服装。《曲江》中的意思为身穿短衣，骑着骏马追随汉代飞将军李广（？～前119年），喻指心中理想与抱负不能实现的无奈，穿越至汉代随李广大军征战。“短衣匹马”形容士兵英姿矫健的样子，中国古代短衣大致有以下几种。

---

❶ 图片来源：腾讯网。

❷《曲江三章，章五句》：“曲江萧条秋气高，菱荷枯折随风涛，游子空嗟垂二毛。
白石素沙亦相荡，哀鸿独叫求其曹。
即事非今亦非古，长歌激越梢林莽，比屋豪华固难数。
吾人甘作心似灰，弟侄何伤泪如雨。
自断此生休问天，杜曲幸有桑麻田，故将移住南山边。
短衣匹马随李广，看射猛虎终残年。”

① 裋褐（图3-110）

裋（shù）通“竖”和“短”，用兽毛或粗布制成的短而窄的衣服，为劳役者、贫穷者、百姓或仆人所穿。司马贞索隐：“谓褐布竖裁，为劳役之衣，短而且狭，故谓之短褐。”这里的“竖”是指竖向裁剪，即是通裁的上衣，短且狭小，为劳役者或贫穷者所穿。此外，汉·贾谊《过秦论》：“夫寒者利裋褐，而饥者甘糟糠。”[173]其“裋褐”是指粗布衣服。三国·魏·曹植《杂诗六首》❶：“毛褐不掩形，薇藿常不充。”唐·李善注：“《淮南子》曰：‘布衣掩形，鹿裘御寒。’言贫人冬则羊裘短褐不掩形也。”冬季穿毛褐，是用动物皮毛制作而成的短衣，面料粗糙，为平民和贫者之服，不足以遮盖身体。《墨子·公输》提到墨子见楚王，对楚王说：“今有人于此，舍其文轩，邻有敝舆而欲窃之；舍其锦绣，邻有短褐而欲窃之；舍其粱肉，邻有糠糟而欲窃之。此为何若人？”[174]其中的“糠糟”对应“短褐”，说明短褐与精美的锦绣织品完全相反，反而是一种粗布织品，为普通百姓或仆人服用。“舍其粱肉，邻有糠糟而欲窃之”也反映出人们想挣脱封建制度束缚和压迫的强烈愿望。

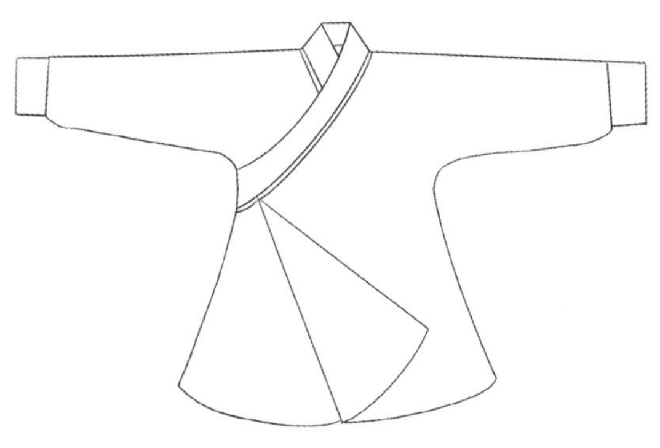

图3-110　裋褐❷

② 襦服

襦服也为一种短衣，长至膝盖以上，《中华古今注》中记载：“三皇及周末，庶人服短褐，襦服深衣……”[175]说明短褐和襦服深衣都为百姓所穿，至于襦服是何种形制，在《说文解字》中：“《方言》：襦，西南蜀汉之间谓之‘曲领’或谓之‘襦’。《释名》：有‘反闭襦’、有‘单襦’、有‘要襦’，颜注《急就篇》曰：短衣曰襦，自膝以上。”[176]由此说明，襦服为一种自膝盖以上的短衣，由“襦服深衣”发展而来。在《席上腐谈》记载：“编枲粗短衣，不黄不皂，贱者之服。”[177]从图3-111中可以看出，百姓的襦服短衣在臀部至膝的位置，交领阔袖，腰部系带，下身穿裤，而裤本是穿在深衣内，但为了方便劳作，省去了下裳，直接将裤穿于外，此外，百姓的

❶《杂诗六首》：“南国有佳人，容华若桃李。朝游江北岸，夕宿潇湘沚。时俗薄朱颜，谁为发皓齿？俯仰岁将暮，荣耀难久恃。”

❷ 图片来源：柴瑾绘制。

襦服短衣做工粗糙，颜色暗淡单一。因此，襦服短衣也正是被称为“贱者之服”的主要原因。

图3-111　张掖高台骆驼城汉唐墓群中的魏晋平民❶

③ 马褂

马褂也为“短褂”，是清代男女皆穿的短衣，也是历代最为盛行的短衣服制，衣长至脐，袖子长短不一，因便于骑马而得名。但马褂最早起源并非始于清代，也并非满族首创，其实，早在隋唐时期就已存在，根据《老老恒言》“隋制有名貉袖者，袖短身短，圉人服之，盖即今之马褂……”[178]可证实，马褂最早并非满族人所创。据徐珂（1869～1928年）《清稗类钞·服饰》中记载：“马褂较外褂为短，仅齐脐。国初，惟营兵衣之，至康熙末，富家子为此服者，众以为奇。甚有为俚句嘲之者。雍正时，服者渐众，后则无人不服，游行街市，应接答客，不烦更衣矣。”[179]又根据民国政府《服制条约》规定：“（马褂）齐领，对襟；长至腹，袖长至手脉。左右及后下端开，质用丝麻棉毛织品，色黑，纽扣六。”可见，马褂在清代和民国时期尤为盛行，并对其形制有着严格的规定，都为衣长及脐的短上衣。清代初期，马褂最初为一种军服，利于士兵上马骑射，清代女子也穿马褂，女马褂以对襟和琵琶襟居多，其特点是，衣身多镶有如意云头，且袖身宽大，旗女穿马褂时以“层袖”为美，即马褂的袖子比里衫的短，穿着时露出层层叠叠的袖口，以此为美。至康熙时期富贵之家也有穿者，雍正后，马褂已相当流行，并发展为单、夹、纱、皮、棉等多种

❶ 图片来源：英雄御“马”而来，天“马”踏云而过，一起来看“马”的历史细节[EB/OL].百度.

材质的服装，成为男子的常服，在各阶层广泛使用，士庶都可穿着。之后在民国又逐步演变为一种礼仪性服装，将马褂套在长袍之外，尽显文雅大方之态。中华人民共和国成立后，马褂逐步被摈弃，后经改良又以“唐装”的名称重新回到人们的视野当中。清赵翼《陔余丛考》卷三十三：“凡扈从及出使，皆服短褂、缺襟及战裙。短褂亦曰马褂，马上所服也。”[180]可见清代的马褂都为短衣样式，男女皆可穿着，男女马褂有三种典型样式，分别为对襟马褂、大襟马褂和琵琶襟马褂（表3-17）：（a）（d）对襟马褂衣长及腰，平袖及肘部，两侧开衩；（b）（e）大襟马褂为右衽式样，开口是从领口至右腋下，平袖及肘，衣长及腰，两侧开衩，一般作便服使用；（c）（f）琵琶襟马褂，因其右衽衣襟下端缺少一块布料，又称“缺襟马褂”，男子在不乘骑时，用纽扣将缺襟与衣襟相连。男女马褂都为短衣样式，其结构区分主要体现在衣身的分割和开合部分，用纽扣进行连接。

表3-17　清代马褂样式❶

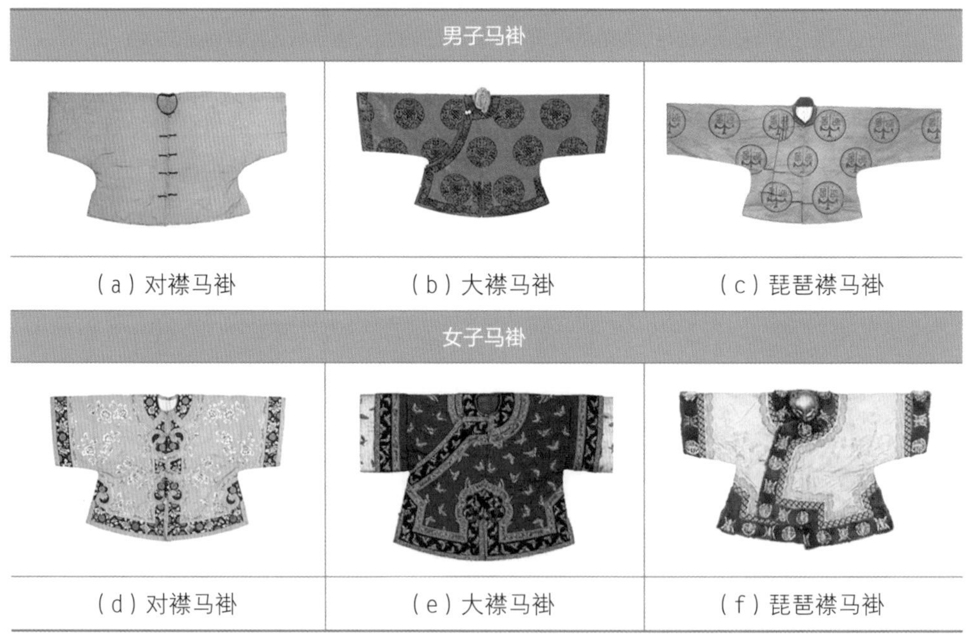

男子马褂		
（a）对襟马褂	（b）大襟马褂	（c）琵琶襟马褂
女子马褂		
（d）对襟马褂	（e）大襟马褂	（f）琵琶襟马褂

④ 黄马褂

黄马褂也属马褂中的一种，为短衣样式，只是在颜色上有明确定义。在清代，由于冠服制度仍然盛行，服饰的等级观念依然存在，马褂的颜色也有区分，可作为身份

❶ 图片来源：（a）故宫博物院官网；（b）故宫博物院官网；（c）《中国大百科全书》网络版；（d）故宫博物院官网；（e）腾讯网；（f）故宫博物院官网。

的象征。清代以黄马褂为贵（图3-112），象征光荣和神圣，受赐黄马褂者在清代享受高等荣誉地位，平民百姓禁止使用。因此，马褂也被赋予了政治色彩。黄马褂的穿着者可归为两类：第一，皇帝身边的扈从可用，即帝王身边的护驾随从人员穿用，任职才准穿黄马褂，亦称“任职褂子”，职务一旦解除则不能再穿。第二，皇帝赏赐黄马褂者，代表一种特权。赏赐黄马褂者有“赏给”和“赏穿”之分，用以狩猎行围时赏赐击中目标者的黄马褂，称为“行围褂子”，故名只能在行围时可穿，且只赏赐一件。奖赏立有卓越功勋官员的黄马褂不受此限制，也称“武功褂子”，可随时穿用，并且可根据形制、大小要求加以适当修改。第三，八旗中四正旗副都统以及正黄旗统下可穿黄马褂，或是因功勋受到皇帝嘉奖后，也可穿黄马褂。根据兵种的不同，马褂也有颜色的区分，文武官员，用石青色，其余则按各旗色进行划分。尽管黄马褂并非皇帝所穿用，但其附属功能早已超过本体的实用功能，成为统治者的一种怀柔手段。

图3-112　黄马褂[1]

马褂这种短小的服饰至清代逐渐盛行，着此服时，通常在内穿着长袍或行裳，仍保留了传统服饰中上衣下裳的旧制，抑或是由内衣向外衣、由长衣向短衣过渡。至于马褂这种短衣形制为何在众多服饰中“脱颖而出”，各个阶层及满汉两族人皆服用？其原因有五点：第一，短衣马褂的随意性较大，长可至臀部，短可及脐，符合人们在骑马与行走之间服饰上的转化需求。第二，清代坚守其旧制，善于以“马上得天下”，故坚持使用此短衣服饰。第三，马褂的不同颜色可区别身份，特别是黄马褂是政治运作的“工具”，通过赐予此服来笼络群臣，被授予者有至高的荣誉，也因此得到皇帝的信任。民间百姓也通用此服，只是颜色和面料质地上有所不同。第四，马褂曾被认为是胡人服饰，因其有游牧民族的特性，但马褂早在隋唐就已出现，也并非满族人所创，而是由于满族与汉族联系紧密，在与汉人的长期交流中，服饰上相互影响。第五，不仅是汉族或满族人，其他善于骑射的民族也会在服饰上做出相应的改变，因此，短衣马褂的盛行并非汉族或满族人所专有，只是这种短衣服制较古代服饰形制的变化更为明显，抑或是在统治阶层允许的情况下，出于实用性，被大众接受并喜爱，并逐步形成了普遍化现象。

---

[1] 图片来源：百度网。

⑤ 短袄（图3-113）

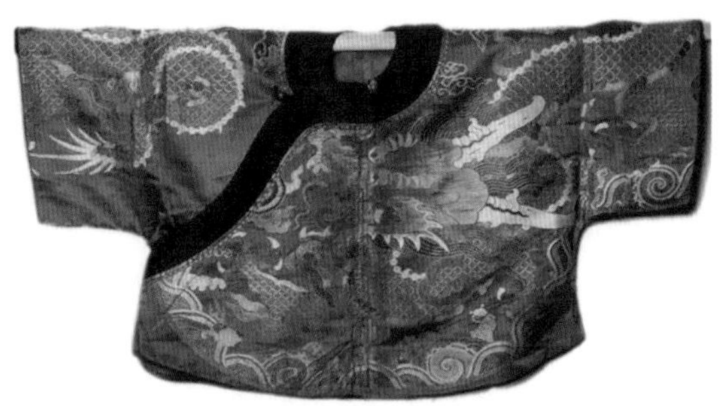
图3-113　清代短袄❶

短袄也称为短衣，由短襦演变而来，最初作为内衣使用，后逐渐发展为外衣。《入唐求法巡礼行记》："此清凉山，五月之夜极寒，寻常着棉袄子。"[181]袄子内衬里，多为冬季所穿，最初为北人燕服，隋唐后为男女常服。《魏书·任城王传》："高祖曰：'朕昨入城，见车上妇人冠帽而著小襦袄者，若为如此，尚书何为部察？'"[182]短袄为男女所服，宋代以后较为流行，至明清大兴，再到晚清，袄的形制有些许变化，除原来的短袄之外，又出现了一种长袄，其长盖膝。民国以后，袄的长度又恢复到胯部以上的位置。

短衣可作为普通百姓的常服，也可作为官服使用，而"短衣匹马"一词主要侧重于短衣的实用功能性，利于上马和乘骑时不被服装束缚，短衣形制也逐步成为一种服饰风尚，一直延续至今。

（2）槊血满袖

槊血满袖出自《史通·模拟》。是高季式在韩陵破敌后所言，描述了手持槊奋力杀敌，以致鲜血染红战袍的状态，形容战斗英勇。战袍是军士在战争中穿着起到保护身体重要部位的服装，随着时代的发展、战争模式的改变，战袍也从面料、款式、搭配等多方面得到了改良。

① 中国古代战袍发展

随着奴隶社会的发展，各大奴隶主为开疆拓土常硝烟不断，战袍也因此应运而生。自商代起，中国就已经有了可以考证的军戎服饰。军戎服饰包含了军士在日常服饰和战时的铠甲战袍，本文主要分析的就是战袍的发展。1935年，在河南安阳出土了商代皮甲和铜胄（图3-114），此时还并未有出土甲的完整文物，学界这种原始皮甲应该和云南傈僳族皮甲（图3-115）、台湾耶美人的原始藤甲（图3-116）一样的坎肩款式，仅遮挡前胸和后背，并搭配铜胄来保护头部。而铜胄内部非常粗糙，为了服用舒适，在其内部还搭配了纺织品内衬。商代尚白，士兵主要是贵族子弟，因此军服也以白色为主（图3-117）。至周代，制革业已具规模，开始设有司

❶ 图片来源：全国博物馆.大开眼界——清代袄、裙、裤鉴赏[EB/OL].新浪网.

甲专门管理甲胄的生产，生产的战袍以皮甲为主，少有青铜甲。周代的皮甲分犀甲（图3-118）、兕甲和合甲三种，三种甲块的大小不同，但形制相同，为了方便编结，将其切割成长方形，并在四角打孔，衣长至腰部，形制似裲裆，以红色为主[183]。犀甲和兕甲都是采用犀牛这一类动物皮制成，但兕甲相较于犀甲更为结实、耐用，甲块也更大，而合甲则采用前两种皮合制而成，是三者当中最坚固的皮质，只用五属即可完成整副皮甲。周代铠甲（图3-118）表层增加了刷漆来保护甲片，其形制也稍有改变，甲身不再只有胸甲和背甲，还有肩片、肋片、大领、甲袖和甲裙部件，保护范围更广。除皮甲以外，还有青铜甲和铁甲这两种类型，青铜甲表面有阴刻的花纹，铸造技艺精湛；铁甲的出现又使得甲的防护力度大大升级。与此同时，赵武灵王所推崇的胡服骑射在一定程度上推动了裤的产生和发展，使得腰带也得到重视，在战争中腰带具有加固服装和携带兵器的作用。秦代军服有严格的等级制度，不同的兵种对应不同战袍，共有四型六种表（图3-119）：第一型（a）为原始甲，只有胸甲；第二型第一种，如图3-119（b）所示为将军甲，铠甲前片下缘是三角形，长达小腹以下，披膊或有或无，甲片小且轻薄；第二型第二种是中级官吏甲，如图3-119（c）所示，前片下摆平直，长度至胯下，甲片比前一种大，没有彩带装饰，可见这两款上半身都是采用整体的护胸背甲；第三型第一种为骑兵甲，如图3-119（d）所示，第二种为步兵甲，如图3-119（e）所示，均是披膊或有或无，甲片大且厚重的铠甲，差别在于骑兵甲衣长度较步兵短；第四型是驭手甲，如图3-119（f）所示，甲片较小，衣长较长，有高竖的盆领和长度到手背的甲袖。除了以上六种，从出土的兵马俑中可以发现士兵身着有絮的夹袍当作软甲（图3-120），在铠甲里军士都穿着深衣和小口裤，下着靴或履，只有士兵打绑腿。从军服的细节上看，秦代军服依旧外束腰带，多用皮革制成。汉代继承了秦代的军服制度，以铁甲为主（图3-121），战袍开始有了明显的等级区分表（图3-122），武官穿着鱼鳞甲头戴帻，足蹬绣花高筒靴，并佩有“幡”这一徽章；魏晋时期主要穿着鱼鳞状甲片连缀而成的筒袖铠，形似现代短袖，骑兵增加腿裙以保护腿部（图3-123）。南北朝时期则使用裲裆铠和明光铠（图3-124），裲裆铠形制同两裆衫，采用皮质，内着紫色或绛色衫，下穿裤腿，膝下系带，明光铠则是胸背有圆形金属护镜，短袖襦、裲裆衫、大口裤是穿在铠甲之下主要的军服，为了保暖还会搭配披风和风帽。隋代使用的铠甲仍为裲裆铠和明光铠，相较于南北朝时期更长，裲裆铠长度延伸至腹部，明光铠加长至脚背，由皮质上升为铁质，防御性更强（图3-125），头盔上也增加了多片半圆形的盔甲片，加强了头颈部位的防护。唐代军戎服饰随唐代社会的发展可分为三个阶段（图3-126），初唐时期保持前朝形制，明光甲最为常用，铠甲肩部有虎头、龙首的护肩，腹甲和胫甲也开始出现；中唐时的战袍多为仪仗用的绢甲，成为象征性的礼仪服装，胸腹部本为反光镜作用的圆形护甲上却增加了各种繁复的兽头雕塑；晚唐则重回实用性，并且有了专门的戎服——缺胯衫，军士也会穿

着半臂，为了防止被兵器误伤，还会在腰间围系半圆形的抱肚，受胡风影响，革带为蹀躞带，足穿乌皮靴。宋代铠甲（图3-127）的生产制作趋于程序化、正规化，铠甲主要是连环锁子甲，防护面积更大，能有效防止爆炸物的碎片伤害。元代锁子甲的制作更为精良，还出现了布面甲，表面采用布帛，面上钉有甲泡，在局部还附衬铁甲片；布面甲具有轻便的特点，自明末起主要采用这种铠甲（图3-128）。明代的铠甲种类丰富，甲胄采用钢铁制成，各部件重量也有了严格规定。此外还出现了比布面甲更为轻便的罩甲（图3-129），一种是甲片编的对襟短褂，另一种是用纯布制作的，后来在民间也广为流传，普通百姓也相继穿着。清代（图3-130）主要穿着锁子甲、棉甲（布里面为棉絮，外层钉有甲泡的软甲）或者直接穿着戎服，例如马褂、袍服装束等。

图3-114 商代皮甲片残迹和铜胄❶

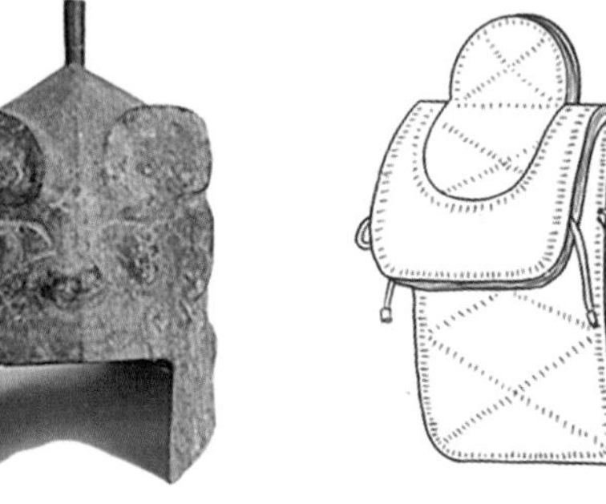

图3-115 云南傈僳族皮甲和穿戴示意图❷

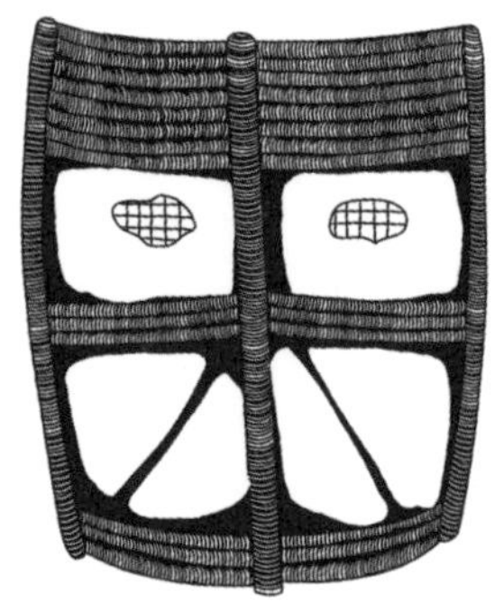

图3-116 台湾耶美人的原始藤甲❸

图3-117 商代战袍模拟图❹

图3-118 周代铠甲❺

❶ 图片来源：腾讯网。
❷ 图片来源：胡晓涵绘制。
❸ 图片来源：陈晓宇绘制。
❹ 图片来源：陆嘉馨绘制。
❺ 图片来源：百度网。

(a)原始甲

(b)将军甲

(c)中级官吏甲

(d)骑兵甲

(e)步兵甲

(f)驭手甲

图3-119　秦代四型六种铠甲图示[1]

图3-120　秦代软甲[2]

图3-121　汉代铁甲[3]

图3-122　汉代将军俑和骑兵俑[4]

图3-123　魏晋时筒袖铠和腿裙[5]

(a)裲裆铠

(b)明光铠

图3-124　南北朝裲裆铠和明光铠[6]

❶ 图片来源：秦始皇帝陵博物院官网。
❷ 图片来源：秦始皇帝陵博物院官网。
❸ 图片来源：百度网。
❹ 图片来源：腾讯网。
❺ 图片来源：陆嘉馨绘制。
❻ 图片来源：搜狐网。

图3-125　隋代裲裆铠和明光铠[1]

（a）初唐铠甲

（b）盛唐铠甲

（c）晚唐铠甲

图3-126　唐代铠甲图示[2]

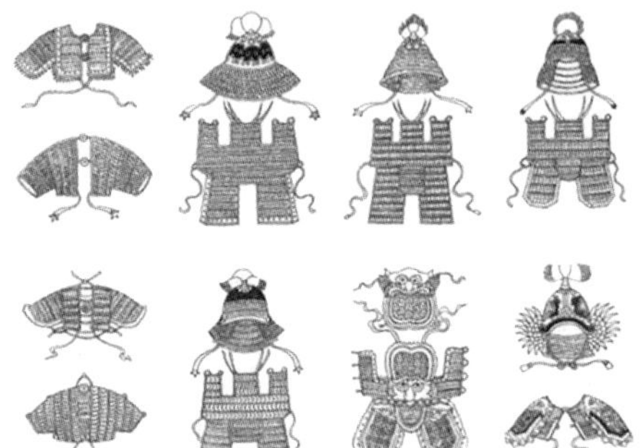

图3-127　宋代铠甲[3]

（a）　（b）

图3-128　元代锁子甲和布面甲[4]

图3-129　明代罩甲[5]

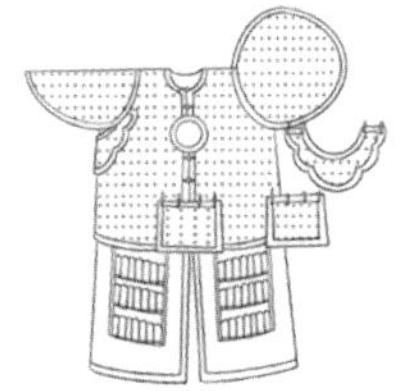

图3-130　清代战袍[6]

❶ 图片来源：陆嘉馨绘制。
❷ 图片来源：陆嘉馨绘制。
❸ 图片来源：陈晓宇绘制。
❹ 图片来源：（a）搜狐网；（b）陈晓宇绘制。
❺ 图片来源：柴瑾绘制。
❻ 图片来源：柴瑾绘制。

② 战袍发展的影响因素

战袍在岁月的长河中不断提高防护性和便捷性，它的演变是受到了兵器进化、兵种特点、社会环境的共同影响。

兵器：随着古代兵器的进化，战袍的制作技术也逐渐精湛，制出的战袍更为坚固、防御性强。商周时期的兵器多采用石头、骨头和青铜制成，制作粗糙不锋利，因此皮甲足以防护；由于作战多使用战车，加上士兵长时间的徒步和奔跑，皮甲演变为短款。至汉代，皮甲难以抵御兵器的进攻，才以铁兵器为主，穿戴则以铁甲为主。唐代铠甲增加了对肩部的防护，有了虎头、龙首形状的护肩甲，这是由于名为“陌刀”的大砍刀对肩部伤害较大，故增加了肩部的防御部件。宋代火器的出现，铠甲的防护作用随之减弱，再加上宋代朝廷重文轻武的政策使得铠甲的制作和升级不被重视。与宋代相反，元代则积极应对火器的伤害，产生了连环锁子甲，增加了防护面积。明代，老式的铠甲已被淘汰，取而代之的是轻便、简洁、防护性能强的锁子甲和布面甲。至清代，铠甲已经无法抵御更为尖锐的兵器，且穿着厚重的铠甲会影响到士兵的灵活性，无法敏捷地应对和抵抗兵器带来的伤害，因此，兵服又逐步转向更为轻便、更为精密的软甲和戎服。

兵种：周代士兵与将帅的战袍相差并不大，将帅的战袍只是材质上更好，且增加了蔽膝装备，这是由于周代的车战格局，将帅多在战车上指挥地面的步兵作战，蔽膝既具有多重防护功能又是身份地位的象征，因此士兵的军服较短且没有蔽膝。战国时期，军服形制也随赵武灵王胡服骑射而进行了改制，骑兵的出现推进了裤和靴的发展。秦代的骑兵铠甲比步兵要短，步兵穿着的明光甲长至脚面，全身防护严密，但在一定程度上影响了士兵的敏锐性。因此，战袍在兵种的身份上有所差异，也会随着作战技术和战略的需要而进行演进。

社会环境：常年征战对人力和物资的消耗都是极其大的，秦代铁甲虽已发展到较完善的状态，但是由于受到战争的破坏，冶炼业也有所停缓，军队的士兵只穿着局部附有铁片的甲衣。受社会环境影响最明显的就是唐代战袍——初唐时期崇尚节俭，战袍承袭了前朝形制，且注重实用性；中唐处于鼎盛时期，战袍逐步以奢华著称，并成为礼仪服饰；晚唐时期受到安史之乱影响重新回归实用性，并且自唐代开始武官制度全面建成，有了朝服和常服之分，纹饰、色彩、用料也有了相应的等级规范。后随着社会的不断发展，战袍的制作技术也逐步提高，逐渐向轻便化、防御性能方向再加强，头部的盔甲也日益坚固。可见，战袍的发展随着社会环境的变化呈现波动式演进，在制作技术上逐渐精细化，仍然以实用功能作为首要目的。

以“衂血满袖”为切入，我们了解了中国古代铠甲战袍的发展。在战争中将士们为了保护身体而产生了铠甲服饰，而随着战争和人类社会的发展，铠甲也在不断地演变。最为突出的影响因素就是兵器的演变，早期人类多采用石器、粗糙的青铜器来制作武器，此时的铠甲并不需要特别高的防护能力，多为坚固耐磨的兽皮甲；后来进入到以铁质刀剑为主的冷兵器时代，皮质才难以抵挡，而演变为铁制铠甲；最后进入火器为主的热兵器时代，铠甲的防御性能随着火器威力的增大而逐渐减弱，为了保证战袍穿着的灵活性，决定不再使用厚重的金属铠甲，取而代之的是更加轻便、防御性能更好的铠甲服饰。此外，兵种对战袍的影响主要突显在步兵与骑兵之间的铠甲差别，步兵铠甲总是比骑兵长，这是因为骑兵需要在马上作战，对灵巧性要求更高。最后，社会环境对铠甲的影响较小，主要是影响其服饰制度与服饰材料的运用，同时也反映了古代统治阶层的威慑力对军队的掌控和影响，特别是盛唐帝王追求奢华之气使得铠甲变得更为繁复和华丽、宋代帝王重文轻武的政策一定程度上阻碍了宋代战袍的发展。

综上所述，从“短衣匹马”与“衂血满袖”中可反映出古代的作战方式，由于战事的特殊要求，古代作战主要用战车与战马，战将常着短衣和战袍这类军服，这是结合当时的服装生产工艺技术，而形成的象征英勇威猛的短衣和战袍。军服是军队装备的必需品之一，反映了一个国家的经济实力和发展水平，同时也能展现一个国家的军队规模和军队实力。在中国古代的历史演进中，军服的改制是向着系统化、功能化方向逐步完善，也意味着我国的军队实力在不断加强，为现代化军服装备奠定了基础。

现象篇小结

服饰的影响因素众多，但在古代社会，政治对服饰的影响最为深远，其次是经济和文化，反映了中国古代“衣冠之治”下的政治、经济和文化现象。“衣冠禽兽、衣锦还乡”是通过“衣”与“冠”展现权贵身份，是一种夸富的现象；“弹冠振衣、振衣濯足”“毁冠裂裳、裂冠毁冕”是通过“弹冠”“振衣”“毁冠”“裂裳”“毁冕”展现出对于官场的效忠、厌恶、背叛现象；“作嫁衣裳、缁袘纁裳”表现出古人成婚时需穿着嫁衣、纁裳等婚嫁习俗现象；“披襟解带、蒙袂辑屦”表现出一种将衣服、鞋子随意穿着的自由服饰现象；“如履薄冰、血泪盈襟”是以朝堂之人所穿的“履”以及因伤心之事而沾湿的“衣襟”表现出的紧张、伤心现象；“朱衣使者、朱衣点头”表现出朱衣服色的标识度，反映了古人对教育和阶级意识的重视现象；“赭衣塞路、赭衣半道”表现出赭色之衣的社会异类标识现象；“解衣卸甲、解兵释甲”“短衣匹马、染血满袖”反映了古代军服在社会不断演进中逐步完善，国家实力不断强大的现象。服饰在错综复杂的社会群体中，展现了中华博大精深的传统文化。因此，服饰也是一种文化现象，对它的研究能够多方位、多角度、多层级地展现当时的社会状况，以及服饰所体现的人文精神和内涵，从中能够深刻感悟到中华文化源远流长的生命力所在。

参考文献

[1] 庞楠．“衣冠禽兽”的是非曲直[J]．吉林大学社会科学学报，2014，54（1）：170.

[2] 华梅．中国服装史[M]．北京：中国纺织出版社，2018：98.

[3] 朱曼．试论明代官服补子图案的设计及其象征意义[J]．兰台世界，2013（27）：108.

[4] 黄能馥，李当岐，臧迎春，等．中外服装史[M]．武汉：湖北美术出版社，2002：53.

[5] 臧迎春．中国传统服饰[M]．北京：五洲传播出版社，2003：150.

[6] 司马迁．史记全译[M]．杨燕起，注译．贵阳：贵州人民出版社，2001：371.

[7] 陈寿．三国志[M]．裴松之，注．北京：中华书局，1999：355.

[8] 黄永年．二十四史全译·旧唐书[M]．上海：汉语大词典出版社，2004：1854.

[9] 陈维稷．中国纺织科学技术史（古代部分）[M]．北京：科学出版社，1984：324.

[10] 张晓亚，张国华．“五星出东方利中国”锦见证丝绸之路的畅通[J]．四川丝绸，2007（2）：50-52.

[11] 王露芳，俞晓群．锦的演变及其传承与创新设计[J]．丝绸，2016（8）：52-59.

[12] 袁愈荌．诗经全译[M]．唐莫尧，注释．贵阳：贵州人民出版社，1991：160.

[13] 毛亨．毛诗正义（二）[M]．孔颖达，疏．济南：山东画报出版社，2004：471.

[14] 袁愈荌．诗经全译[M]．唐莫尧，注释．贵阳：贵州人民出版社，1991：74.

[15] 王先谦．诗三家义集疏[M]．吴格，点校．北京：中华书局，1987：277.

[16] 周汛，高春明．中国衣冠服饰大辞典[M]．上海：上海辞书出版社，1996：149.

[17] 吕友仁．礼记全译·孝经全译[M]．吕咏梅，译注．贵阳：贵州人民出版社，1998：572.

[18] 赵波．我国袍服演变研究[D]．无锡：江南大学，2013：7.

[19] 司马迁．史记全译（第八册）[M]．杨燕起，注译．贵阳：贵州人民出版社，2001：3830.

[20] 赵波．秦汉袍服研究[J]．服饰导刊，2014，3（4）：29-35.

[21] 司马迁. 史记 [M]. 北京：中华书局，1959：2486.

[22] 杭州大学中文系，《古书典故辞典》编写组. 古书典故辞典 [M]. 南昌：江西教育出版社，1988：441.

[23] 郭超，夏于全. 传世名著百部之礼记 [M]. 北京：蓝天出版社，1998：60.

[24] 房玄龄，等. 晋书 [M]. 北京：中华书局，1974：767.

[25] 周汛，高春明. 中国衣冠服饰大辞典 [M]. 上海：上海辞书出版社，1996：34.

[26] 贾玺增. 中国古代首服研究 [D]. 上海：东华大学，2007：33-34.

[27] 李罗力，等. 中华历史通鉴（第2部）[M]. 北京：国际文化出版公司，1997：1653.

[28] 贾玺增. 中国古代首服研究 [D]. 上海：东华大学，2007：75-125.

[29] 连增林. 成语中的科学：成语淘宝话健康 [M]. 北京：星球地图出版社，2010：63-64.

[30] 安黎. 皂荚村 [N]. 人民日报，2003-04-19.

[31] 戴吾三. 考工记图说 [M]. 济南：山东画报出版社，2003：57.

[32] 孙希旦. 礼记集解 [M]. 北京：中华书局，1989：735.

[33] 何端生. 我国古代的洗涤剂 [J]. 中国科技史料，1983（2）：87-88.

[34] 刘家真. 中国古代药水去污的科学原理——剖析中国古代的书画清洗 [J]. 图书馆杂志，2020，39（3）：84-88.

[35] 秦景天，郭惠. 中华文化常识全知道 [M]. 北京：海潮出版社，2011：112.

[36] 许嘉璐. 二十四史・后汉书・周燮传 [M]. 上海：汉语大词典出版社，2004：1121.

[37] 李翰文，冯涛. 成语词典（第2卷）[M]. 北京：九州出版社，2001：819.

[38] 宋永洪，麻锦亮. 实用成语 [M]. 长春：吉林大学出版社，1997：374.

[39] 王文锦. 礼记译解 [M]. 北京：中华书局，2016：315.

[40] 周汛，高春明. 中国衣冠服饰大辞典 [M]. 上海：上海辞书出版社，1996：35.

[41] 周汛，高春明. 中国衣冠服饰大辞典 [M]. 上海：上海辞书出版社，1996：93.

[42] 周汛，高春明. 中国衣冠服饰大辞典 [M]. 上海：上海辞书出版社，1996：122.

[43] 周汛，高春明. 中国衣冠服饰大辞典 [M]. 上海：上海辞书出版社，1996：97.

[44] 高春明. 中国古代的平民服装 [M]. 北京：商务印书馆国际有限公司，1997：31-32.

[45] 许慎. 说文解字 [M]. 北京：中华书局，1963：156.

[46] 彭林. 仪礼 [M]. 北京：中华书局，2012：6.

[47] 贾玺增. 中国古代首服研究 [D]. 上海：东华大学，2007.

[48] 高春明. 中国古代的平民服装 [M]. 北京：商务印书馆国际有限公司，1997：34.

[49] 陈寿. 三国志魏书・武帝操 [M]. 裴松之，注. 北京：中华书局，1971：54.

[50] 周汛，高春明. 中国衣冠服饰大辞典 [M]. 上海：上海辞书出版社，1996：62.

[51] 刘熙. 释名 [M]. 北京：中华书局，2016：67.

[52] 周汛，高春明.中国衣冠服饰大辞典[M].上海：上海辞书出版社，1996：119-120.

[53] 周汛，高春明.中国衣冠服饰大辞典[M].上海：上海辞书出版社，1996：76.

[54] 高春明.中国古代的平民服装[M].北京：商务印书馆国际有限公司，1997：39-40.

[55] 孙世圃.中国服饰史教程[M].北京：中国纺织出版社，1999：42.

[56] 孙世圃.中国服饰史教程[M].北京：中国纺织出版社，1999：53-54.

[57] 孙世圃.中国服饰史教程[M].北京：中国纺织出版社，1999：74.

[58] 孙世圃.中国服饰史教程[M].北京：中国纺织出版社，1999：95.

[59] 贾玺增.中国古代首服研究[D].上海：东华大学，2007：107.

[60] 孙世圃.中国服饰史教程[M].北京：中国纺织出版社，1999：128-129.

[61] 孙世圃.中国服饰史教程[M].北京：中国纺织出版社，1999：156.

[62] 周汛，高春明.中国衣冠服饰大辞典[M].上海：上海辞书出版社，1996：263.

[63] 黄寿祺.周易·系辞·卷九[M].张善文，译注.上海：上海古籍出版社，2007：402.

[64] 周汛，高春明.中国衣冠服饰大辞典[M].上海：上海辞书出版社，1996：267.

[65] 王国维.宋元戏剧史[M].上海：上海古籍出版社，1998：21.

[66] 周汛，高春明.中国衣冠服饰大辞典[M].上海：上海辞书出版社，1996：278.

[67] 侯文学.周人婚服之制与先秦儒家婚姻理念[J].宁夏社会科学，2010（2）：118-122.

[68] 范晔.后汉书[M].李贤，等注.北京：中华书局，1965：3677.

[69] 殷冰瑶.探究中国历代婚服上的民族元素[D].长春：东北师范大学，2010：3-4.

[70] 魏征，等.隋书[M].北京：中华书局，1973：236.

[71] 孙家洲.中华野史（先秦至隋朝卷）[M].济南：泰山出版社，2000：409.

[72] 林琳.中国传统婚礼服饰的发展趋势研究[D].北京：北京服装学院，2013：21.

[73] 卞向阳，李梦珂.明代婚礼服饰的艺术特征与影响因素[J].服装学报，2019，4（6）：531-537.

[74] 韩纯宇.明代至现代汉族婚礼服饰600年变迁[D].北京：北京服装学院，2008：11-15.

[75] 崔记维.仪礼[M].沈阳：辽宁教育出版社，2000：6.

[76] 李娟.论周代服饰颜色等级制度及其成因[J].黑龙江工业学院学报（综合版），2017，17（9）：30-34.

[77] 盛恩德.中华秘本（第1卷）[M].北京：印刷工业出版社，2001：59.

[78] 刘义庆.世说新语[M].朱孟娟，编译.西安：三秦出版社，2018：39.

[79] 杜京芳.中国传统衣领形制与文化研究[D].呼和浩特：内蒙古师范大学，2019：9-10.

[80] 张昭，马旭红.从腰带的变迁看时尚的变化[J].浙江纺织服装职业技术学院学报，2007（2）：21-24.

[81] 戴圣.礼记精华[M].傅春晓，译.沈阳：辽宁人民出版社，2018：81.

[82] 赵琦，曾慧. 古代袖型结构在现代服装中的应用 [J]. 山东纺织科技，2020，61（2）：40-41.

[83] 谢念雅，刘咏梅. 基于汉服特征的服装结构研究 [J]. 大众文艺，2011（17）：296-298.

[84] 黄能馥，陈娟娟. 中国服装史 [M]. 北京：中国旅游出版社，1995：148-149.

[85] 华梅. 中国服装史 [M]. 天津：天津人民美术出版社，1989：77.

[86] 中华文化讲堂. 周易 [M]. 北京：团结出版社，2017：54.

[87] 李振中.《说文解字》研究 [M]. 长沙：湖南师范大学出版社，2014：198.

[88] 胡承珙. 毛诗后笺（上册）[M]. 郭全芝，校点. 合肥：黄山书社，1999：481.

[89] 颜之推. 颜氏家训译注（精编本）[M]. 北京：商务印书馆，2016：62.

[90] 黄能馥，陈娟娟. 中国服装史 [M]. 北京：中国旅游出版社，1995：196.

[91] 华梅. 中国服装史 [M]. 天津：天津人民美术出版社，1989：69.

[92] 袁愈荌. 诗经全译 [M]. 唐莫尧，注释. 贵阳：贵州人民出版社，1981：272.

[93] 陈茂同. 中国历代衣冠服饰制 [M]. 北京：新华出版社，1993：47.

[94] 彭林. 仪礼全译 [M]. 贵阳：贵州人民出版，1997：32.

[95] 袁愈荌. 诗经全译 [M]. 唐莫尧，注释. 贵阳：贵州人民出版社，1981：132.

[96] 王守谦，等. 左传全译 [M]. 贵阳：贵州人民出版社，1990：205.

[97] 庄周. 庄子全译 [M]. 张耿光，译注. 贵阳：贵州人民出版社，1991：91.

[98] 袁仄. 中国服装史 [M]. 北京：中国纺织出版社，2005：30.

[99] 黄能馥，陈娟娟. 中国服装史 [M]. 北京：中国旅游出版社，1995：28.

[100] 王守谦，等. 左传全译 [M]. 贵阳：贵州人民出版社，1990：201.

[101] 周汛，高春明. 中国衣冠服饰大辞典 [M]. 上海：上海辞书出版社，1996：290.

[102] 周汛，高春明. 中国衣冠服饰大辞典 [M]. 上海：上海辞书出版社，1996：308.

[103] 王小红. 近代传统女装装饰工艺研究及其对现代女装设计的启示 [D]. 无锡：江南大学，2009：17.

[104] 马舒舒. 基于汉服右衽特征的服饰设计应用研究 [J]. 服饰导刊，2015，4（2）：86-90.

[105] 刘群. 传统服饰中造物思想的探析 [D]. 无锡：江南大学，2010：23.

[106] 王统斌. 历代汉族左衽服装流变探究及其启示 [D]. 无锡：江南大学，2011：10.

[107] 吴梦如. 清代琵琶襟研究及在女装中的创新应用 [D]. 北京：北京服装学院，2019：6.

[108] 王淑慧. 满族传统服装造型结构研究 [D]. 北京：北京服装学院，2012：67.

[109] 魏琳卜. 秦腔戏曲服饰随件中的手帕研究 [D]. 西安：西安工程大学，2018.

[110] 卢曼琳. 宋词中簪花、手帕和佩扇等佩饰意象的情感表达特点 [D]. 西安：陕西师范大学，2018：19.

[111] 蔡向阳，孙栋，艾家凯. 汉语成语分类大辞典（精）[M]. 武汉：崇文书局，2008：1202.

[112] 安平秋. 二十四史全译 · 隋书 [M]. 上海：汉语大词典出版社，2004：221.

[113] 孙希旦.礼记集解[M].北京：中华书局，1989：442.
[114] 许嘉璐.二十四史全译·后汉书（第三册）[M].上海：汉语大词典出版社，2004：1236.
[115] 王溥.唐会要[M].北京：中华书局，1955：1067.
[116] 李昉.太平御览[M].石家庄：河北教育出版社，1994：350.
[117] 杜佑.通典[M].北京：中华书局，1984：538.
[118] 李延寿.南史[M].北京：中华书局，2003：1155.
[119] 司马光.资治通鉴[M].上海：上海古籍出版社，1992：849.
[120] 魏征.隋书[M].北京：中华书局，2008：250-251.
[121] 孙雍长.二十四史全译周书[M].上海：汉语大词典出版社，2004：91.
[122] 曾艳红.唐诗中的服色描写及文化成因分析[J].巢湖学院学报，2012，14（5）：21-25.
[123] 刘昫.旧唐书[M].北京：中华书局，1975：1952.
[124] 脱脱，等.宋史[M].北京：中华书局，1977：3561-3563.
[125] 李焘.续资治通鉴长编[M].北京：中华书局，2004：1571.
[126] 陈昉，唐勤福.全宋笔记（第85册）[M].郑州：大象出版社，2019：90.
[127] 宋敏求，郑世刚.全宋笔记第10册[M].郑州：大象出版社，2019：250.
[128] 刘克庄.后村先生大全集[M].成都：四川大学出版社，2008：4547.
[129] 李昉，等.太平御览[M].北京：中华书局，1960：3081.
[130] 李昉，等.太平御览[M].北京：中华书局，1960：3083.
[131] 班固.汉书[M].北京：中华书局，1962：1096.
[132] 荀况.荀子全译[M].蒋南华，罗书勤，杨寒清，注译.贵阳：贵州人民出版社，1995：369.
[133] 钱玉林.中华传统文化辞典[M].上海：上海大学出版社，2009：556.
[134] 曹强新.清代监狱研究[D].武汉：武汉大学，2011：58.
[135] 臧克和，王平.说文解字新订[M].北京：中华书局，2002：678.
[136] 高亭，般导忠.中国古代囚衣制度研究[J].犯罪与改造研究，2019（10）：76-80.
[137] 沈家本.历代刑法考[M].北京：中华书局，1985：5.
[138] 傅正谷.中国梦文化辞典[M].太原：山西高校联合出版社，1993：257.
[139] 班固.汉书[M].北京：中华书局，1962：2327.
[140] 夏于.唐诗宋词全集[M].北京：华艺出版社，1997：85.
[141] 张应斌.啸文学简史年[M].广州：暨南大学出版社，2012：88.
[142] 郑传霞.唐、清朝监狱制度比较研究[D].上海：复旦大学，2008：11.
[143] 文天祥.文天祥全集[M].南昌：江西人民出版社，1987：588.
[144] 王露婷.宋代监狱管理制度研究[D].合肥：安徽大学，2018：23.
[145] 宋应星.天工开物[M].北京：中国画报出版社，2013：2.

[146] 林小雨. 明代监狱管理制度研究 [D]. 南京：南京师范大学，2017：30.

[147] 张友渔. 中华律令集成 [M]. 长春. 吉林人民出版社，1991：98.

[148] 潘晓龙. 汉语辞书大系 [M]. 海口：南方出版社，2002：170.

[149] 郭超，夏于全. 传世名著百部之尚书 [M]. 北京：蓝天出版社，1998：95.

[150] 袁杰英. 中国历代服饰史 [M]. 北京：高等教育出版社，1994：33.

[151] 王守谦，金秀珍，王凤春. 左传全译 [M]. 贵阳：贵州人民出版社，1990：957.

[152] 郭超，夏于全. 传世名著百部之尚书 [M]. 北京：蓝天出版社，1998：101.

[153] 周国林. 魏书（第三册）[M]. 上海：汉语大词典出版社，2004：1370.

[154] 孙诒让. 周礼正义 [M]. 北京：中华书局，1987：1635.

[155] 周汛，高春明. 中国衣冠服饰大辞典 [M]. 上海：上海辞书出版社，1996：172.

[156] 曾枣庄. 旧五代史（第一册）[M]. 上海：汉语大词典出版社，2004：37.

[157] 曾枣庄. 金史（第一册）[M]. 上海：汉语大词典出版社，2004：716.

[158] 郭超，夏于全. 传世名著百部　考工记　新仪象法要　数书九章 [M]. 北京：蓝天出版社，1998：12.

[159] 梁思永. 梁思永考古论文集 [M]. 北京：科学出版社，1959：153.

[160] 孙机. 汉代物质文化资料图说 [M]. 上海：上海古籍出版社，2011：171.

[161] 许慎. 说文解字 [M]. 上海：上海古籍出版社，1988：194.

[162] 杨忠. 二十四史全译・南史（第二册）[M]. 上海：汉语大词典出版社，2004：855.

[163] 杨忠. 二十四史全译・宋书（第三册）[M]. 上海：汉语大词典出版社，2004：1642.

[164] 辛龙，高小超，宁琰. 两晋时期的筩袖铠研究 [J]. 华夏考古，2018（6）：111-117.

[165] 杨忠. 二十四史全译・宋书 [M]. 上海：汉语大词典出版社，2004：1649-1650.

[166] 袁杰英. 中国历代服饰史 [M]. 北京：高等教育出版社，1994：34.

[167] 孙雍长. 二十四史全译・周书 [M]. 上海：汉语大词典出版社，2004：320.

[168] 上海古籍出版社. 明代笔记小说大观・涌幢小品 [M]. 上海：上海古籍出版社，2005：3381.

[169] 黄永年. 二十四史全译・新唐书（第五册）[M]. 上海：汉语大词典出版社，2004：2833.

[170] 倪其心. 二十四史全译・宋史（第七册）[M]. 上海：汉语大词典出版社，2004：4060.

[171] 佚名. 宋代的盔甲（封二介绍）[J]. 文史知识，1990（10）：15，2.

[172] 袁杰英. 中国历代服饰史 [M]. 北京：高等教育出版社，1994：35.

[173] 付成波，郭素媛. 中国历代散文鉴赏 [M]. 石家庄：花山文艺出版社，2019：75.

[174] 毕沅. 墨子 [M]. 吴旭民，校点. 上海：上海古籍出版社，2014：258.

[175] 马缟. 中华古今注 [M]. 北京：中华书局，2012：109.

[176] 许慎，段玉裁. 说文解字注 [M]. 郑州：中州古籍出版社，2006：394.

[177] 俞琰. 席上腐谈 [M]. 上海：上海商务印书馆影排本，1936：4.

[178] 曹庭栋．老老恒言[M]．上海：上海三联书店，1990：62.

[179] 徐珂．清稗类钞[M]．北京：中华书局，2003：6180.

[180] 赵翼．陔余丛考[M]．北京：中华书局，1963：660 .

[181] 圆仁．入唐求法巡礼行记[M]．顾承甫，何泉达，点校．上海：上海古籍出版社，1986：108.

[182] 魏收．二十六史魏书（一）[M]．仲伟民，标点．长春：吉林人民出版社，1998：291.

[183] 彭赟乐．中国古代军服考释[J]．徐州工程学院学报，2005（6）：45-47.

后记

关于本书的写作缘由始于笔者在东华大学攻读博士学位期间，笔者与小弟李强博士曾发表过一篇成语中的纺织考辨的小论文。当时我们就意识到从成语的角度去研究中国传统文化是一个非常有意义的方向，中国古代成语，它不仅是对中国古人语言与智慧的高度浓缩，属于语言学的范畴，同时，也是对中国古代的传统技艺、文化习俗，思想观念的深刻体现。笔者认为，成语本身就是中国古人生产、生活场域特征的高度浓缩，我们研究成语本质是媒介考古，即用古人留下的场景记录（图像、文字，近代以来还有电影、电视、音频及视频等）还原其本原。当笔者进入武汉纺织大学服装学院工作以后，开始尝试从成语视角下来研究中国传统服饰艺术与文化，也发表过几篇相关的小论文。随着笔者对服装相关成语搜集与整理的完成，深深感到非常有必要将成语与服饰结合起来撰写一本成语与服饰的专著，它不仅是传播传统文化精华的科普读物，同时也能成为服饰艺术与文化的学术专著，能够很好地弘扬中华传统文化与服饰艺术的精华。因此，笔者与刘安定博士、李强博士组织了“纺道服途”研究团队的硕士研究生共同撰写了《问语寻裳：成语中的服饰艺术与文化研究》这一专著，期望能够达到传承中国传统服饰艺术与文化的初衷。

全书的具体工作如下：

①笔者与刘安定博士负责全书的框架、主旨以及具体成语论证方面的问题，确保全书的思想导向，全面参与各个成语撰写过程。

②李强博士负责全书初稿的审核与校订，从一名专职编审的角度对本专著进行了仔细审读，提出了一些非常重要的建议；同时陆嘉馨负责前言和第1～6章的具体核对，向丰萍负责第7～12章的具体核对，万雅涵负责第13～18章的具体核对和整合，蔡一铭负责第19～24章的具体核对。

③张玉琳作为全书资料搜集与整理的执行者，承担了繁重工作，主要参与撰写的成语有“正襟危坐”“泣下沾襟”“拖天扫地”“衣衫褴褛”“狐裘羔袖”“弹冠相

庆”“彩衣娱亲”“朱衣使者”“解衣卸甲”“解兵释甲”“短衣匹马”；李京平参与撰写的成语有“素丝羔羊”“椎髻布衣”“鹑衣百结”“曳裾王门”“衣单食薄”“无衣之赋”“乘车戴笠”“绨袍之义”“温生绝裾”“衣锦还乡”“振衣濯足”“作嫁衣裳”“披襟解带”“衄血满袖”；陈晓宇参与撰写的成语有“舞衫歌扇”“披裘负薪”“菲食薄衣”“汗流浃背”“布衣之交”“解衣推食”“毁冠裂裳”“裂冠毁冕”；孙婉莹参与撰写的成语有“褒衣危冠”“缟纻之交”“衣冠禽兽”“衣锦还乡”“蒙袂辑屦”“血泪盈襟”“朱衣点头”“赭衣塞路”。

④参与全书绘画的有陈晓宇、李京平、陆嘉馨、胡晓涵、李龙、柴瑾。

在本书完成之际，笔者还有感谢相关的组织与个人。

首先，感谢笔者的父母，他们作为乡镇居民，一辈子都没有离开过他们生活的土地。然而，他们的眼界却让儿子感到宽广。从小他们就教导笔者努力学习，只有学习才能改变命运。笔者的人生充满了曲折，正是在他们二老的鼓励与支持下，笔者才能走出困境，读完了大学、硕士与博士。假使人有下辈子的话，笔者不再想做他们的儿子，笔者让他们有了太多的操劳与辛苦，心中有愧。此外，感谢兄弟李强博士，我还清晰记得在东华大学一起求学时的经历，曾经一起讨论问题到深夜的情景，兄弟齐心，其利断金。在此特别记之。

其次，感谢笔者的家人，妻子安定博士、儿子东庭小朋友，你们的快乐就是笔者写作的动力之源。此外还要感谢二姐、三姐一家，他们的资助也使笔者感到无比的幸运。

再次，感谢学校以及学院的领导、同事。从入职到现在一直都受到陶辉教授、叶洪光教授、熊兆飞教授等领导的支持与帮助。

最后，感谢中国纺织出版社有限公司的各位老师在本书出版过程中的指导与帮助。

书中难免有错误之处，恳请各位专家、广大读者指正。

李斌

二〇二三年五月于南湖寓所